煤炭职业教育"十四五"规划教材
高职高专土建专业"互联网+"创新规划教材

工程岩土

(含试验指导书)

主　编◎陶祥令　周国庆
副主编◎蒋梦雅　董　薇　崔蓬勃
参　编◎路庆涛　朱科企

北京大学出版社
PEKING UNIVERSITY PRESS

内 容 简 介

本教材系统地介绍了工程岩土的基本原理和勘察、测试技术，简明扼要、深入浅出、图文并茂、通俗易懂，具有系统性、实用性等特点。

本教材分课程导入和六个项目任务，内容包括绪论、工程岩土的基本概念、工程岩土的工程性质及工程地质勘察、土的压缩性与基础沉降、土的抗剪强度与地基承载力、土压力与土坡稳定、地质灾害与工程地质问题。本教材编写时在每个项目任务都有导入思维导图，使读者对每章的内容有更全面的了解和把握。同时重点列举了常见工程岩土试验，规范了试验报告的编写。

本教材可作为高职高专、职教本科建筑工程技术专业群（建筑施工技术、地下与隧道工程技术等）、交通工程专业群（道路桥梁工程、城市轨道交通工程技术等）的教材，亦可作为土木工程设计和科研人员参考用书。

图书在版编目（CIP）数据

工程岩土/陶祥令，周国庆主编. —北京：北京大学出版社，2024.6
高职高专土建专业"互联网+"创新规划教材
ISBN 978-7-301-35013-3

Ⅰ.①工…　Ⅱ.①陶…　②周…　Ⅲ.①岩土工程—高等职业教育—教材　Ⅳ.①TU4

中国国家版本馆 CIP 数据核字（2024）第 082753 号

书　　　名	工程岩土 GONGCHENG YANTU
著作责任者	陶祥令　周国庆　主编
策划编辑	刘健军
责任编辑	赵思儒
数字编辑	蒙俞材
标准书号	ISBN 978-7-301-35013-3
出版发行	北京大学出版社
地　　　址	北京市海淀区成府路 205 号　100871
网　　　址	http://www.pup.cn　新浪微博：@北京大学出版社
电子邮箱	编辑室 pup6@pup.cn　总编室 zpup@pup.cn
电　　　话	邮购部 010-62752015　发行部 010-62750672　编辑部 010-62750667
印刷者	三河市博文印刷有限公司
经销者	新华书店 787 毫米×1092 毫米　16 开本　18.75 印张　462 千字 2024 年 6 月第 1 版　2024 年 6 月第 1 次印刷
定　　价	59.00 元（含试验指导书）

未经许可，不得以任何方式复制或抄袭本书之部分或全部内容。
版权所有，侵权必究
举报电话：010-62752024　电子邮箱：fd@pup.cn
图书如有印装质量问题，请与出版部联系，电话：010-62756370

前言

各类土木工程（建筑工程、公路与城市道路工程、铁路工程、桥梁工程、隧道工程等）都是在地球表层的土层或岩层上（中）建造的。建（构）筑物的质量和安全与载体地质条件及岩土物理性质密切相关。党的二十大报告提出，要"实施城市更新行动，加强城市基础设施建设，打造宜居、韧性、智慧城市"。如今，随着高层建筑越来越多，地下工程快速发展，城市高架公路和立交桥大量涌现，对现代土木工程提出了更高标准的技术要求，从而对工程地质工作和岩土勘察工作也提出了更高、更严的要求。现代土木建筑工程师必须掌握工程岩土的基本知识。

工程岩土是土木工程大类各专业（建筑工程技术、地下工程与隧道工程技术、道路桥梁工程技术、城市轨道交通工程技术、铁道工程技术等）不可缺少的专业基础课。在知识内容上，本书遵循高职教育、职业本科理论知识"必需、够用"的原则，在保证知识体系完整性、系统性的前提下，针对高职教育理实并重、工学结合的人才培养模式，对传统工程地质学内容进行必要的精简，用精练的文字、典型的图片准确地表述了各种地质学概念和地质现象，对土力学理论进行深入浅出、通俗易懂的讲解，通过典型例题分析、土工试验实训，帮助学生了解和掌握基本知识和分析、试验方法。在立德树人上，本书融入了党的二十大精神，使其贯穿思想道德教育、文化知识教育和社会实践教育各个环节。

本教材内容包括绪论、工程岩土的基本概念、工程岩土的工程性质及工程地质勘察、土的压缩性与基础沉降、土的抗剪强度与地基承载力、土压力与土坡稳定、地质灾害与工程地质问题。

本教材由江苏建筑职业技术学院陶祥令、周国庆主编，江苏建筑职业技术学院蒋梦雅、崔蓬勃，浙江交通职业技术学院董薇，徐州中矿岩土技术股份有限公司路庆涛、朱科企参编。本教材分工如下：课程导入、项目1由陶祥令编写；项目3、项目4、项目6、试验指导书由周国庆、陶祥令编写；项目2、项目4、项目5由董薇、蒋梦雅、路庆涛、崔蓬勃、朱科企编写。全书由陶祥令统稿。

在本教材的出版工作中，得到了北京大学出版社的大力协助，在此表示衷心感谢！

限于编者水平和能力，书中难免有不妥之处，敬请读者批评指正。

编　者
2024年3月

资源索引

目 录

| 课程导入 | 绪论 | 001 |

    任务 0.1　工程岩土的认识 …………… 002
    任务 0.2　地球的物质组成及地质作用 … 005
    任务 0.3　地质年代及地质年代表 ……… 013

| 项目 1 | 工程岩土的基本概念 | 020 |

    任务 1.1　矿物、岩石 …………………… 021
    任务 1.2　岩层产状与地质构造认识 …… 038
    任务 1.3　地貌 …………………………… 054
    任务 1.4　地表水与地下水 ……………… 068

| 项目 2 | 工程岩土的工程性质及工程地质勘察 | 080 |

    任务 2.1　岩石的工程性质 ……………… 081
    任务 2.2　土的工程性质 ………………… 094
    任务 2.3　工程地质勘察 ………………… 117
    任务 2.4　工程地质勘察要点 …………… 129
    任务 2.5　工程地质勘察报告的编写要点 ………………………………… 139

| 项目 3 | 土的压缩性与基础沉降 | 143 |

    任务 3.1　土中应力 ……………………… 144
    任务 3.2　土的压缩性 …………………… 162
    任务 3.3　地基最终沉降量的计算 ……… 168
    任务 3.4　建筑物沉降观测与地基变形允许值 …………………………… 177

| 项目 4 | 土的抗剪强度与地基承载力 | 182 |

    任务 4.1　土的抗剪强度 ………………… 183
    任务 4.2　土的极限平衡理论 …………… 189
    任务 4.3　地基承载力 …………………… 194

| 项目 5 | 土压力与土坡稳定 | 204 |

    任务 5.1　概述 …………………………… 205
    任务 5.2　土压力分类 …………………… 205
    任务 5.3　朗肯土压力理论 ……………… 207
    任务 5.4　库仑土压力理论 ……………… 217
    任务 5.5　《建筑地基基础设计规范》推荐土压力计算方法 …………… 220
    任务 5.6　挡土墙设计 …………………… 221
    任务 5.7　土坡稳定性分析 ……………… 227

| 项目 6 | 地质灾害与工程地质问题 | 232 |

    任务 6.1　地质灾害 ……………………… 233
    任务 6.2　工程地质问题 ………………… 248

| 参考文献 | 259 |

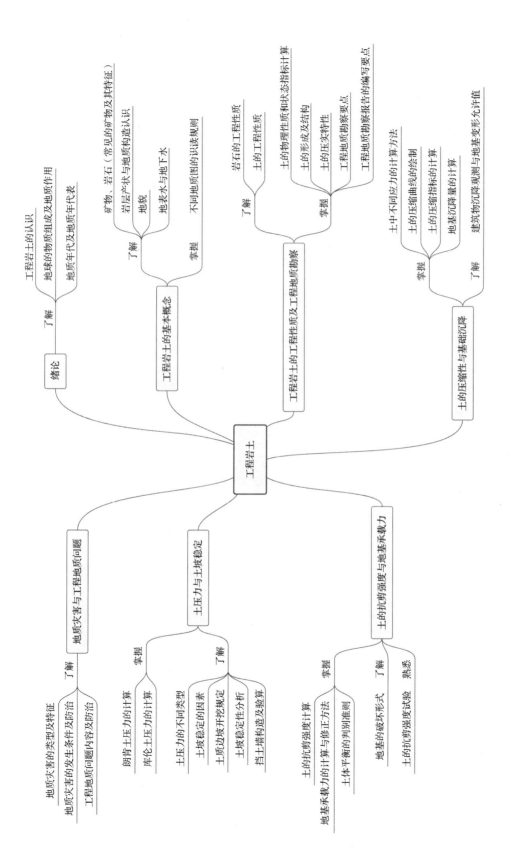

全书思维导图

课程导入　绪　论

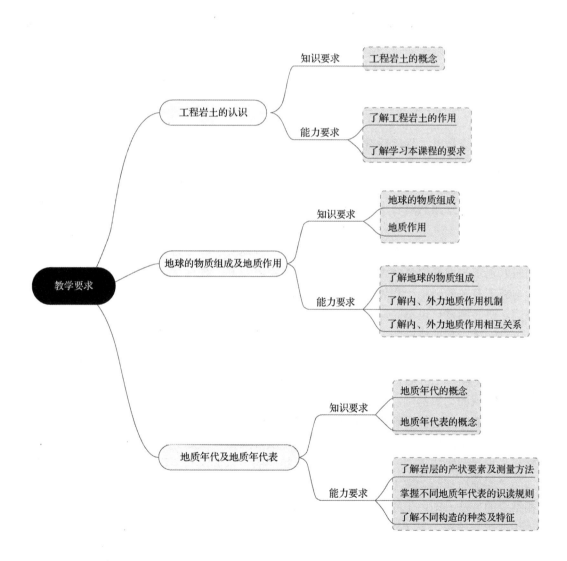

任务 0.1　工程岩土的认识

党的二十大报告中指出，"大自然是人类赖以生存发展的基本条件。尊重自然、顺应自然、保护自然，是全面建设社会主义现代化国家的内在要求"。随着现代建造技术的快速发展，大量的高层建筑、高速公路、高速铁路、大型地下工程和水利工程兴建起来，现代建（构）筑物对地基的要求越来越高。因此，在地壳表层进行各种建筑工程施工时，必须运用工程地质学和土力学知识开展建筑地基的工程地质条件和地基土的强度、变形、渗漏等问题的勘察研究。针对建筑工程要求与实际地质、土质条件之间的矛盾，采取必要的工程技术措施进行处理，以保证建（构）筑物安全和稳定。

0.1.1　工程岩土的概念

工程岩土学是以工程地质观点，研究岩土体的工程地质性质及其在自然和人为因素影响下形成和发展变化的学科，以适应各类工程的要求。它也是工程地质学中的重要基础理论部分。工程岩土学不仅研究岩土体当前的性状，也要分析其性质的形成条件，并结合自然条件和建筑物修建后对岩土体的影响，分析并预测岩土体性质的可能变化，提出有关的防治措施。

工程岩土主要涉及工程地质学和土力学。工程地质学和土力学都是工程实用的科学，专门研究建筑物地基岩体及土体的形成、物质组成及其工程性状，应用于分析地基及基础设计与施工有关的岩土工程领域，是建筑科学的一个重要组成部分。但是，两者的学科内涵不同，研究侧重点也不同。

工程地质学是地质学的一个分支，是研究与建筑工程有关的地质问题的科学。一切建（构）筑物都在地壳表层之上或之中，在进行工程建设时，首先必须了解建设场地的地形和地貌特征，地基土层和岩层的种类、分布、地质构造、成因类型及其工程性质，它们是承受建筑物荷载的物质基础，直接影响建筑物的稳定与安全；其次必须了解影响建筑环境的不良地质现象，如滑坡、地震、岩溶土洞等，它们是危及建筑物正常使用的安全隐患。因此，工程地质学的任务就是研究岩土的工程地质性质，以及这些性质的形成原因和它们在自然或工程活动影响下的变化规律，并提出相应的技术方法与工程措施，为工程提供建筑场地的工程地质环境和岩土工程性质的基础资料。工程地质研究主要采用地质学与工程分析相结合的方法，即以工程应用为目的，通过地质调查、地质勘探与测试、地质分析、岩土工程性质测试和工程评估等方法，对建筑场地的工程地质条件和地质环境做出评估，应用于工程设计与施工，以保证建筑物的稳定和正常使用。

土力学是一门工程实用的科学，是工程力学的一个分支，专门研究土的工程性状，用于解决地基与基础及有关工程问题。土力学主要的任务是研究土的工程性状，目的是解决工程问题。所谓研究土的工程性状，就是研究在建筑物荷载作用下土的应力-应变、强度特性及其变化规律，包括土的基本物理性质，土的结构性与有效应力，土的压缩性、渗透性，固结与沉降，强度与稳定及承载力，渗透力与渗透稳定和土压力等，并应用于工程实践，解决工程问题。土力学的内容包括三部分：①土的基本物理性质和工程分类；②土力学的基本理论和基本分析方法；③土力学的工程应用。由于土是一种自然地质形成的产物，种类繁多，性质复杂多变，与一般建筑材料不同，所以土力学的研究方法和工作方法也与其他学科有所不同，主要采用勘探与试验、原位测试与理论计算分析和工程实践相结合的方法，将理论联系实际，解决地基土体的变形与稳定性等工程问题。

0.1.2 工程岩土的作用

大量的工程实践证明，工程岩土研究工作做得好，设计、施工就能顺利进行，建筑物的安全运营就有保证。相反，忽视工程岩土研究工作或重视不够，使一些严重的地质和土的强度、变形、渗漏问题未被发现或发现了而未进行可靠的处理，都会给工程带来不同程度的影响，轻则要修改设计方案、进行修补、增加投资、延误工期；重则使建（构）筑物完全不能使用，造成建（构）筑物倒塌或其他严重后果。

加拿大特朗斯康谷仓［图 0.1（a）］于 1913 年秋建成，谷仓自重 20000t，相当于装满谷物后总重的 42.5%。1913 年 9 月装谷物，装至 31822m^3 时，发现谷仓西侧 1h 内竖向下沉 30.5cm，并向西倾斜，24h 后谷仓倾倒，西侧下陷 7.32m，东侧抬高 1.52m，整个谷仓倾斜 27°。谷仓的地基虽然破坏，但钢筋混凝土仓筒却安然无恙。造成谷仓倾倒事故的原因是设计时未对建筑场地进行工程地质勘察，而是采用邻近建筑地基的承载力（352kPa）作为该谷仓地基的承载力。事后经工程地质勘察查明，该谷仓基础之下埋藏有厚达 16m 的高塑性淤泥质黏土层，其承载力仅为 193.8~276.6kPa，而谷仓加载使基础底面上的平均荷载达到 329.4kPa，地基压力远远超过了地基的极限承载力（276.6kPa），致使地基的强度遭到破坏而发生滑动。

意大利比萨斜塔［图 0.1（b）］也是由地基土工程地质条件不良造成的。该塔从地面到塔顶高 55m，总重约 14453t，相应的地基平均压强约为 497kPa。地基持力层为粉砂层，粉砂层之下是厚度不均匀的粉土和黏土层。由于地基的不均匀沉降，塔身向南倾斜，完工时，塔顶已偏离中心线 2.1m。

墨西哥城地基土的不均匀沉降更为明显，一幢建筑已发生竖向弯曲［图 0.1（c）］。勘察表明，该建筑地基土为厚层状湖相淤泥质黏土，土的天然含水量、液限、塑性指数和孔隙比都非常高，具有极高的压缩性。由于过度抽取地下水，使高压缩地基土变形，导致整个老城下沉数米，而且出现明显的不均匀沉降，从而造成建筑破坏。

1964 年 6 月 16 日，日本靠近新潟县的位置发生了 7.5 级的大地震。当时新潟县在建设新建筑物时着重考虑到用加强建筑物本身结构强度的方式来提高建筑物的抗震能力，这使得这些建筑物在遭受 7.5 级的大地震后并没有发生变形、断裂这样的明显的结构上的破坏。可不幸的是，很多建筑物在遭受地震后因土壤不均匀沉降发生了倾斜，甚至有的建筑物在地震后产生了超过 60°的倾斜角［图 0.1（d）］，这使得这些建筑物即便在结构上完好无损，也丧失了其使用价值,进而给人民的生命财产造成了威胁。而造成建筑物发生严重倾斜的原因是,在建筑物的基础下方承受建筑物荷载的土体,因饱和疏松砂土和粉土受到振动时,孔隙水压力骤增,发生液化。因此,如果地基土中分布有饱和的砂土和粉土,必须开展工程地质勘察、测试以探明液化土层的深度和厚度并进行设防,以免使地基失去承载力,造成房屋倒塌、道路或桥梁结构破坏。

综上所述,工程地质学和土力学研究工作是工程建设中不可缺少的一个重要组成部分,任何工程建设都必须在进行相应的工程地质勘察和土力学研究工作,提出必要的地质和土质资料的基础上,才能进行工程设计和施工。

(a)加拿大特朗斯康谷仓倾倒

(b)意大利比萨塔倾斜

(c)墨西哥城不均匀沉降

(d)日本新潟县地基土液化破坏

图 0.1 忽视工程地质学和土力学研究工作的严重后果

0.1.3 学习本课程的要求

学习本课程时,要充分认识工程岩土的特点,学习基本理论知识时要密切联系工程实际,了解地基土层的实际情况,充分利用室内试验、现场测试和现场观测的结果,运用基本理论知识,分析工程实际问题。具体要求如下。

(1)掌握工程地质学的基础理论和知识,包括矿物、岩石、地层与地质构造、地貌、地下水、地质灾害、地质作用、岩土工程性质等基本知识。

(2)掌握土力学的基础理论和知识,包括土中应力、土的压缩性和地基沉降、土的抗剪强度、地基承载力和边坡稳定等基本知识和相关计算方法,为今后分析与处理具体工程问题打下坚实的基础。

（3）了解工程地质勘察的基本内容、具体要求和工作方法，具有从事工程地质勘察野外工作和室内整理资料、编制报告的基本能力。

（4）初步学会分析工程地质条件和地基土体稳定和变形特征、评价和解决工程问题的方法，能正确运用工程地质资料和土体物理力学指标进行土木工程设计和施工。

本教材是为土木工程大类学生编写，旨在使非地质类专业的学生能掌握工程岩土最基本原理与方法，力求实用。考虑到各专业特点和授课学时限制，可选择内容重点学习。学生在学习过程中，切忌死记硬背，应学会分析问题的思路和方法，以便将来用以解决工程实际问题。

思 考 题

1. 工程地质学的研究内容有哪些？
2. 土力学的研究内容有哪些？
3. 为什么要开展工程地质学和土力学研究工作？

任务0.2 地球的物质组成及地质作用

0.2.1 地球的物质组成

1. 地球的形状

地球是太阳系八大行星之一，是人类居住的星球。地球的形状为不规则的椭球体。地球表面高低不平，最高的山峰（珠穆朗玛峰）海拔达到 8848.86m，最深的海沟（马里亚纳海沟）深达海平面之下 10909m（2020 年"奋斗者"号坐底深度）。地球的平均半径为 6371km，体积为 $1.083 \times 10^{12} km^3$。地球的自然表面积约为 $5.10 \times 10^8 km^2$，赤道周长为 40075.017km。

地球表面积约有 71% 被水覆盖，从太空中看到的地球，颜色丰富多彩，有蓝色的海洋、绿色的植被、黄色的沙漠、白色的冰雪。

知识延伸

地球与太阳系其他行星的形状见右侧二维码。

地球与太阳系其他行星的形状

2. 地球的圈层结构

地球的圈层结构分为外部圈层和内部圈层，其中外部圈层分为大气圈、水圈和生物圈三个圈层；内部圈层依据地震波在地球内部的传播速度和传播特征分为地壳、地幔、地核三个圈层。

1）地震波

地震时从震源以弹性波形式向四处传波的震动，称地震波。地震波分两大类：一类能在地球内部传播的称为体波；另一类只能沿地表（界面）传播的称为面波。其中，体波又分为纵波（P 波）和横波（S 波）两种类型。纵波传播时，介质质点的振动方向与波的传播方向一致；横波传播时，介质质点的振动方向与波的传播方向互相垂直（图 0.2）。纵波既能在固体中传播，也能在无固定形态的介质中传播；而横波只能在固体中传播，不能在液体和气体中传播。在相同固体介质中传播时，纵波的速度较快，横波的速度较慢。

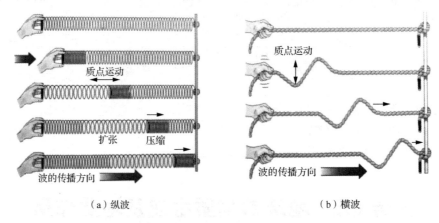

图 0.2　纵波与横波的不同传播方式

地震波的传播速度是不均匀的。从地表向下至平均 33km 深度范围内，纵波和横波的波速都比较低，纵波速度（v_p）平均值约为 6.5km/s，横波波速（v_s）平均值约为 3.8km/s。

知识点滴

地球内部地震波传播速度

1909 年，莫霍洛维奇研究克罗地亚境内的地震记录发现，约 40km 深度位置，纵波速度突然由 7.6km/s 升高到 8.2km/s，横波速度突然从 3.8km/s 升高到 4.6km/s。他认为是 40km 深度以下物质发生急剧变化所造成的间断面。后经证实这一间断面不仅在欧洲，在全球都普遍存在。所以，把这一间断面称为莫霍洛维奇间断面，简称莫霍面。莫霍面的深度各地不同，大洋较浅，为 5～15km；大陆较深，为 30～40km，其中高山地区最深，在中国西藏高原地区，达 60～80km。在划分圈层时，莫霍面取平均深度 33km。

莫霍面以下，33～2900km 范围，纵波速度逐渐升高（8.2～13.32km/s），平均值为 10km/s；横波波速也逐渐升高（4.6～7.31km/s），平均值为 5.5km/s。

1914 年，古登堡研究地核界面上反射和折射的各种纵、横波时发现，自约 2900km 以下，纵波速度从 13.32km/s 骤然下降为 8.1km/s，横波突然消失，不再向下传播。表明该面以上为固相，以下为液相。这一截然明显的分界面称为古登堡间断面，简称古登堡面。

古登堡面以下，2900～6371km 范围，纵波速度逐渐升高（8.1～11.3km/s），平均值为 10.19km/s；在 5155km 处，横波又突然出现，波速平均值为 3.67km/s（图 0.3）。

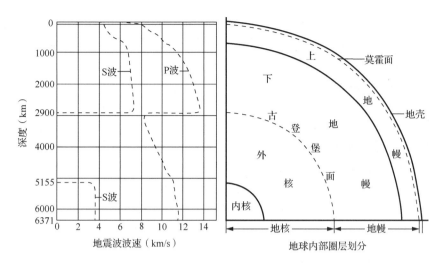

图 0.3 地震波传播速度及地球内部圈层划分

2）地球内部圈层划分

根据地震波的传播速度和特征，把地球内部圈层划分为地壳、地幔、地核三个圈层（图 0.3、图 0.4）。

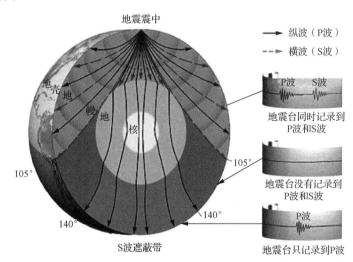

图 0.4 地震波传播图像示意图

地壳是固体地球的表层部分，以莫霍面为其下界面，平均厚度 33km。地壳由各种岩石组成，大陆型地壳主要由沉积岩、花岗岩和变质岩组成，大洋型地壳主要由玄武岩类组成。

地幔是指莫霍面以下至古登堡面以上的圈层（33～2900km），其中又分为上地幔和下地幔两个部分。上地幔指莫霍面至 670km 深度处的地幔上部（33～670km）；下地幔指 670km 深度处至古登堡面的地幔下部（670～2900km）。整个地幔物质成分一般认为与球粒陨石相近，即以铁、镁、硅酸盐为主。

地核是指古登堡面以下的地球核心部分（2900～6371km），其中又分为外地核和内地核两部分。外地核分布范围为2900～5155km深度处；内地核分布范围为5155～6371km深度处，即位于地球核心部位。因横波不穿过外地核，纵波吸收得很少等原因，外地核为铁、硅、镍组成的熔融体，内地核的物质组成为铁镍合金。

3）地球外部圈层划分

地球的外部圈层主要是大气圈、水圈和生物圈。

（1）大气圈。大气圈是因地球引力而聚集在地表周围的气体圈层。大气是人类和生物赖以生存的物质条件。根据大气在垂直方向上的温度、成分、密度、电离等物理性质和运动状况，可把大气圈分为五层：对流层（自地面到8～18km高空）、平流层（从对流层顶至离地面50～55km高空）、中间层（从平流层顶至离地面80～85km高空）、热层或暖层（从中间层顶至离地面800km高空）、外层或逸散层（离地面800km以上高空）。

低层大气（自地面到25km高空）所含空气占整个地球大气层的80%以上，主要由氮（质量百分比，75.523%）、氧（23.142%）、氩（1.280%）、二氧化碳（0.050%），以及少量的臭氧和氢、氖、氦、氪、氙等组成。

（2）水圈。水圈是指由地球表层水体所构成的大体连续的圈层。地球上水的总体积约为13.6亿km^3。按天然水所处的环境不同，水圈的水可分为海洋水（咸水）、陆地水（绝大部分为淡水）、大气水（存在于大气圈中的气态水）三种类型。海洋水约占水圈总体积的97.200%，陆地水约占水圈总体积的2.799%，大气水约占水圈总体积的0.001%。

（3）生物圈。生物圈是指地球表层由生物及其生命活动的地带所构成的连续圈层，是地球上所有生物及其生存环境的总称。据目前研究资料，生物圈中的90%以上的生物都活动在从地表到200m高空，以及从水面到水下200m水域范围内，这部分空间是生物圈的主体。构成生物圈的生物种类极其繁多，现今地球上已被发现、鉴定、定名的就达约200万种，其中动物约150万种、植物约50万种。

0.2.2 地质作用

由自然动力引起的改变地壳的物质组成、内部构造、表面形态特征等的作用，称为地质作用。发生在地球内部的作用，称为内力地质作用；发生在地壳表面的作用，称为外力地质作用。

1. 内力地质作用

引起内力地质作用发生的自然力（地质营力）来源于地球内部的能，包括地球内部放射性元素衰变而产生的热能，地球旋转而产生的动能，地心引力作用于物体产生的重力能，以及地球内部物质发生化学反应和结晶分别释放的化学能和结晶能等。

内力地质作用的形式主要有：岩浆作用、构造运动、地震、变质作用等。

（1）岩浆作用。岩浆来源于上地幔的上部，具有很高的温度，地壳遭受很大的压力。当因构造运动出现破裂带时，局部压力降低，岩浆向压力降低的方向移动，沿破裂带上升，侵入地壳内（侵入活动）或喷出地面（火山活动），最终冷凝成岩石的全过程称为岩浆作用（图0.5）。

（a）侵入沉积岩中的岩浆岩脉　　　　（b）火山喷发活动（复合火山锥）

图 0.5　岩浆作用

（2）构造运动。构造运动是指由地球内部能量引起的、导致地壳或岩石圈的物质发生变形和变位的机械运动。构造运动分为垂直运动和水平运动两种基本形式。垂直运动是垂直于地表方向的运动，水平运动则是平行于地表方向的运动。垂直运动的结果主要表现为隆起和坳陷，造成海陆变迁或地势高低起伏，因此，垂直运动又称造陆运动。如印度板块向北运动插入亚洲板块使喜马拉雅山抬升隆起［图 0.6（a）］。水平运动的结果主要表现为褶皱［图 0.6（b）］和断裂，其中断裂构造分为断层［图 0.6（c）］、劈理和节理［图 0.6（d）］三种基本类型。因此，水平运动又称造山运动。

（a）喜马拉雅山隆起　　　　　　　　（b）褶皱

（c）断层　　　　　　　　　　　　　（d）节理

图 0.6　构造运动

（3）地震。地震是指地壳某个部分的岩石在内、外地质营力作用下突发剧烈运动而引起的一定范围内的地面震动现象。通常按震源深度分为浅源地震（震源深度<70km）、中源

地震（震源深度范围 70～300km）和深源地震（震源深度>300km）。

（4）变质作用。地壳中已经存在的岩石，由于受到构造运动、岩浆活动等的影响，物理和化学条件发生改变，使原来的矿物成分和结构构造等发生了不同程度的变化，这些变化总称为变质作用（图 0.7）。

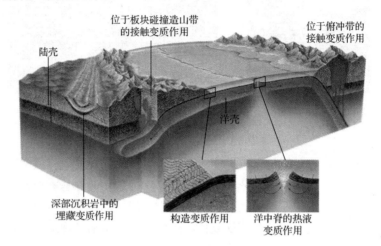

图 0.7　变质作用

2．外力地质作用

引起外力地质作用发生的自然力（地质营力）来源于地球外部的能，包括太阳辐射产生的热能（风、流水、冰川、波浪等外营力的能源），天体引力产生的潮汐能，生物及其生命活动产生的生物能等。

外力地质作用，按地质营力分为河流地质作用、地下水地质作用、冰川地质作用、湖泊和沼泽地质作用、风的地质作用和海洋地质作用等；按作用的形式或发生序列分为风化作用、剥蚀作用、搬运作用、沉积作用、固结成岩作用等。

（1）风化作用。风化作用是指由于气温变化，大气、水和水溶液的作用，以及生物的生命活动等因素的影响，使地表或接近地表的矿物和岩石发生物理破碎崩解［物理风化作用，图 0.8（a）(b)］、化学分解和生物分解（化学风化作用）的地质过程。

（2）剥蚀作用。剥蚀作用是指组成地壳表面的物质受重力、风力、地面流水、地下水、冰川、湖泊、海洋和生物等各种外动力破坏，并不断降低地面高度的总过程。按动力来源可分为风蚀作用［图 0.8（c）］、地面流水的侵蚀作用、地下水的潜蚀作用、冰川的刨蚀作用、海水或湖泊的冲蚀作用［图 0.8（d）］等。

（3）搬运作用。搬运作用是指风化、剥蚀后的碎屑、胶体、分子或离子等不同状态的物质，随着各种地质外营力以推移、跃移、悬移、载移或溶液运移等方式转移到他处的过程。搬运作用有机械搬运、化学搬运和生物搬运三种方式，一般以机械搬运（风、流水、冰川等）为主［图 0.9（a）(b)］。

（4）沉积作用。沉积作用是指被搬运的物质由于搬运介质的物理、化学条件的改变，呈有规律的沉淀、堆积的现象［图 0.9（c）(d)］。其中，冰川在运动中或消融时，因搬运能力降低常将其携带的各种岩石碎屑堆积或沉积下来的现象，称冰川沉积作用［图0.9（e）（f）］。

（5）固结成岩作用。广义的固结成岩作用是指沉积物沉积后直到变质作用开始以前所发生的变化。狭义的固结成岩作用是指沉积物被新的沉积物覆盖，使之与底层水隔绝，粒间水（孔隙水）排出或在孔隙中结晶成胶结物，沉积物最终固结成沉积岩的作用［图0.9（g）（h）］。

图 0.8　风化、剥蚀作用

图 0.9　搬运、沉积、固结成岩作用

(e) 冰川消融沉积　　　　　　(f) 冰川搬运的巨岩

(g) 沉积物堆积成层　　　　　　(h) 压实脱水固结成岩

图 0.9　搬运、沉积、固结成岩作用（续）

3. 内、外地质作用的区别和联系

内、外力地质作用既有区别又有联系。

（1）内、外地质作用的区别。

内力地质作用是由地球内部能产生的地质作用，主要在地下深处进行，有些可波及地表；外力地质作用主要由地球外部能产生，一般在地表或地表附近进行。内力地质作用使地球内部和地壳的组成和构造复杂化，垂直构造运动造成地壳隆起、坳陷，增加地表高差；外力地质作用则对起伏不平的地表进行风化、剥蚀、搬运、沉积、固结成岩，使高低不平的地表逐渐平坦化，减小地表高差。

（2）内、外地质作用的联系。

内力地质作用和外力地质作用是对立统一的过程。内力地质作用塑造地表形态，外力地质作用破坏和重塑地表形态，二者都在改变地表形态，但发展趋势相反。在地球物质循环的过程中，内、外地质作用充当不同的角色，缺一不可。构造运动强烈、地壳升降显著，外力削蚀作用随之增强；反之，削蚀作用减弱。内力地质作用控制着外力地质作用的进程。

思　考　题

1. 内力地质作用形式有哪些？
2. 外力地质作用形式有哪些？

任务 0.3 地质年代及地质年代表

岩石是地球（地壳）发展演化的产物，地球的生物演变、构造运动、古地理变迁等地质事件都在岩石中留下了记录。通常把在野外见到的层状岩石（两个平行或近于平行的界面所限制的同一岩性组成的岩石）泛称为岩层。地壳构造运动使岩层发生变形和变位，形成的产物称为地质构造。当涉及岩层的形成时代、相互关系及其时空分布规律时，就称其为地层。地层是指某一地质时期形成的一套岩层或层状堆积物，包括沉积岩、火山岩及其变质岩。研究地层的形成时代、地层层序及空间形态是研究地质历史、地质构造的最重要、最基础的工作。

地球（地壳）发展演化的历史叫作地质历史，简称地史。地史学是研究地质历史的科学，但其主要是研究地壳发展的历史和规律，即地壳的沉积发育史、生物演化史和构造运动史等，以确定地史中地质事件的发生年代，以及地球（地壳）不同演化阶段的地质特征。

0.3.1 地质年代

地质年代是指地球上地层形成及各种地质事件发生的年代，它可以用相对地质年代和绝对地质年代来表示。相对地质年代是指地层形成和地质事件发生的先后顺序；绝对地质年代是指地层形成和地质事件发生的距今的年龄。

1. 相对地质年代

相对地质年代是通过比较地层的沉积顺序、接触关系、古生物特征和切割关系来确定其形成先后顺序的方法，在地质工作中被广泛使用。

1）地层的沉积顺序

确定地层的沉积顺序常遵循以下三条定律：一是地层层序定律，即在地层形成过程中，先沉积的一定位于下部，后沉积的一定位于上部；二是原始连续性定律，即在沉积过程中，如果没有干扰因素或不发生什么地质事件，则原始的沉积地层一定是连续的；三是原始水平性定律，即在原始条件下形成的沉积地层一定是水平的。

如果发现某地区的地层不符合上述三条定律情况，就可以判定该地区曾经发生过某种地质事件。例如，某地区如出现新地层分布在老地层之下的情况，则表明该地区地层发生了倒转，即该地区曾经发生过褶皱或断层。某地区如发现地层不连续，则表明该地区发生了沉积间断或其他地质事件，其成因可根据地层的接触关系进一步加以判断。

2）地层的接触关系

地层的接触关系是指层状堆积、上下叠置的岩层彼此之间的衔接状态。沉积岩层之间的接触关系，一般可分为整合接触、假整合（平行不整合）接触、不整合（角度不整合）接触三种状况。

（1）整合接触（图 0.10）。同一地区上、下两套岩层之间产状一致、相互平行，而且在岩性、时代及古生物特征上都是连续的，这种接触关系称为整合接触。它反映该地区长时间缓慢沉降，连续不断地沉积。

图 0.10　辽宁北票晚侏罗纪—早白垩纪地层剖面

（2）假整合（平行不整合）接触（图 0.11）。同一地区上、下两套岩层之间产状一致、互相平行，但在岩性、时代及古生物特征上出现异常，这种接触关系称为假整合接触或平行不整合接触。它反映该地区在某一地质时期先下降接受稳定沉积，但在沉积过程中，曾被抬升到侵蚀基准面以上遭受风化剥蚀，而造成沉积间断，然后再度下降接受稳定沉积的演化过程。

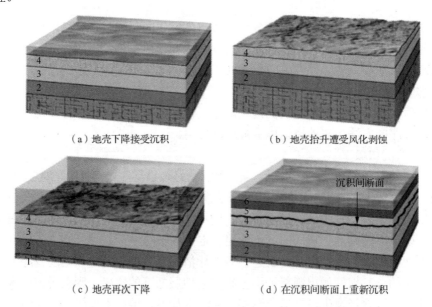

图 0.11　假整合（平行不整合）接触的形成过程示意图

注：图中数字为地层数。

（3）不整合（角度不整合）接触（图 0.12）。同一地区上、下两套岩层之间产状不一致，不但彼此以角度相交，而且在岩性、时代及古生物特征上都表现出显著的差别，这种接触关系称为不整合接触或角度不整合接触。它反映该地区在接受沉积的过程中，曾发生过强烈的地壳运动，由于地壳发生水平运动和垂直运动，而使地层遭受挤压变形，褶皱隆起，经受风化剥蚀而露出倾斜地层，然后再度下降接受稳定沉积的演化过程。

3）地层的古生物特征

地层的沉积顺序和接触关系只能确定同一地区相互叠置在一起的地层的新老关系，若要对比不同地区的地层之间的新老关系，或进行跨区域的地层对比，就必须利用保存在地层中的古生物化石来确定（图 0.13）。

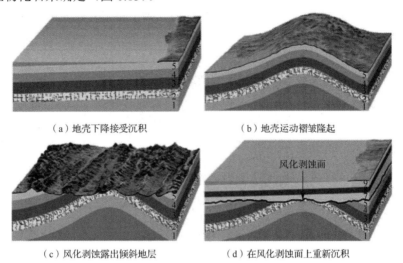

(a) 地壳下降接受沉积　　(b) 地壳运动褶皱隆起

(c) 风化剥蚀露出倾斜地层　　(d) 在风化剥蚀面上重新沉积

图 0.12　不整合接触的形成过程示意图

注：图中数字为地层数。

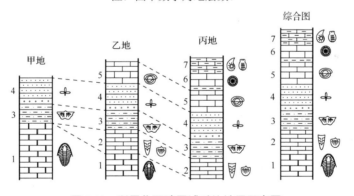

图 0.13　利用化石跨区域对比地层示意图

经研究发现，在地质历史中，生物演化的总趋势是从简单到复杂、从低级到高级，即生物演化具有明显的阶段性。以往出现过的生物类型，在以后的演化过程中决不会重复出现，即生物演化是不可逆的。

因此，不同时代的地层中具有不同的古生物化石组合，相同时代的地层中具有相同或相似的古生物化石组合。古生物化石组合的形态和结构越简单，地层的时代就越久远；反之，古生物化石组合的形态和结构越复杂，地层的时代就越新。这一规律称为化石层序律或生物群层序律。利用化石层序律，不仅可以确定地层的先后顺序，还可以确定地层形成的大致时代。在研究工作中，主要是选择那些在地质历史中存在时间较短、演化较快、分布范围较广的化石（标准化石）进行跨区域的地层对比，以确定不同地区地层的相对地质年代。

4）地质体之间的切割关系

上述三种方法主要适用于确定沉积岩或层状岩石的相对新老关系，但对于呈块状产出、不含化石的岩浆岩或变质岩则难以运用。通常岩浆岩或变质岩的相对地质年代是通过它与沉积岩的接触关系，以及它本身的穿插、切割关系来确定的。

若岩浆侵入沉积岩层之中，并使围岩发生变质，则该岩浆岩侵入体的形成年代应晚于发生变质的沉积岩层的地质年代。若岩浆岩侵入体形成之后，经过长期隆起被风化剥蚀，后来在风化侵蚀面之上又有新的沉积，且侵蚀面之上的沉积岩层无变质现象，则该岩浆岩侵入体的形成年代要早于其上覆沉积岩层的地质年代。若岩浆岩侵入体相互穿插、切割，则被穿插、切割的岩体的形成时代早于穿插、切割岩体的形成时代（图0.14）。

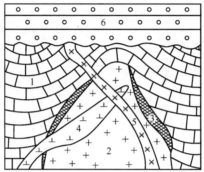

1—石灰岩，形成时代最早；2—花岗岩，形成时代晚于石灰岩；3—矽卡岩，形成时代同或略晚于花岗岩；4—闪长岩，形成时代晚于花岗岩和矽卡岩；5—辉绿岩，形成时代晚于闪长岩；6—砾岩，形成时代最晚。

图 0.14　运用切割关系确定岩石形成顺序示意图

2. 绝对地质年代

相对地质年代只表示了地质事件或地层形成的先后顺序，即使是利用地层的古生物特征的方法，也只能了解它们的大致时代。20世纪40年代，放射性同位素衰裂变定年技术开始应用于地质研究工作中，为测定矿物、岩石的绝对地质年龄提供了精确的方法，从而开创了对绝对地质年代的研究。

放射性同位素（母体同位素）是一种不稳定元素，在天然条件下、封闭体系中发生衰变，自动放射出某些射线（α、β、γ射线），而衰变成另一种新的稳定元素（子体同位素）。放射性同位素的衰变速度是恒定的，不受温度、压力、电场、磁场等因素的影响，即以一定的衰变常数持续衰变和积累。常用的放射性同位素及其衰变常数如表0-1所示。

表 0-1　常用的放射性同位素及其衰变常数

母体同位素	子体同位素	半衰期（10^9 a）	衰变常数（10^{-10} a^{-1}）
铀（U^{238}）	铅（Pb^{206}）	4.4680	0.15513
铀（U^{235}）	铅（Pb^{207}）	0.7038	0.98485
钍（Th^{282}）	铅（Pb^{208}）	14.01	0.049745
钾（K^{40}）	氩（Ar^{40}）	1.2505	0.4962
铷（Rb^{87}）	锶（Sr^{87}）	48.8	0.0142

研究表明，当岩浆冷凝，矿物结晶或重结晶时，放射性元素就会以某种形式进入矿物

或岩石。因此，只要准确地测定出矿物、岩石中母体同位素和子体同位素的含量，就可根据放射性同位素衰变定律（即任何放射性同位素都随时间按负指数衰减的规律），利用同位素地质年代测定的基本公式计算出矿物、岩石的绝对地质年龄，所测年龄通常以100万年（Ma）为单位来表示。

$$t = \frac{1}{\lambda}\ln\left(1+\frac{D}{P}\right)$$

式中：t——矿物、岩石的绝对地质年龄；

λ——衰变常数；

D——矿物、岩石中衰变产物（子体同位素）的含量（原子数）；

P——矿物、岩石中未衰变的母体同位素的含量（原子数）。

0.3.2 地质年代表

地质年代表（表0-2）是将地球上的各种地质事件，按其发生的先后顺序，进行系统的时代编排后列出的反映地质历史的时间表。19世纪以来，人们根据生物地层学的方法，逐步进行了地层的划分和对比工作，并按时代早晚顺序进行编年、列表。1881年在意大利召开的第二届国际地质学大会上曾经通过了一个定性的地质年代表。在该表中依据生物界的发展演化阶段，将地质历史划分为四个代，即太古代（最古老的生命）、古生代（古老的生命）、中生代（中等年龄的生命）、新生代（新生命的开始）。由于在古老岩层中缺少或少有生物化石，当时对于这样的地层和地质年代的划分遇到很大困难。直到20世纪初，有了同位素年龄资料后，这个问题才得以解决。1937年，英国地质学家霍姆斯（A. Holmes）发表了第一个定量的（即带有同位素年龄数据的）地质年代表。我国于1959年成立全国地层委员会，为世界地层研究做出了突出贡献。几十年来，随着同位素年代学和层型剖面研究的不断深入，以及测试技术水平的提高和新数据的不断积累，使地质年代表的内容日益丰富和精确，其同位素年龄值仍在不断修订。

表0-2 地质年代表

地质年代					主要生物进化		地壳运动阶段/Ma
宙	代	纪	同位素年龄/Ma	代号	动物	植物	
显生宙	新生代	第四纪	2.58	Q	哺乳动物时代	被子植物时代	喜马拉雅运动（0）
		新近纪	23.03	N			
		古近纪	66.0	E			
	中生代	白垩纪	~145.0	K	恐龙时代	裸子植物时代	燕山运动（96）
		侏罗纪	201.4±0.2	J			
		三叠纪	251.9	T			印支运动（205）

续表

地质年代					主要生物进化		地壳运动阶段/Ma
宙	代	纪	同位素年龄/Ma	代号	动物	植物	
显生宙	古生代	晚古生代 二叠纪		P	恐龙时代	裸子植物时代	华力西（海西）运动（268）
		晚古生代 石炭纪	298.9±0.15	C	两栖动物时代	蕨类植物时代	
		晚古生代 泥盆纪	358.9±0.4	D	鱼类时代		
		早古生代 志留纪	419.2±3.2	S	无脊椎动物时代		加里东运动（410）
		早古生代 奥陶纪	443.8±1.5	O		藻类植物时代	
		早古生代 寒武纪	485.4±1.9	∈			
			538.8±0.2				兴凯运动（505）
元古宙	新元古代	震旦纪		Z		细菌时代	
		南华纪	~635	Nh			
		青白口纪	~720	Qb			扬子（晋宁）运动（800）
	中元古代	蓟县纪	1000	Jx			
		长城纪	1400	Ch			
	古元古代	滹沱纪	1800	Ht			中条运动（1800）
			2300				五台运动（2300）
			2500				阜平运动（2500）
太古宙	新太古代		2800	Ar3			
	中太古代		3200	Ar2			
	古太古代		3600	Ar1			迁西运动（2800）
	始太古代		4000	Ar0			
冥古宙				HD			

在地质年代表（表0-2）中，根据生物演化的巨型阶段，将46亿年地球演化史划分为4个一级地质年代［单位（宙）］，即从古至今分为冥古宙、太古宙、元古宙和显生宙。在显生宙中，根据生物界的总体面貌划分出3个二级地质年代［单位（代）］，即从古至今分为古生代（早古生代、晚古生代）、中生代和新生代。在每一个代中，再根据生物界面貌及其演化特色划分出若干三级地质年代［单位（纪），纪是最常用的地质年代单位］。古生代划分为寒武纪、奥陶纪、志留纪、泥盆纪、石炭纪和二叠纪6个纪；中生代划分为三叠纪、侏罗纪和白垩纪3个纪；新生代划分为古近纪（早第三纪）、新近纪（晚第三纪）和第四纪3个纪。这12个纪世界通用。目前，震旦纪、南华纪、青白口纪、蓟县纪、长城纪和滹沱纪只适用于中国。纪向下再划分出第四级地质年代［单位（世）］，大部分纪都三分，如寒

武纪分为早寒武世、中寒武世、晚寒武世，侏罗纪分为早侏罗世、中侏罗世、晚侏罗世等。少数纪二分，如白垩纪分为早白垩世和晚白垩世。

与上述地质年代单位相互对应的地层单位，称为年代地层单位。与地质年代单位宙、代、纪、世、期相互对应的年代地层单位分别称为宇、界、系、统、阶，它们是适用于全球的地层单位，所以也叫国际性年代地层单位。如显生宙形成的地层称显生宇，古生代形成的地层称为古生界，寒武纪形成的地层称为寒武系，早、中、晚寒武世形成的地层分别称为下、中、上寒武统等。地质年代单位与年代地层单位对照示意图如图0.15所示。

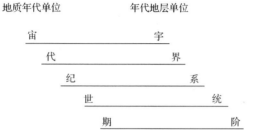

图0.15　地质年代单位与年代地层单位对照示意图

以岩性、岩相特征为主要依据划分的地层单位，称为岩石地层单位。岩石地层单位只反映某一个地区的沉积环境特征，只能适用于较小范围，故又称为"地方性地层单位"。岩石地层单位从高向低分别称为群、组、段、层，其中组是岩石地层单位的基本单位。岩石地层单位具有穿时性，而年代地层单位没有，因此，岩石地层单位与年代地层单位之间没有相互对应的关系。

知识延伸

主要地质时代的基本特征见右侧二维码——地质年代简史。

思　考　题

1. 什么是地质年代？
2. 如何确定相对地质年代？

项目 1　工程岩土的基本概念

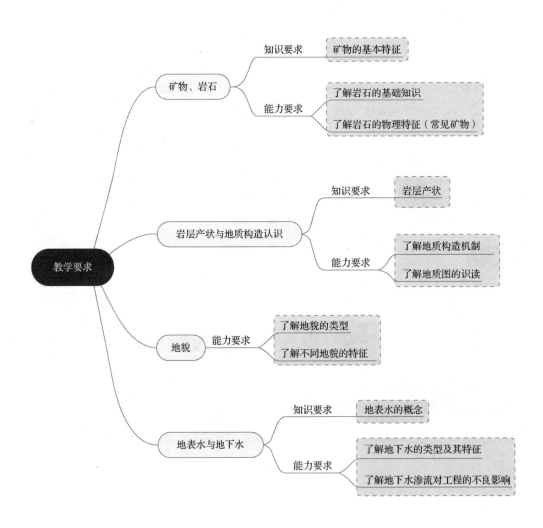

任务 1.1　矿物、岩石

1.1.1　矿物的基本特征

矿物是地质作用的最基本的产物,自然界中现已发现的矿物有 4000 余种,且新矿物还在不断被发现,但只有 6 种矿物或矿物族是最为常见的。这 6 种矿物或矿物族组成了地球表面 95% 的固体物质,这些矿物被称为造岩矿物。地壳中主要造岩矿物的百分含量见表 1-1。

表 1-1　地壳中主要造岩矿物的百分含量

矿物及矿物族名称	在地壳中的百分含量/(%)	主要元素
长石族	60	Na、K、Ca、Al、Si、O
石英	13	Si、O
辉石族	12	Mg、Fe、Ca、Na、Al、Ti、Mn、Si、O
闪石族	5	
云母族	4	K、Mg、Fe、Al、Si、O
橄榄石	1	Mg、Fe、Si、O

1. 矿物的晶体结构特征

矿物是由天然形成且具有一定的化学成分和有序的质子排列的均匀固体。由同种元素组成的矿物称为单质矿物,如自然金(Au)、金刚石(C)、自然硫(S)。由两种或两种以上元素化合而成的矿物称为化合物矿物,如石英(SiO_2)、方解石($CaCO_3$)、石膏($CaSO_4 \cdot 2H_2O$)等。

矿物除化学成分基本固定外,都有其特定的内部结构,即组成它们的质点(原子、离子、分子等)有规则的分布。因此矿物绝大多数是晶体,少数为非晶质体。

所谓晶体,就是其内部的质点(原子、离子、分子等)在三维空间呈周期性、规律性重复排列[图 1.1 (a)]。不同的矿物由于其化学组成、内部质点的排列方式不同,而具有不同的晶体结构。在适宜的生长条件下,并有足够的生长时间和空间时,晶体会长成封闭的凸几何多面体外形,其表面为一系列平面所包围。包围晶体的平面称为晶面,晶面与晶面的交线称为晶棱。

所谓非晶质体,是指其内部质点(原子、离子、分子等)在三维空间不呈规律性重复排列的固体[图 1.1 (b)]。显然,非晶质体在任何条件下都不可能自发地长成规则的几何多面体形状,在外部特征上只是一种无规则形状的固体,如蛋白石、玛瑙等。

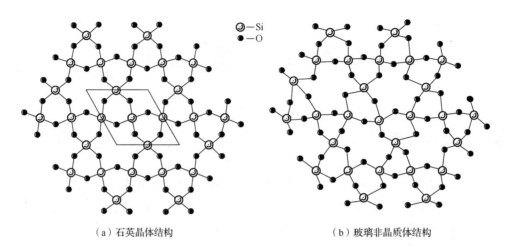

(a) 石英晶体结构　　　　　　　　(b) 玻璃非晶质体结构

图 1.1　SiO_2 结构

2. 矿物的形态与物理性质

1) 矿物的形态

(1) 单晶体的形态。

矿物单晶体的形态，取决于矿物本身的化学成分和特定的格子构造形式，以及生长时的物理化学条件。所以同种矿物往往都有各自常见的晶体习性和形态，如柱状、粒状、板状、立方体状、八面体状等（图 1.2）。

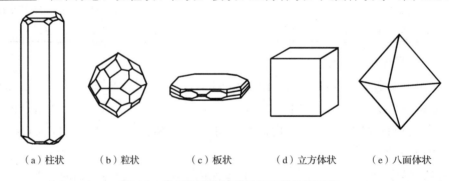

(a) 柱状　　(b) 粒状　　(c) 板状　　(d) 立方体状　　(e) 八面体状

图 1.2　常见的矿物结晶习性和单晶体形态

(2) 双晶（孪晶）体的形态。

晶体除单个生长外，还可由两个甚至多个同种晶体按一定的结晶方位关系组成规则的连生晶体，这种晶体被称为双晶体或孪晶体。双晶体常表现出特征性的形态，如正长石的卡尔斯巴双晶体、方解石底面双晶体、黄铁矿的铁十字双晶体、石膏的燕尾双晶体等。

(3) 集合体的形态。

由于受生长空间的局限，自然界矿物常常并不表现出规则的晶形，而是相互聚集在一起呈集合体状产出。组成集合体的矿物，其单体呈一向延伸者，根据单体的粗细可分为柱状集合体、棒状集合体、针状集合体、纤维状集合体等；矿物单体呈二向延展者，依据单体的厚薄大小，可分为板状集合体、片状集合体和鳞片状集合体等；矿物单体呈三向等长者，则组成粒状集合体。此外，还有放射状、晶簇状、鲕状和豆状、钟乳状、葡萄状和肾状、结核状等集合体形态。

2）矿物的物理性质

（1）矿物的光学性质。

① 颜色和条痕。

A．颜色。颜色是矿物最直观的性质之一，通常分为以下三类。

a．自色。自色是矿物本身的固有化学成分直接相关的颜色，如黄铁矿的深黄铜色，孔雀石的翠绿色等。矿物的自色相当固定，是鉴定矿物的重要特征。

b．他色。他色是由非矿物本身固有的组分所引起的颜色。例如，纯净的石英为无色，含有杂质或致色元素时，可呈现出不同的颜色，如黄水晶、烟水晶等。

c．假色。假色是由光的干涉、衍射等物理光学过程所引起的颜色。例如，斑铜矿氧化表面上呈现蓝紫斑驳的颜色，称为锖色；白云母、冰洲石等无色透明矿物晶体内部，沿裂隙面、解理面所呈现的相似于虹霓般的彩色，称为晕色；欧泊、拉长石等矿物中不均匀分布的蓝、绿、红、黄等，随观察角度而闪烁变幻或徐徐变化的彩色，称为变彩。

B．条痕。条痕是指矿物粉末的颜色，通常以矿物在白色无釉瓷板上擦划时留下的粉末痕迹而得出。条痕颜色较矿物块体的颜色固定，它对于不透明的金属矿物和色彩鲜明的透明矿物具有重要的鉴定意义。如赤铁矿因形态的不同可分别呈铁黑、钢灰、褐红等色，但它的条痕均为樱红色；黄铁矿呈浅铜色，而条痕呈绿黑色。

② 透明度。透明度是指矿物允许可见光透过的程度。在矿物肉眼鉴定中，通常以1cm厚的矿物块体为基础观察可见光透过情形。能允许绝大部分光透过，即隔着约1cm厚的矿物块体可清晰地看到矿物后面物体轮廓的细节，称之为透明矿物，如水晶、冰洲石等。绝大多数非金属矿物都是透明矿物。

基本上不容许光透过，即隔着约1cm厚的矿物块体观察时，完全见不到矿物后面的物体，称之为不透明矿物，如黄铁矿、磁铁矿等。一般金属矿物都是不透明矿物。

在透明和不透明之间的矿物称之为半透明矿物。

③ 光泽。光泽是指矿物新鲜表面对可见光的反射能力。根据其反光强弱程度与特征分为以下几种。

A．金属光泽。反射强，像金属磨光面那样反光，如方铅矿、黄铁矿等。

B．半金属光泽。反射较强，像未磨光的金属表面那样反光，如黑钨矿、磁铁矿等。

C．非金属光泽。非金属光泽为透明矿物所具有的光泽，按其反光强弱与特征包括金刚光泽和玻璃光泽两种。

a．金刚光泽。反射较强，反射光灿烂耀眼，如金刚石、辰砂晶面上的光泽。

b．玻璃光泽。反射较弱，像玻璃表面那样反光，如方解石、萤石晶面上的光泽。

D．油脂光泽和树脂光泽。前者指表面像涂了层油脂的反光，见于颜色很浅的矿物，如石英；后者似树脂表面的反光，为颜色稍深的矿物，尤其呈黄棕色的矿物，如琥珀。

E．蜡状光泽。其似蜡烛表面的反光，较油脂光泽暗淡一些，如块状叶腊石。

F．丝绢光泽。其如同丝绢表面之反光，为纤维状集合体矿物所有，如纤维石膏等。

G．珍珠光泽。其如同蚌壳凹面珍珠层上那种柔和而浅淡多彩的光泽，如珍珠、滑石等。

H. 土状光泽。其光泽暗淡或无光泽，似土块，如高岭石等。

其中，金属光泽和半金属光泽是不透明矿物的重要鉴定特征。

（2）矿物的力学性质。

矿物受外力作用时所表现的物理性质，包括矿物的硬度、解理、断口、弹性、挠性、延展性等。

① 硬度。硬度是指矿物抵抗外力机械作用（如刻划、压入、研磨等）的能力。在矿物的肉眼鉴定中，通常以10种具有不同硬度的常见矿物作为标准硬度，从低到高分10级，见表1-2摩氏硬度计。其他矿物的硬度，可与摩氏硬度计中的10种标准矿物相比较来确定。因此，矿物学上通常所称的硬度，即矿物与摩氏硬度计相比较的刻划硬度（相对硬度或粗略硬度）。矿物的精确硬度则根据矿物对抗另一种硬矿物压入的能力来确定，常用显微硬度计或测硬仪测定，这种方法称为矿物的显微硬度（压入硬度或绝对硬度）。

表1-2 摩氏硬度计

硬度	标准矿物	硬度	标准矿物
1	滑石	6	长石
2	石膏	7	石英
3	方解石	8	托帕石（黄晶）
4	萤石	9	刚玉
5	磷灰石	10	金刚石

② 解理。解理是指晶体在受到应力作用而超过弹性极限时，能沿着晶格中特定方向（图1.3）发生破裂的固有特性。解理裂成的平面称为解理面。通常根据晶体受力时是否易于沿解理面破裂，以及解理面的大小和平整光滑程度，将解理分为以下5级。

A. 极完全解理。极易沿解理面分裂成薄片，解理面平整光滑，如云母。

B. 完全解理。易于沿解理面分裂，解理面显著而平整，如萤石、方解石。

C. 中等解理。常可沿解理面分裂，解理面清楚但不很平整，且不连续，如辉石。

D. 不完全解理。沿解理面分裂较为困难，解理面很不平整和不连续，如磷灰石。

E. 极不完全解理（无解理）。如石英。

③ 断口。矿物在受外力打击下，在任意方向发生断裂，而形成凹凸不平的断开面，称为断口。断口按其形态特征可分为以下4种。

A. 贝壳状断口。断口呈椭圆形曲面形态，并具有以受力点为中心的同心圆条纹，如石英。

B. 平坦状断口。断口相对较平坦，土状或致密块状矿物具有此种断口，如高岭石。

C. 参差状断口。断口粗糙不平，参差起伏，大多数矿物具有此种断口，如石榴石。

D. 锯齿状断口。断口呈锯齿状，延展性较强的矿物具有此种断口，如自然铜。

④ 弹性、挠性和延展性。弹性是指矿物受外力作用时发生弯曲而不断裂，外力撤除后即能恢复原状的性质，如云母。挠性是指矿物受外力作用时发生弯曲而未断开，但外力解

除后不能恢复原状的性质，如绿泥石、滑石等。延展性是指矿物受外力的拉引或锤击、滚轧时，能拉伸成细丝或展成薄片状而不破裂的性质，如自然金等。

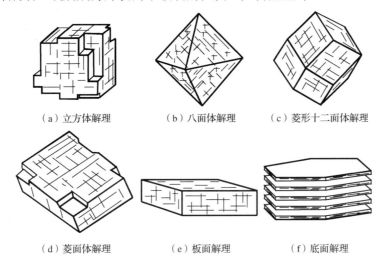

（a）立方体解理　　（b）八面体解理　　（c）菱形十二面体解理

（d）菱面体解理　　（e）板面解理　　（f）底面解理

图 1.3　矿物解理的方向性

（3）矿物的其他性质。

① 相对密度。矿物的相对密度是某些矿物的重要鉴定特征之一。矿物的相对密度变化很大，可以从小于 1（琥珀）一直到近 22（自然铂）。通常将矿物的相对密度粗略地分为轻、中等、重三个等级。相对密度小于 2.5 的为轻，如石膏；相对密度为 2.5~4 的为中等，如橄榄石；相对密度大于 4 的为重，如重晶石。决定矿物相对密度大小的根本因素有两个：一是组成矿物元素的原子量大小；二是晶体结构中原子或离子半径的大小及其堆积的紧密程度。

② 磁性。矿物的磁性是指矿物可被外部磁场吸引或排斥的性质，磁性也是某些矿物的鉴定特征。在矿物手标本的鉴定中，通常只使用普通永久磁铁来测试矿物的磁性，能被普通永久磁铁吸引的矿物，称为磁性矿物或铁磁性矿物，如磁铁矿、磁黄铁矿。不为普通永久磁铁吸引的矿物则称为无磁性矿物，如普通角闪石、黄铁矿等。

③ 发光性。矿物的发光性是指矿物在外来能量的激发下，发出可见光的性质。

物体在外界能量的激发下发光，当激发作用停止，发光现象在 10^{-8}s 内便迅速消失，称为荧光；当激发作用停止后，发光现象仍能持续达 10^{-8}s 以上时，则称为磷光。

在矿物鉴定上具有意义的主要是那些性质较稳定的发光现象。例如，白钨矿在紫外线下总是发鲜明的浅蓝色荧光；金刚石在 X 射线下则发天蓝色荧光。这一性质也被用于找矿和选矿工作中。

3. 矿物的分类

有关矿物的分类方案很多，有工业分类、成因分类、晶体化学分类等。

目前，在矿物学中比较合理并广泛采用的矿物分类，是以矿物的化学成分和晶体结构为依据，而制定出来的晶体化学分类（表 1-3）。

表 1-3 矿物的晶体化学分类

矿物类别		组成矿物的阴离子	矿物举例
自然元素矿物		单质元素	自然铜（Cu）
硫化物和相似的化合物		S 和相似的阴离子	黄铁矿（FeS_2）、硒铅矿（PbSe）
氧化物、氢氧化物		O^{2-}、$(OH)^-$	赤铁矿（Fe_2O_3）、水镁石[$Mg(OH)_2$]
卤化物		Cl^-、F^-、Br^-、I^-	食盐（NaCl）、萤石（CaF_2）
含氧盐	硅酸盐	SiO_4^{4-}	正长石[$K(AlSi_3O_8)$]
	碳酸盐和相似的化合物	CO_3^{2-}	方解石（$CaCO_3$）、钠硝石[$Na(NO_3)$]
	硫酸盐和相似的化合物	SO_4^{2-} 和相似的阴离子	重晶石（$BaSO_4$）、白钨矿[$Ca(WO_4)$]
	磷酸盐和相似的化合物	PO_4^{3-} 和相似的阴离子	磷灰石[$Ca_5(PO_4)_3(F,Cl)$]

常见矿物的识别

知识延伸

常见矿物的识别

对于一些很常见的矿物，通常只需根据它们各自的某几项突出性质特征即可直接做出鉴别。扫码可见常见矿物的识别。

1.1.2 岩石的基础知识

岩石是矿物（部分为火山玻璃或生物遗骸）的自然集合体，由各种地质作用形成的产物。它是由一种或几种造岩矿物，按一定方式结合而成，是构成地壳和地幔的主要物质。岩石的种类很多，根据其矿物组合、结构构造特征和形成方式一般可分为岩浆岩、沉积岩和变质岩三大类岩石。

1. 岩浆岩

岩浆岩是由炽热的岩浆在地下或喷出地表后，冷凝固结而形成的岩石，是三大岩类的主体，占地壳岩石体积的 64.7%。

1）岩浆岩的成因

岩浆是以硅酸盐为主要成分，富含挥发性物质（CO_2、CO、SO_2、HCl 及 H_2S 等），在上地幔和地壳深处形成的高温、高压熔融体。岩浆的温度约为 800～1200℃。

熔融的岩浆可以在上地幔或地壳深处运移，并沿深处的断裂向上入侵。当岩浆向上运移时，由于温度和压力的降低，岩浆逐渐冷凝而未到达地表，称为岩浆的侵入作用。由侵入作用所形成的岩石称为侵入岩。侵入岩是被周围原有岩石封闭起来的三维空间的实体，故又称为侵入体。包围侵入体的原有岩石称为围岩。侵入体形成的深度不一，形成深度在地表以下大于 5km 者称为深成侵入体；形成深度在地表以下小于 5km 者称为浅成侵入体。一般来说，深成侵入体规模大，浅成侵入体规模小。

当岩浆沿构造裂隙上升到溢出地表或喷出地表，称为岩浆的喷出作用，也称为火山作用。由岩浆喷出作用形成的岩石称为喷出岩。根据岩浆喷出的作用方式及其猛烈程度，又可分为熔岩和火山碎屑岩。熔岩是指上升的岩浆溢出地表冷凝而成的岩石。火山碎屑岩是指岩浆或它的碎屑物质被火山猛烈地喷发到空中，而后又在地面堆积形成的岩石。

2）岩浆岩的产状

岩浆岩的产状是指岩浆岩体的形态、大小及其与围岩的关系。岩浆岩的产状是受岩浆的物质组成、产出的物理化学条件，以及冷凝地带的空间环境的制约和控制的，因此岩浆岩的产状多种多样（图 1.4）。

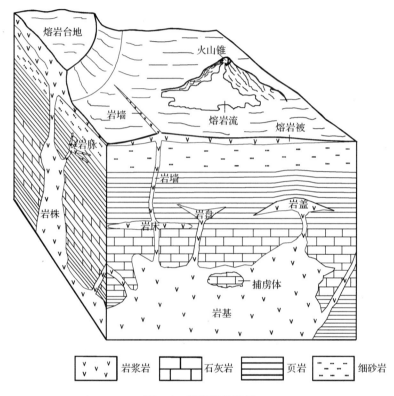

图 1.4 岩浆岩的产状

（1）侵入岩的产状。

① 岩基。岩基是一种规模极大的深成侵入体，其横截面面积一般在 100km² 以上，形态不规则，岩性均匀。岩浆侵入位置深，冷凝速度慢，晶粒结晶粗大。岩基内常有崩落的围岩岩块，称为捕虏体。

② 岩株。岩株是一种形体较岩基小的岩体，其横截面面积一般小于 100km²，形态不规则，岩性均一。与围岩接触面不平直，边缘常有规模较小的侵入体分枝插入围岩之中。

③ 岩盘与岩盖。岩浆侵入成层的围岩，侵入体的展布与围岩成层方向大致平行，但其中间部分略向下凹，似盘状者称为岩盘。如果侵入体底平而顶凸，似蘑菇状者称为岩盖。岩盘与岩盖其下部有管状通道与下面更大的侵入体相通。

④ 岩床。岩床是由流动性较大的岩浆侵入成层围岩后呈层状或板状展布，其延展方向与围岩层理平行。

⑤ 岩脉和岩墙。由侵入的岩浆沿围岩的裂隙或断裂带挤入后冷凝而形成的狭长形的侵入体，切割围岩的成层方向，规模变化较大，通常把这种侵入体较窄小的称为岩脉，把较宽厚且近于直立的称为岩墙。岩脉、岩墙发育的岩体中地下水较活跃。

（2）喷出岩的产状。

喷出岩的产状受其岩浆的成分、黏性、上涌通道的特征、围岩的构造以及地表形态的控制和影响。其喷发方式主要有两种：一种是中心式喷发，即岩浆沿管状通道上涌，从火山口喷发或溢出；另一种是裂隙式喷溢，即岩浆沿地壳中狭长的裂隙或断裂带溢出。常见的喷出岩的产状有火山锥、熔岩流和熔岩台地等。

① 火山锥。火山锥是由黏性较大的岩浆沿火山口喷出地表，冷却为火山角砾、火山弹及火山渣等这些较粗的固体喷发物，在火山口附近堆积而成的。其锥体规模不大，高一般为数十米至数百米，锥顶有明显的火山口。

② 熔岩流和熔岩台地。当黏性小、易流动的岩浆沿火山口或沿断裂喷出或溢出地表时，常形成分布面积极广的熔岩流。厚度较小的熔岩流也称为熔岩席或熔岩被。岩浆长时间、缓慢地溢出地表，堆积形成的台状高地，称为熔岩台地。

3）岩浆岩的结构和构造

（1）岩浆岩的结构。

岩浆岩中矿物的结晶程度、晶粒的大小、形态及其相互关系称为岩浆岩的结构。影响岩浆岩结构的因素主要是与岩浆的化学成分（黏度）、物理化学状态（温度、压力）及成岩环境（冷凝、结晶的时间与空间）等密切相关。例如，形成侵入岩的岩浆埋藏深、冷凝缓慢，晶体结晶时间充裕，在适宜的空间中，能形成自形程度高、晶形好、晶粒粗大的矿物晶体；相反，喷出地表的岩浆由于冷凝速度快，来不及结晶，故其形成的喷出岩多为非晶质或隐晶质结构。

① 按矿物的结晶程度分类。

a．全晶质结构。岩石全部由矿物晶体组成，常见于深成侵入岩中，如花岗岩等。

b．半晶质结构。岩石中既有矿物晶体又有玻璃质的结构，常见于喷出岩中，如流纹岩。

c．玻璃质结构。岩石全部由非晶质的玻璃组成，主要分布于喷出岩中，如黑耀岩等。

② 按矿物晶粒的绝对大小分类。

a．粗粒结构。颗粒直径>5mm。

b．中粒结构。颗粒直径 1～5mm。

c．细粒结构。颗粒直径 0.1～1mm。

d．微粒结构。颗粒直径<0.1mm。

粗粒、中粒、细粒者用肉眼或放大镜可以辨识，统称为显晶质，是侵入岩的结构特征。微粒者只能在显微镜下可以观察和识别，称为隐晶质，是火山岩和部分浅成侵入岩的结构特征。

③ 按矿物晶粒的相对大小分类。

a．等粒结构。岩石中的矿物颗粒大小近似相等的结构。

b．不等粒结构。组成岩石的主要矿物结晶颗粒大小不等，相差悬殊。

c. 斑状结构。斑状结构是指岩石中较大的矿物晶体被细小晶粒或隐晶质、玻璃质矿物所包围的一种结构。其中粗大者称为斑晶,晶形完整;细小者称为基质,呈不规则状。如基质为显晶质物质组成时则形成似斑状结构,多见于侵入岩;如基质为隐晶质或玻璃质组成时则形成斑状结构,多见于喷出岩及部分浅成侵入岩。

(2) 岩浆岩的构造。

岩浆岩的构造是指岩石中各种矿物集合体在空间的分布、集合体的形态和充填方式上所表现出来的特征,其特征取决于岩浆的冷凝环境。岩浆岩常见的构造形式有以下几种。

① 块状构造。矿物晶粒在岩石中分布均匀,无定向排列,结构均一,是岩浆岩中常见的构造。

② 流纹状构造。岩浆在地表流动过程中,由于不同颜色的矿物、玻璃质和被拉长的气孔等沿一定方向排列,称为流纹状构造。流纹状构造常见于酸性喷出岩中,尤以流纹岩为典型。

③ 气孔状构造。当岩浆喷出后,挥发性气体未能及时逸出,在火山岩中形成许多圆形、椭圆形或被拉长的孔洞,称为气孔状构造。一般来说,基性熔岩由于岩浆黏度小,气孔较大、较圆;酸性熔岩由于岩浆黏度大,气孔较小、较不规则。当气孔占岩石总体积的70%以上时,称之为浮岩或浮石 [图1.5 (a)]。

④ 杏仁状构造。当具有气孔状构造的岩石其气孔后期被方解石、二氧化硅、沸石等矿物充填,形如杏仁,称为杏仁状构造 [图1.5 (b)],多见于喷出岩中。

⑤ 晶洞构造。侵入岩中因岩浆冷凝时体积收缩或因气体逸出而形成的浑圆或椭圆形孔洞(孔洞大小不一)的构造,称为晶洞构造。晶洞中常有发育完好的晶体,形成晶簇,常见于花岗岩中。

(a) 气孔状构造　　　　　　　　(b) 杏仁状构造

图1.5　玄武岩中的气孔状构造和杏仁状构造

4) 岩浆岩的分类及常见岩浆岩的特征

(1) 岩浆岩的分类。

自然界中的岩浆岩种类繁多,通常根据岩浆岩的矿物组成和共生规律、结构构造、产状及成因等方面的特征进行分类(表1-4)。

表1-4 常见岩浆岩类型及特征

岩类		超基性岩	基性岩	中性岩		酸性岩
SiO_2含量（质量百分比）/(%)		<45	45～52	52～65		>65
主要矿物成分		橄榄石 辉石 角闪石	辉石 斜长石	斜长石 角闪石 黑云母	钾长石 角闪石 黑云母	钾长石 斜长石 石英 黑云母 角闪石
侵入岩	深成岩	橄榄岩	辉长岩	闪长岩	正长岩	花岗岩
	浅成岩	柯马提岩	辉绿岩	闪长玢岩	正长斑岩	花岗斑岩
喷出岩	火山熔岩	金伯利岩	玄武岩	安山岩	粗面岩	流纹岩

（2）常见岩浆岩的特征。

常见岩浆岩的特征见表1-5。

表1-5 常见岩浆岩的特征

	岩石名称	颜色	所含矿物	结构	构造	产状	其他特征
酸性岩类	花岗斑岩	棕红色、黄色	斜长石、石英或正长石	斑状	块状	岩盘、岩墙	斑晶含量为15%～20%
	花岗岩	灰白至肉红	钾长石、酸性斜长石和石英，少量黑云母、角闪石	等粒、半自形、花岗、片麻状	块状	岩基、岩株	在我国约占所有侵入岩面积的80%
	流纹岩	灰白、粉红、浅紫、浅绿	石英、正长石斑晶，偶尔夹黑云母和角闪石	斑状	流纹状、气孔状	熔岩流、岩钟	喷出岩类，产在大陆边缘活动带
中性岩类	闪长玢岩	灰至灰绿	中性斜长石、普通角闪石	斑状	块状	岩床、岩墙	—
	闪长岩	浅灰至灰绿	中性斜长石、普通角闪石、黑云母	中粒、等粒、半自形	块状	岩株、岩床或岩墙	和花岗岩、辉长岩呈过渡关系
	安山岩	红褐、浅紫灰、灰绿	斜长石、角闪石、黑云母、辉石	斑状交织	块状、气孔状、杏仁状	喷出岩流	斑晶为中至基性斜长石，多定向排列
基性岩类	辉绿岩	暗绿和黑色	辉石、基性斜长石，少量橄榄石和角闪石	辉绿	块状、气孔状	岩床、岩墙	基性斜长石晶体程度比辉石好，易变为绿石

续表

岩石名称		颜色	所含矿物	结构	构造	产状	其他特征
基性岩类	辉长岩	黑至黑灰	辉石、基性斜长石、橄榄石、角闪石	辉长	块状	深成	常呈小侵入体或岩盘、岩床、岩墙
	玄武岩	黑、黑灰、暗	基性斜长石、橄榄石、辉石	斑状隐晶、交织、玻璃	块状、气孔状、杏仁状	喷出岩流、岩被、岩床	柱状节理发育
超基性岩类	橄榄岩	黑绿至深绿	橄榄石、辉石、角闪石、黑云母	全晶质、自形至半自形、中粗粒	块状	深成	易蚀变为蛇纹石
	金伯利（角砾石母橄榄岩）	黑至暗绿	橄榄石、蛇纹石、金云母、镁铝榴石等	斑状	角砾状	喷出脉状	偏碱性，含金刚石，岩石名称因矿物成分而异，种类繁多

2. 沉积岩

沉积岩是在地表或接近地表的常温、常压下，先前存在的矿物或岩石由风化作用、生物作用或某种火山作用形成的松散产物，经搬运、沉积（压实）和石化作用所形成的岩石（碎屑岩），或者在正常地表温度下沉淀而形成的岩石（化学岩）。沉积岩虽只占地壳浅处（地表下4~5km以内）总质量的3%，却占地表岩石面积的75%。因此，沉积岩是地表分布最广泛的一类岩石，广泛地被用作工程建筑物的地基和天然建筑材料。

1) 沉积岩的矿物组成和胶结物

（1）沉积岩的矿物组成。

沉积岩中已发现的矿物约160种，其中比较重要的约有20种，它们通常被分为碎屑矿物和化学沉积矿物两大类。

① 碎屑矿物。碎屑矿物主要是来自原岩的原生矿物碎屑，主要是一些抗风化、耐磨蚀和化学性质稳定的矿物，如石英、长石和白云母等。黏土矿物也属于碎屑矿物，但它是原岩经风化分解后而生成的次生矿物（表生矿物），如高岭石、蒙脱石、水云母等。

② 化学沉积矿物。化学沉积矿物是经化学沉积或生物化学沉积作用而形成的矿物，如方解石、白云石、燧石、石膏、石盐，以及铁、锰的氧化物和氢氧化物等。由生物遗体残骸直接形成，或经有机化学变化而形成的矿物，如贝壳、泥炭及其他有机质等，也归入化学沉积矿物。

上述矿物组成中，方解石、白云石、黏土矿物和有机质是沉积岩所特有的矿物组成，也是区别于岩浆岩的主要特征。

（2）沉积岩的胶结物。

沉积岩中的碎屑矿物颗粒通过胶结物的胶结、压实固结后成岩。常见的胶结物主要为硅质胶结物、钙质胶结物、泥质胶结物和铁质胶结物，不同的胶结物对沉积岩的颜色和岩石强度有很大影响。

① 硅质胶结物。硅质胶结物主要是隐晶质石英或非晶质SiO_2，多呈灰白或浅黄色，质

坚，抗压强度高，耐风化能力强。

② 钙质胶结物。钙质胶结物主要是方解石、白云石，多呈灰色、青灰色、灰黄色。岩石的强度高，具可溶性，遇稀盐酸作用即起泡反应。

③ 泥质胶结物。泥质胶结物主要为黏土矿物，多呈黄褐色、灰黄色。其结构松散、易碎，抗风化能力弱，岩石强度低，遇水易软化。

④ 铁质胶结物。铁质胶结物主要组分为铁的氧化物和氢氧化物，多呈棕色、红色、褐色、黄褐色等。其胶结紧密、强度高，但抗风化能力弱。

2）沉积岩的结构和构造

（1）沉积岩的结构。

沉积岩的结构是指组成物质的形态、大小、性质、结晶程度等。其结构一般分为碎屑结构、泥质结构、化学结晶结构和生物结构等。

① 碎屑结构。碎屑结构是指碎屑物被胶结物胶结而成的结构。其碎屑颗粒大小是陆源碎屑岩分类的依据，常用的碎屑颗粒粒度分级见表1-6，其中类似十进制为惯用碎屑颗粒粒度分级。

② 泥质结构（亦称黏土结构）。泥质结构是指几乎全由黏土质点组成的结构。

③ 化学结晶结构。化学结晶结构是指由从溶液中沉淀、结晶等化学成因物质组成的结构。

④ 生物结构。生物结构是指几乎全由生物遗体或生物碎片组成的结构。

表1-6 常用的碎屑颗粒粒度分级

十进制		2的几何级数制		类似十进制	
粒级划分	颗粒直径/mm	粒级划分	颗粒直径/mm	粒级划分	颗粒直径/mm
砾 巨砾	>1000	砾 巨砾	>256	砾 巨砾	>1000
粗砾	100~1000	中砾	64~256	粗砾	100~1000
中砾	10~100	砾石	4~64	中砾	10~100
细砾	1~10	卵石	2~4	细砾	2~10
砂		极粗砂	1~2	巨砂	1~2
粗砂	0.5~1	粗砂	0.5~1	粗砂	0.5~1
中砂	0.25~0.5	砂 中砂	0.25~0.5	砂 中砂	0.25~0.5
细砂	0.1~0.25	细砂	0.125~0.25	细砂	0.1~0.25
		极细砂	0.0625~0.125	微粒砂	0.05~0.1
粉砂 粗粉砂	0.05~0.1	粉砂 粗粉砂	0.0312~0.0625	粉砂 粗粉砂	0.01~0.05
		中粉砂	0.0156~0.0312		
细粉砂	0.01~0.05	细粉砂	0.0078~0.0156	细粉砂	0.005~0.01
		极细粉砂	0.0039~0.0078		
黏土（泥）	<0.01	黏土（泥）	<0.0039	黏土（泥）	<0.005

（2）沉积岩的构造。

沉积岩的一个明显特点是具有宏观的沉积构造。沉积构造是指沉积岩的各个组成部分的空间分布和排列形式所呈现的特征，它们可以反映成岩时的特定沉积环境。沉积岩的构造特征主要表现在层理构造、层面构造、结核构造和生物构造等方面。

① 层理构造。层理构造是沉积岩最特征、最基本的沉积构造。层理构造是指由于季节、沉积环境的改变，使先后沉积的物质在颗粒大小、颜色和矿物成分上发生相应的变化，从而显示出来的成层现象。岩层可以是一个单层，也可以是一组层。层理中各个细层（纹层）相互平行者称为平行层理；细层（纹层）倾斜或相互交错者称为斜层理或交错层理；细层（纹层）呈波状起伏者称波状层理（图1.6）。

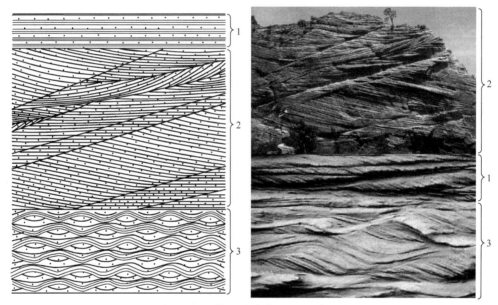

1—平行层理；2—斜层理和交错层理；3—波状层理。

图 1.6　沉积岩的层理构造及其类型

② 层面构造。层面构造是指在沉积层面上保留有沉积时水流、风、雨、生物活动等作用留下的痕迹，常见的如波痕、泥裂、雨痕、雹痕等。利用层面构造可以确定岩层的顶底。

a．波痕。层面呈波状起伏［图1.7（a）］，这种波痕构造是沉积介质动荡的标志，见于岩层顶面。

b．泥裂。滨海或滨湖地带沉积物未固结时露出地表，由于气候干燥、风吹、日晒，沉积物表面干裂，发育成多边形的裂缝，裂缝断面呈"V"形，并为后期沉积的泥、砂等填充。

c．雨痕、雹痕。雨痕、雹痕是沉积表面受雨点或冰雹打击留下的痕迹。

③ 结核构造。结核构造是指岩体中成分、结构、构造和颜色等均不同于周围岩石的某些集合体的团块，常为圆球形、椭球形、透镜状及不规则形态。常见有硅质、钙质、磷质、铁锰质和黄铁矿结核等［图1.7（b）］。

（a）碎屑岩表面的波痕　　　　　　　　（b）石灰岩中的结核

图 1.7　层面构造和结核构造

④ 生物构造。生物构造是生物遗体、生物活动痕迹和生态特征等，在沉积过程中被埋藏、固结成岩而保留的遗骸或遗迹，如化石、虫迹、虫孔、生物礁体等。化石是保留在沉积岩中的石化生物遗体，化石是沉积岩中特有的生物构造。

3）沉积岩的分类

沉积岩通常按其特征及形成作用方式分为碎屑岩和化学及生物化学岩两大类。

（1）碎屑岩。

碎屑岩以具有矿物岩石的碎屑颗粒为特征。它由岩浆岩、变质岩和先存的沉积岩，经机械作用破碎，分解成较细小碎屑矿物和黏土，再经搬运作用，到达重力势能较低的地点沉积而形成。沉积的碎屑（在搬运过程中被不同程度磨圆）和黏土，主要是柔软而饱和水分的泥、砂和砾石，由于它们不断的沉积，使先沉积的物质埋藏于后沉积的物质之下，因而逐渐压实，水分被挤出，并产生一定的化学变化，使泥、砂和砾石经胶结、固结作用后成岩。

（2）化学及生物化学岩。

化学及生物化学岩由溶液的过饱和以及生物活动而形成，其中可含少量粉砂和黏土。最常见的化学及生物化学岩是由方解石和文石组成的石灰岩，由白云石组成的白云岩。它们统称为碳酸盐岩，约占沉积岩总量的 20%。碳酸盐岩在沉积地点经化学沉淀和生物沉积而成，或者由于水流作用，把原先沉积的碳酸盐岩破碎，搬运到别处再沉积而形成。

4）常见沉积岩的特征

（1）碎屑岩。

① 砾岩及角砾岩。砾岩及角砾岩是具有砾状结构（粒径>2mm）的岩石。其碎屑为圆形或次圆形者称为砾岩；其碎屑为棱角形或次棱角形者称为角砾岩。

② 砂岩。砂岩是具有砂状结构（粒径为 2～0.05mm）的岩石。砂岩的碎屑成分一般为石英、长石、白云母、岩屑及生物碎屑等。按照碎屑粒径大小又可分为粗粒砂岩、中粒砂岩、细粒砂岩等。其颜色多样，随碎屑与填隙物成分而异。如碎屑中含铁锰质者为紫红色，填隙物中富含黏土者颜色较暗。

③ 粉砂岩。粉砂岩是具有粉砂状结构（粒径为 0.05～0.005mm）的岩石。粉砂岩的碎屑成分常为石英及少量长石与白云母，颜色呈灰绿色、灰黄色、灰黑色等。

④ 黏土岩。黏土岩主要由黏土矿物组成，具有泥状结构（粒径<0.005mm）的岩石。

高岭石、绢云母等是黏土岩中常见的矿物。黏土岩中常混有不等量的粉砂、细砂、有机质、碳质等。其颜色与沉积环境和混入物有关，呈灰白色、灰黄色、灰绿色、紫红色、灰黑色等。常见的黏土岩有两类：一类是具有页理的黏土岩，称为页岩，页岩单层厚度<1cm；另一类是呈块状的黏土岩，称为泥岩。

（2）化学及生物化学岩。

① 石灰岩。石灰岩［图 1.8（a）］主要由方解石组成，呈灰色、灰白色或灰黑色，性脆，硬度 3.5，小刀能刻划，与稀盐酸作用会剧烈起泡。

② 白云岩。白云岩［图 1.8（b）］主要由白云石组成，呈浅灰色、灰白色。其硬度和耐风化程度较石灰岩略大，岩石风化面上常具有犹如刀砍状的溶蚀沟纹［图 1.8（b）］。其遇稀盐酸反应弱。

（a）石灰岩　　　　　　　　（b）白云岩

图 1.8　化学及生物化学岩

3．变质岩

变质岩是组成地壳的三大岩类之一，占地壳总体积的 27.4%。它在地球表面分布范围较小，且不均匀。地史年代中较古老的岩石（如前寒武纪岩石）大多是变质岩。

1）变质岩的矿物成分

原岩经变质作用后，仍保留的部分矿物称为残留（残余）矿物，如石英、长石、角闪石、方解石等；在变质作用过程中形成的某些特征性的新矿物称为变质矿物，如红柱石、蓝晶石、十字石、石榴子石、绿泥石和蛇纹石等。

2）变质岩的结构和构造

（1）变质岩的结构。

① 变晶结构。变晶结构是原岩在固态条件下，经重结晶作用形成的特征的结晶质结构。变晶结构按变晶矿物的形态可分为粒状变晶结构、鳞片变晶结构等。

② 变余结构。变余结构是在变质过程中，由于变质作用不彻底，原岩的部分结构特征被保留下来，即构成变余结构，如变余斑状结构、变余砾状结构等。

③ 碎裂结构。碎裂结构是当动力变质程度较高时，原岩中的矿物颗粒被研磨发生破裂，粉碎成粒径均匀的微粒状，并形成致密坚硬的糜棱岩。

（2）变质岩的构造。

原岩的构造通过变质作用部分或全部消灭，形成变质岩的特征构造。

① 片状构造。片状构造是变质岩中最常见的一种构造。其由原岩经区域变质（差异压

力)和重结晶作用,使片状、针状或柱状矿物呈连续的或断续的平行排列(图 1.9)。片状构造的岩石中重结晶作用明显,粒度较粗,片理面上光泽较强。

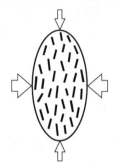
(a)发生变质(差异压力)

(b)片麻岩

图 1.9 变质岩中片状构造

② 板状构造。板状构造是指泥岩、火山凝灰岩在变质温度不高时,以定向压力为主的变质作用条件下,具有平行、密集而平坦的破裂面,沿此面岩石易分裂成薄板状。

③ 千枚状构造。千枚状构造的岩石主要由重结晶的细小片状矿物定向排列而成,片理清楚,片理面上有明显丝绢光泽和细小皱纹状或揉皱状构造。

④ 片麻状构造。片麻状构造是以长石为主的粒状矿物,呈平行定向排列的片、柱状矿物间成断续的带状分布。片麻状构造中矿物的重结晶程度高,颗粒粗大易识别。

⑤ 块状构造。块状构造的岩石由于受温度和静压力的联合作用,粒状矿物均匀分布,无定向排列,如大理岩、石英岩具有这种构造。

3)变质岩的分类及常见变质岩的特征

(1)变质岩的分类。

根据变质岩的构造、结构、矿物组成和变质类型可以将变质岩分为两类(表 1-7)。

表 1-7 常见的变质岩分类

岩类	岩石名称	构造	结构	矿物组成	变质类型
片理状岩类	板岩	板状	变余结构 部分变晶结构	黏土矿物、绢云母、绿泥石、石英等	区域变质作用(由板岩至片麻岩变质程度递增)
	千枚岩	千枚状	鳞片状变晶结构	绢云母、石英、长石、绿泥石等	
	片岩	片状	鳞片状、叶片状变晶结构	云母、角闪石、绿泥石、石墨、滑石、石榴子石等	
	片麻岩	片麻状	粒状变晶结构	石英、长石、云母、角闪石等	
块状岩类	大理岩	块状	粒状变晶结构	方解石、白云石	接触变质作用
	石英岩		粒状变晶结构	石英等	
	矽卡岩		不等粒变晶结构	石榴子石、透辉石、硅灰石	
	蛇纹岩		隐晶质结构	蛇纹石、滑石等	交代变质作用

（2）常见变质岩的特征。

① 板岩。板岩呈深灰色、黑色、土黄色等，主要矿物为黏土矿物、绢云母、绿泥石等，多为隐晶质结构、变余泥状结构，板状构造。岩石致密，易裂成厚度均一的薄板。

② 千枚岩。千枚岩呈绿色、黑色、黄灰色、棕褐色等，主要矿物为绢云母、黏土矿物、石英、绿泥石等，鳞片变晶结构，千枚状构造。岩石片理面上具丝绢光泽和微细皱纹状。

③ 片岩。片岩的颜色随不同矿物种类和含量变化而变，主要矿物为绢云母、滑石、绿泥石、石英、黑云母、白云母和角闪石等。依据变质岩中主要矿物又可分为云母片岩、绿泥石片岩和角闪石片岩等，变晶结构，片状构造。岩石中由于片状矿物含量高，定向排列，易风化剥落，抗风化能力差，强度低，沿片理方向易裂解，不宜作建筑材料。

④ 片麻岩。片麻岩的颜色较杂，主要矿物为长石、石英、黑云母、角闪石和石榴子石等，粒状变晶结构，晶粒粗大。岩石常呈片麻状构造或眼球状构造［图1.10（a）］。

⑤ 大理岩。大理岩呈白色、灰白色或黑灰色等，主要矿物成分为方解石、白云石等组成，与冷稀盐酸作用起泡，粒状变晶结构，斑状变晶结构，块状构造。洁白细粒大理岩（汉白玉）和带有各种条带、花纹的大理岩是优良的装饰材料和建筑材料。

⑥ 石英岩。纯石英岩为白色，含杂质为灰白色、褐色等。石英岩的矿物成分中石英含量>85%，其次含少量长石、白云母等，粒状变晶结构，块状构造。岩石坚硬，抗风化能力强。

⑦ 矽卡岩。矽卡岩主要分布在中酸性侵入岩（花岗岩、花岗闪长岩等）与碳酸盐岩（石灰岩、白云质石灰岩）的接触带及其附近。其外貌和颜色变化很大，有褐红色、暗绿色、浅灰色等。矽卡岩主要由石榴子石、透辉石等变质矿物组成。

⑧ 混合岩。由混合岩化作用所形成的岩石称为混合岩。混合岩通常由两部分物质组成：一部分是由颜色较深的片岩、片麻岩组成，作为基体；另一部分颜色较浅，是从外来的熔体或热液中沉淀的物质，其矿物成分主要为长石、石英。由于混合岩化程度不同，相应地有不同构造特征的混合岩，如条带状混合岩、肠状混合岩［图1.10（b）］等。

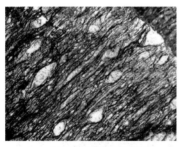 

（a）眼球状构造的片麻岩　　　　（b）肠状构造的混合岩

图1.10　眼球状构造的片麻岩和肠状构造的混合岩

思 考 题

1. 地球内部圈层是依据什么划分的？是如何划分的？

2. 何谓地质作用？何谓内力地质作用、外力地质作用？
3. 内力地质作用的形式有哪几种？
4. 外力地质作用的形式有哪几种？
5. 内力地质作用与外力地质作用有何区别？
6. 如何理解内力地质作用和外力地质作用是对立统一的过程？
7. 矿物的主要物理性质有哪些？
8. 矿物按其化学成分和晶体结构分为几大类？
9. 什么是岩浆的侵入作用、喷出作用？
10. 按 SiO_2 含量，岩浆岩分为几大类？分别是什么？
11. 岩浆岩的颜色、矿物成分和化学性质之间有什么内在联系（规律）？
12. 沉积岩分为几大类？分别是什么？
13. 沉积岩和变质岩的典型构造分别是什么？它们是怎么形成的？
14. 何谓接触变质作用？代表性的岩石有哪些？

任务 1.2　岩层产状与地质构造认识

1.2.1　岩层产状

1. 岩层的产状要素

岩层是泛指上、下层面之间成分基本一致的层状岩石。地表分布最广的沉积岩未经构造运动之前，一般都是水平的，但通常我们所看到的沉积岩层大多数不是水平的，有的岩层发生了倾斜，甚至直立，有的岩层弯曲或碎裂，呈现出各种各样的空间形态（图 1.11）。

（a）倾斜岩层　　　　　　　　　（b）直立岩层

图 1.11　倾斜岩层和直立岩层

为了研究地质构造，要先确定岩层的空间位置。岩层在空间的产出状态和方位称为岩层产状。岩层的空间位置取决于岩层层面相对于水平面的走向、倾向和倾角，这三个表示空间位置的数据称为岩层产状要素（图 1.12）。

项目 1 工程岩土的基本概念

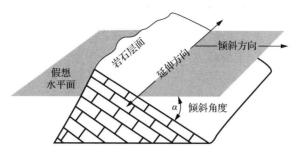

图 1.12 岩层产状要素

（1）走向。走向是岩层层面与假想水平面交线的方向，它标志着岩层的延伸方向。岩层的走向用走向线的坐标方位角或象限角表示。同一岩层的走向有两个方位角数值，两者相差 180°。

（2）倾向。倾向即岩层的倾斜方向，是岩层层面上垂直走向线顺倾斜面向下引出的直线在水平面的投影的方位角。同一岩层只有一个方位角数值，与走向方位角数值相差 90°。

（3）倾角。倾角是倾斜的岩层层面与假想水平面所夹的锐角。岩层的倾角表示岩层在空间倾斜程度的大小。

岩层呈水平产出时，其倾角为零，没有走向与倾向。岩层呈直立产出时，它的空间位置取决于层面的走向。

2. 岩层产状的测量方法

测量岩层产状是最基本的野外地质工作方法之一，岩层产状三要素可用地质罗盘仪进行测量（图 1.13）。通过测定岩层产状的三要素，可以勾画出岩层经过构造变动后的形态及其在空间的位置。

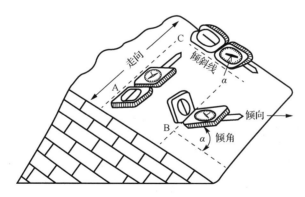

图 1.13 岩层产状要素的测量方法

> 知识点滴

罗盘测岩层产状

测量岩层走向时，将罗盘长边的一条棱紧贴岩层层面（图 1.13 中的 A 面），然后转动罗盘（在转动过程中紧贴岩层层面的罗盘棱的任何一点都不能离开层面），使圆形水准器的水泡居中，磁针停止摆动，读出指针所指刻度即为岩层走向。因为岩层的走向可以两边延伸，所以南针或北针所指方向（如30°与210°）均可代表该岩层的走向。

测量岩层倾向时，将罗盘北端（底盘标N的一端）指向岩层向下倾斜方向，罗盘南端底边棱紧贴岩层层面（图1.13中的B面），然后转动罗盘，使圆形水准器水泡居中，磁针停止摆动，读北针（不绕铜丝的一端）所指刻度即为岩层的倾向。如果在岩层顶面上进行测量有困难，也可以在岩层底面上测量，将罗盘北端紧靠底面，读北针即可；如果在岩层底面上测量读北针有困难时，则用罗盘南端紧靠岩层底面，读南针亦可。

测量岩层倾角时，将罗盘直立，并以罗盘长边（底盘标有半圆刻度的一侧）平行倾斜线紧贴岩层层面（图1.13中的C面），然后转动罗盘背面的活动扳手，使测斜管状水准器中的水泡居中，测斜指针所指度数即为岩层的倾角。

3. 岩层产状的表示方法

岩层产状的记录方式有多种，既可以用方位角数值表示，也可以用象限角数值表示。

（1）方位角数值表示法。

例如用罗盘测量出某一岩层的走向为310°、倾向为220°、倾角为35°。若用方位角数值表示，则记录为310°/SW∠35°（走向/倾向∠倾角）。由于岩层的走向与倾向相差90°，因此在野外测量岩层的产状时，往往只记录倾向和倾角，则上述岩层产状也可以记为220°∠35°；如要知道岩层的走向，只需将倾向加减90°即可。

（2）象限角数值表示法。

若用象限角数值表示，则需把方位角换算成象限角后再做记录。如上述地层走向的方位角为310°，其象限角应记录为N50°W；倾向的方位角为220°，其象限角应记录为S40°W；故用象限角方式记录该岩层的产状为N50°W/S40°W∠35°（走向/倾向∠倾角），或直接记录为S40°W∠35°（倾向∠倾角）。

1.2.2 地质构造

地质作用-矿物与岩石的形成

在地质学中，一般将由内动力所引起的地壳岩石发生变形和变位的机械作用称为地壳运动。但在很多情况下地壳运动不只限于地壳，还涉及上地幔的上部（岩石圈），因此常将地壳运动称为构造运动。

构造运动是一种机械运动，按运动方向可分为水平运动和垂直运动。水平运动使岩块相互分离裂开或相向聚汇，发生挤压、弯曲或剪切、错开。垂直运动则使相邻块体做差异性上升或下降。构造运动使岩层发生变形和变位，形成的产物被称为地质构造。常见的地质构造有褶皱构造和断裂构造，其中断裂构造又分断层和节理。

地质构造的规模有大有小，小到在一块岩石标本上就可观其全貌，大到在全球范围才能看出其形貌特征。研究全球地质构造的主要理论有地槽地台学说和板块构造学说等，在现代地质研究和地质工作中，板块构造学说占主导地位。

1. 板块构造

1912年，德国魏格纳提出大陆漂移说，他认为大约距今1.5亿年前，地球表面有个统一的大陆,他称之为联合古陆。联合古陆周围全是海洋。从侏罗纪开始,联合古陆分裂成几块并各自漂移,最终形成现今大陆和海洋的分布格局。大陆漂移说的主导思想是正确的,但限于当时地质科学发展水平而未得到普遍接受。

20世纪50—60年代,大量科学观测资料的支持使大陆漂移说获得了新生,并为板块构造学说奠定了基础,60年代末板块构造学说逐步为人们所接受。该学说把大陆、海洋、地震、火山以及地壳以下的上地幔活动有机地联系起来,形成一个完整的地球动力系统。

板块构造学说认为:刚性岩石圈分裂成六个地壳块体(板块),它们驮在软流圈上做大规模水平运动。各板块边缘结合地带是相对活动的区域,表现为强烈的火山(岩浆)活动、地震和构造变形等,而板块内部则是相对稳定区域。相邻板块间的结合有以下三种类型。

(1)岛弧和海沟。大洋地壳沿海沟插入地下,构成消减带,并引起火山作用、地震以及挤压应力作用,如太平洋板块与欧亚板块间的情况。

(2)洋中脊。洋中脊是地壳生成的地方,表现为拉张应力,如非洲板块与美洲板块之间的情况。

(3)转换断层。转换断层是横穿洋中脊的大断裂,表现为剪切应力作用。

板块间的结合带与现代地震、火山活动带一致。板块构造学说极好地解释了地震的成因和分布。

2. 褶皱构造

褶皱是指呈现一个或一系列弯曲的地质体变形现象,即岩层的弯曲[图1.14(a)]。在褶皱中,单个弯曲称为褶曲。岩层褶皱后原有的空间位置和形态均已发生改变,但其连续性未遭破坏。

1)褶皱的几何要素

在描述褶皱的形态和产状特征时,常使用褶皱的几何要素进行表达,主要包括核、翼、轴面、轴、转折端、枢纽等[图1.14(b)]。

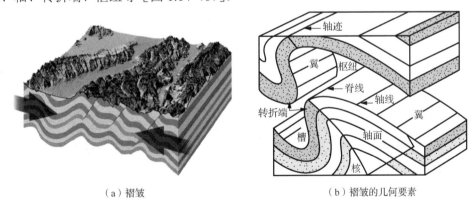

(a)褶皱　　　　　　　　　　(b)褶皱的几何要素

图1.14　褶皱及其几何要素示意图

(1)核。褶曲岩层的中心部分,即位于褶曲中央最内部的岩层。

(2)翼。核的两侧,即褶曲岩层的两坡,向不同方向倾斜。

(3)轴面。从褶曲顶部平分两翼,使褶曲两翼近似对称的面(假想面)。轴面可以是简单的平面,也可以是复杂的曲面;可以是直立的、倾斜的或平卧的。

（4）轴。轴也称轴线、轴迹，是轴面与水平面或地面的交线。

（5）转折端。泛指褶曲岩层两翼相互过渡的弯曲部分。

（6）枢纽。轴面与褶曲岩层层面的交线，或转折端弯曲的最大曲率处，反映褶皱在延伸方向产状的变化情况。褶皱的枢纽有水平的、倾斜的、波状起伏的。

2）褶皱的类型

褶曲的基本类型是背斜与向斜。原始水平岩层受力作用后向上凸曲者，称为背斜；向下凹曲者称为向斜。背斜与向斜常是并存的。相邻背斜之间为向斜，相邻向斜之间为背斜。相邻的背斜与向斜共用一个翼。背斜核部地层较老，两翼地层较新，从核部向外逐渐变新；向斜核部地层较新，两翼地层较老，从核部向外逐渐变老（图1.15）。

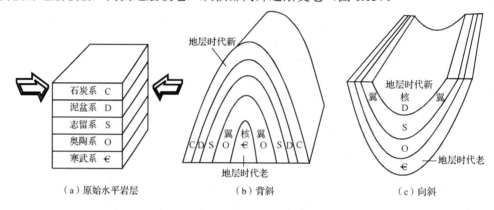

图1.15 原始水平岩层、背斜和向斜示意图

自然界的褶皱有各种各样的形态，对其进行概括和归类，有利于深入研究构造运动和岩层受力的强度。根据褶皱要素的形态分类是常用的分类方法。

（1）根据褶皱轴面和两翼产状分类（图1.16）。

① 直立褶皱。褶皱轴面直立，两翼岩层向不同方向倾斜，倾角相等，形态呈对称分布[图1.16（a）]。

② 倾斜褶皱。褶皱轴面缓倾斜，两翼岩层向不同方向倾斜，但两翼岩层的倾角不相等，形态呈不对称分布[图1.16（b）]。

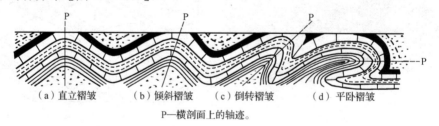

图1.16 褶皱中轴面和两翼产状的变化及褶皱类型示意图

③ 倒转褶皱。褶皱轴面陡倾斜，两翼倾向大致相同。褶皱的一翼产状正常，岩层的顶面向上；另一翼产状倒转，岩层的顶面向下[图1.16（c）、图1.17（a）]。

④ 平卧褶皱。褶皱的轴面近于水平的褶皱[图1.16（d）、图1.17（b）]。

（2）根据褶皱枢纽产状分类（图1.18）。

① 水平褶皱。褶皱的枢纽近于水平，两翼岩层走向平行延伸[图1.18（a）]。

② 倾伏褶皱。褶皱的枢纽向一端倾伏，两翼岩层走向不平行，在水平面呈弧形相交，背斜的弧形尖端指向枢纽倾伏方向，向斜的开口方向指示枢纽倾伏方向[图1.18（b）]。

（a）倒转褶皱

（b）平卧褶皱

图 1.17　倒转褶皱和平卧褶皱

（a）水平褶皱

（b）倾伏褶皱

图 1.18　水平褶皱和倾伏褶皱

（3）根据褶皱平面形态分类。

褶皱的平面形态取决于褶皱的长度和宽度。褶皱的长度即枢纽延伸的长度；褶皱的宽度即在垂直于枢纽的切面上，相邻两背斜或向斜的枢纽（层面弯曲最大处或拐点处）之间的距离。根据褶皱长、宽的比率，可把褶皱分为如下类型。

① 线状褶皱。线状褶皱是指在水平方向上延伸较远的狭长形褶皱，其长度为宽度的十倍以上。

② 短轴褶皱。短轴褶皱是指在平面上呈椭圆形的褶皱，其长度为宽度的3～10倍。

③ 穹隆。穹隆是指平面形态几乎呈圆形的等轴状圈闭的背斜构造，从各个方向观察岩层都是向上弯曲的[图1.19（a）]。穹隆有时呈椭圆形或不规则形状，其长宽比小于3∶1。

④ 构造盆地。构造盆地是指平面形态几乎呈圆形的等轴状圈闭的向斜构造，岩层普遍向下弯曲[图1.19（b）]。盆地有时呈椭圆形或不规则形状，其长宽比小于3∶1。

（a）穹隆

（b）构造盆地

图 1.19　穹隆和构造盆地示意图

（4）根据褶皱横剖面形态分类。

① 圆弧褶皱。转折端呈圆弧形弯曲的褶皱［图1.20（a）］。

② 尖棱褶皱。转折端为尖顶状，常由平直的两翼相交而成［图1.20（b）］。

③ 箱状褶皱。转折端宽阔平直，两翼产状较陡，形如箱状［图1.20（c）］。

④ 挠曲。平缓岩层中的一段岩层急剧变化表现出的膝状弯曲［图1.20（d）］。

（a）圆弧褶皱　　　　　　　　　（b）尖棱褶皱

（c）箱状褶皱　　　　　　　　　（d）挠曲

图1.20　褶皱横剖面形态类型

3）褶皱对工程的影响

褶皱构造对工程有以下几方面的影响。

（1）褶皱核部岩层由于受水平挤压作用，产生许多裂隙，直接影响岩体的完整性和强度的高低，在石灰岩地区还往往伴随岩溶的发育，所以在核部布置各种工程，如路桥、坝址、隧道等，必须注意防治岩层的坍落、漏水及涌水问题。

（2）在褶皱翼部布置工程时，如果开挖边坡的走向近于平行岩层走向，且边坡倾向与岩层倾向一致，边坡坡角大于岩层倾角，则容易造成顺层滑动现象；如果开挖边坡的走向与岩层走向的夹角在40°以上，两者走向一致，且边坡倾向与岩层倾向相反或者两者倾向相同，但岩层倾角更大，则对开挖边坡的稳定较有利。因此，在褶皱翼部布置工程时，重点注意岩层的倾向及倾角的大小。

（3）对于隧道等埋深较大的地下工程，一般应布置在褶皱的翼部，因为隧道通过均一岩层有利于其稳定。

3．断裂构造

断裂是岩石的破裂，是岩石的连续性受到破坏的表现。当作用力超过岩石的抗力强度时，岩石就会发生断裂。断裂构造包括断层和节理两类。岩石破裂，并沿破裂面两侧的岩块有明显的相对滑动者，称为断层；无明显滑动者，称为节理。

1）断层

（1）断层的要素。

断层的基本组成部分叫作断层要素，主要有断层面、断层线、断层带、断盘、断距等（图1.21）。

① 断层面。分隔两个岩体并使其发生相对滑动的面称为断层面。断层面有的平坦光滑，有的粗糙或略呈波状。大多数断层面是倾斜的，其产状也用走向、倾向和倾角表示。

② 断层线。断层面或断层带与地面的交线（或在地面的出露线）称为断层线。

③ 断层带。有些断层的两盘之间不是单一的断层面，而是复杂的错动带，称为断层带。断层带内常分布有由断裂作用产生的构造岩（图1.22）。

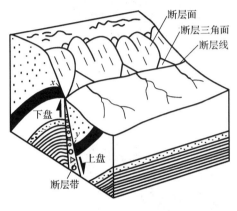

图1.21 断层要素示意图　　　　　图1.22 断层带构造岩

④ 断盘。断层面两侧发生相对位移的岩体称为断盘。位于倾斜断层面上方者称为上盘，位于下方者称为下盘。直立断层面两侧的断盘以地理方位来描述，如东盘、西盘等。

⑤ 断距。断层两盘中相当层（未断裂前为同一层）因断裂而移动的距离，称为断距，如图1.21中的x、y之间的距离。

（2）断层的主要类型。

按断层两盘相对位移的方式，可把断层分为正断层、逆断层、平移断层三种主要类型。

① 正断层。上盘下降、下盘相对上升的断层称为正断层［图1.23（a）、图1.24（a）］。正断层主要是由拉张力和重力作用形成的。

② 逆断层。上盘上升、下盘相对下降的断层称为逆断层［图1.23（b）、图1.24（b）］。逆断层主要是由挤压力作用形成的。断层面倾角平缓（小于25°）的逆断层称为逆掩断层［图1.23（c）、图1.24（c）］。

③ 平移断层。断层两侧岩体沿水平方向相对错动的断层称为平移断层，因两侧岩体是沿断层的走向相对滑动的，所以也叫走向滑动断层［图1.23（d）、图1.24（d）］。

（3）断层对工程的影响。

由于断层的存在，破坏了岩体的完整性，加速了风化作用、地下水的活动及岩溶，可能在以下几个方面对工程产生影响。

① 断层破碎带力学强度低、压缩性大，降低了地基的强度和稳定性，易造成开裂或倾斜。断裂面对岩质边坡、桥基稳定常有重要影响。

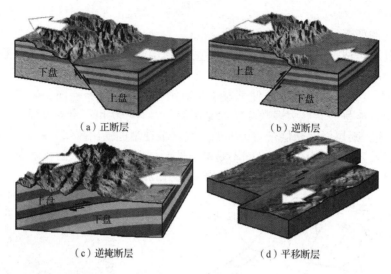

图 1.23　断层类型示意图

图 1.24　断层类型

② 跨越断裂构造带的建筑物，由于断裂带及其两侧上、下盘的岩性均可能不同，因此易产生不均匀沉降。

③ 隧洞工程通过断裂破碎带时易发生坍塌。

④ 断裂带在新的地壳运动的影响下，可能发生新的移动，从而影响建筑物的稳定。

2）节理

（1）节理的主要类型。

根据形成的力学机制，节理可以分为张节理和剪节理两种类型。

① 张节理。岩石受张应力作用而产生的破裂称为张节理。多数张节理两壁张开，节理

面粗糙不平,有时呈锯齿状,常被脉石矿物或其他物质填充[图1.25(a)]。

② 剪节理。岩石受剪应力作用而产生的破裂称为剪节理。节理面比较平直、光滑,能切穿岩石中的砾石、结核等。剪节理常共轭产出,构成共轭节理("X"节理)。石灰岩等脆性岩石在同一应力作用下,通常先形成平面共轭剪节理[图1.25(b)],再形成剖面共轭剪节理[图1.25(c)]。在造山运动过程中,由于受不同方向挤压力的作用,在变质岩中也会留下共轭剪节理形迹[图1.25(d)]。

(a) 张节理　　　　　　　　　(b) 平面共轭剪节理

(c) 剖面共轭剪节理　　　　　(d) 变质岩中的共轭剪节理

图1.25　构造节理类型

(2) 节理调查、统计和表示方法。

为了研究一个地区节理的特征和分布规律,必须选择节理发育良好的岩石露头,对一定岩体面积(5~10m²)内节理的产状和数量,进行系统的观测和记录。测量节理产状的方法与测量岩层产状的方法相同。

野外实测的节理产状资料,须按方位间隔(常以5°或10°为一区间)整理、计算、统计出每一区间内节理的平均走向、平均倾向、平均倾角和节理条数(表1-8),然后用统计图的形式把节理的分布情况表示出来。

表1-8　节理产状和数量统计表

方位间隔	平均走向	平均倾向	平均倾角	节理条数
281°~290°	288°	18°	18°	10
331°~340°	332°	62°	10°	22
31°~40°	31°	301°	80°	20
41°~50°	46°	316°	60°	15

续表

方位间隔	平均走向	平均倾向	平均倾角	节理条数
51°～60°	59°	329°	55°	19
61°～70°	67°	337°	58°	21

在工程地质研究中常用节理玫瑰图来反映节理的产状和密度（图1.26）。

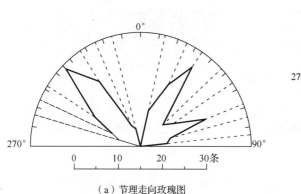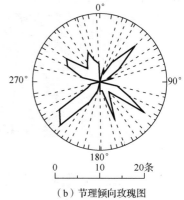

（a）节理走向玫瑰图　　　　　　　　（b）节理倾向玫瑰图

图1.26　节理玫瑰图

知识延伸

节理玫瑰图软件作图法见左侧二维码。

1.2.3　地质图的识读

1. 普通地质图

地质图是按一定的比例尺和图例，将地区内各种地质体（地层、岩体、矿体）及地质现象（断层、褶皱等）的分布及其相互关系，垂直投影到同一水平面上，用以反映某地区地壳表层地质构造特征的图件（图1.27）。中、大比例尺的地质图附有地质剖面图和综合地层柱状图。大多数地质图是在地形图上绘制的，带有地形等高线的地质图也叫地形地质图。

2. 地质图的阅读分析

1）地质图的比例尺和图例

一幅正规的地质图应该有图名、比例尺、图例等。

（1）比例尺。比例尺是地质图上任一线段的长度与它所代表的相应地面实际水平距离之比。目前地质图上常用大、中、小三种比例尺。

① 大比例尺：大于1∶50000（图中1cm代表实地距离500m）的地质图为大比例尺地质图。

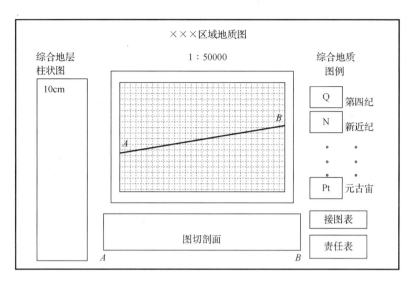

图1.27 常见地质图平面分布

② 中比例尺：1∶100000（图中 1cm 代表实地距离 1000m）～1∶250000（图中 1cm 代表实地距离 2500m）的地质图为中比例尺地质图。

③ 小比例尺：小于 1∶500000（图中 1cm 代表实地距离 5000m）的地质图为小比例尺地质图。

（2）图例。图例即地质图中所用各种符号的说明，最常用的地质图例是岩石、构造、地层产状及界线、地形等高线符号等（图1.28）。

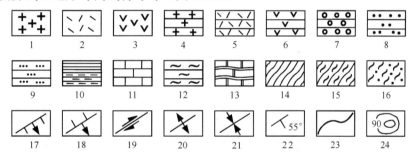

1—酸性侵入岩；2—中性侵入岩；3—基性侵入岩；4—酸性喷出岩；5—中性喷出岩；6—基性喷出岩；7—砾岩；8—砂岩；9—粉砂岩；10—泥岩、页岩；11—石灰岩；12—千枚岩；13—大理岩；14—片岩；15—片麻岩；16—混合岩；17—正断层；18—逆断层；19—平移断层；20—背斜；21—向斜；22—岩层产状；23—地层界线；24—地形等高线。

图1.28 常用地质图例

2）岩层产状和地质构造在地质图上的表现

（1）不同产状的岩层在地质图上的表现。

自然界沉积岩层的空间位置有水平、倾斜和直立三种状态。在山谷或经过河流切割的地方，可以见到水平岩层露头的倾角为零，倾斜岩层露头的倾角为 0°～90°，直立岩层露头的倾角为 90°；而投影到地形地质图（平面图）上，水平岩层露头的界线与地形等高线平行或一致，倾斜岩层露头的界线与地形等高线斜交，直立岩层露头的界线为沿岩层走向延伸直线，不受地形变化影响。

（2）地质构造在地质图上的表现。

① 褶皱在地质图上的表现。水平褶皱的地层界线在地质图上表现为一组近于平行的直线，相同地层重复出现且倾向相反。倾伏褶皱的地层界线在地质图上表现为呈单向封闭的曲线，相同地层重复出现且倾向相反［图1.29（a）］。

② 断层在地质图上的表现。断层在地质图上表现为地层沿走向发生中断或明显错动位移，或沿倾向重复或缺失。断层以一段线条表示，并用F_x按顺序编号［图1.29（b）］。

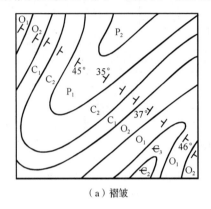
（a）褶皱

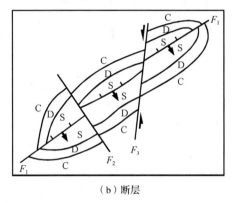
（b）断层

图1.29 褶皱和断层在地质图上的表现

3）阅读地质图的方法

（1）阅读地质图步骤。

① 阅读图名、制图单位和日期、比例尺。了解图幅的地理位置、地质资料来源及其可靠性、地质工作详细程度等。

② 分析地形地貌。了解地形起伏状况、山脉走向和山峰高程、水系分布等。

③ 分析地层。阅读地质图和综合地层柱状图，了解图中分布有哪些地质时代的地层及其产状、岩性、接触关系等。

④ 分析地质构造。确定最老地层的出露位置，分析最老地层两侧较新地层的分布及其产状变化情况，了解有无褶皱及褶皱类型，了解轴部、翼部位置。沿地层走向追踪其连续性，了解有无断层及断层的类型、性质等。

⑤ 分析岩体。了解有无岩浆侵入或喷发作用，以及岩浆岩类型、形成时代等。

⑥ 综合分析。在上述分析的基础上，综合分析各种地质现象之间的关系、规律性及其区域地质发展简史等。

（2）阅读地质图举例。

现以黑山寨地区地质图（图1.30）为例，阅读、分析如下。

① 比例尺。该地质图的比例尺为1:10000，即图上1cm代表实地距离100m。

② 地形地貌。该幅图内西北部最高，高程约为570m，东南较低，约100m；相对高差约达470m。地势表现为西北高、东南低。顺地形坡向有两条较大沟谷。

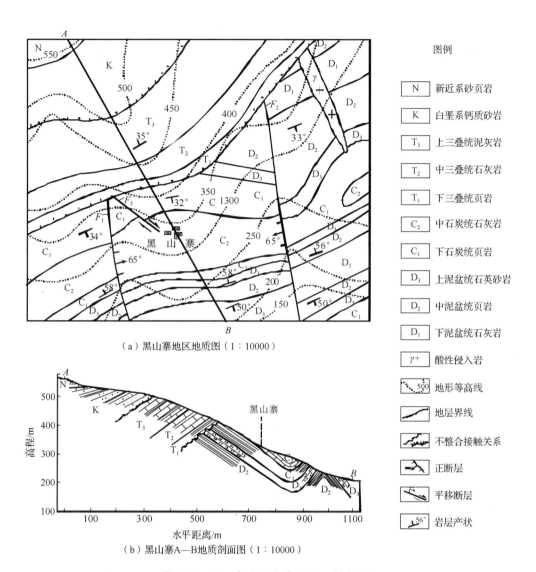

(a) 黑山寨地区地质图（1:10000）

(b) 黑山寨A—B地质剖面图（1:10000）

图1.30 黑山寨地区地质图及地质剖面图

③ 地层、岩性及其接触关系（图1.31）。黑山寨地区出露地层从老到新有：古生界—下泥盆统（D_1）石灰岩，中泥盆统（D_2）页岩，上泥盆统（D_3）石英砂岩；下石炭统（C_1）页岩，中石炭统（C_2）石灰岩；中生界—下三叠统（T_1）页岩，中三叠统（T_2）石灰岩，上三叠统（T_3）泥灰岩；白垩系（K）钙质砂岩；新生界—新近系（N）砂页岩互层。由图1.30可见，新近系（N）分布在西北部，与下伏白垩系（K）为平行不整合接触。白垩系（K）与三叠系（T）也分布在西北部，白垩系（K）与下伏的上三叠统（T_3）之间，缺失侏罗系（J），存在底砾岩。但T_3与K岩层产状大致平行，故为平行不整合接触。下三叠统（T_1）与下伏石炭系（C_1、C_2）及泥盆系（D_1、D_2、D_3）直接接触，中间缺失二叠系（P）及上石炭统（C_3），且产状呈角度相交，故为角度不整合接触。

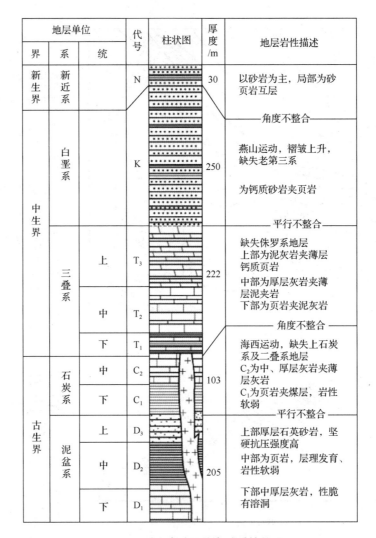

图1.31 黑山寨地区综合地质柱状图

④ 地质构造。黑山寨地区内新近系地层为水平产状,三叠系和白垩系地层呈单斜产状,倾向北西(330°∠35°),石炭系和泥盆系地层大致呈近东西至东北方向延伸。石炭系和泥盆系地层中,发育有两条近南北向的较大断层(F_1、F_2),把石炭系和泥盆系地层分为三个区块。F_2断层以东,明显可见南、北为以D_1为核部的背斜,中部为以C_2为核部的倾伏向斜。F_1断层以西,只见以C_2为核部的向斜。F_1、F_2两条断层之间则见到以D_2为核部的背斜和以C_2为核部的向斜。F_1、F_2两条断层都是正断层,断层走向近南北向,断层面倾角较大(F_1:75°∠65°;F_2:225°∠65°),显示相向倾斜,具有共同下降盘的地堑特征,其上分布有一条小规模平移断层(F_3)。

⑤ 岩体。图幅东北部出露有酸性侵入岩脉侵入泥盆系及下石炭系地层之中,因未切穿上覆的下三叠统地层,故该酸性侵入岩脉形成于早三叠系以前。

⑥ 综合分析。通过阅读地质图,了解到黑山寨地区在地质历史时期经历了较复杂的地质作用。晚古生代末在本区发生了较强的地壳运动(海西运动),近南北方向的水平挤压力

使本区地层褶皱隆起,并伴有岩浆侵入,长时间风化剥蚀造成上石炭统(C_3)和二叠系(P)缺失。印支运动显示垂向运动特征,使本区上升剥蚀,缺失侏罗系(J)。燕山运动再度隆起,缺失古近系(E)。

3. 工程地质图

工程地质图是反映和评价勘察地区或场地工程地质条件,分析和预测某些工程地质问题的专门性地质图件。常用的工程地质图件有勘探点平面布置图、工程地质柱状图、工程地质剖面图、综合工程地质平面图等。

1)勘探点平面布置图

勘探点平面布置图是在一定比例尺(一般采用1∶200~1∶10000)的地形图底图上,标出场地以下信息的图件。

(1)建筑平面轮廓。

(2)钻孔类别、编号、深度和孔口标高,应区分出技术孔、鉴别孔、抽水试验孔、取水样孔、地下水动态观测孔、专门试验孔(如孔隙水压力测试孔)。

(3)剖面线应沿建筑周边、中轴线、柱列线、建筑群布设,较大的工地应布设纵横剖面线。

(4)地质界线和地貌界线。

(5)不良地质现象、特征性地貌点。

(6)测量用的坐标点、水准点或特征地物。

(7)地理方位。

对于较小的场地,一般仅标注(1)、(2)、(3)、(6)、(7)五项内容。标注地理方位的最大优点在于文中叙述有关位置时方便。此图一般在甲方提供的建筑平面图上补充内容而成。

2)工程地质柱状图

工程地质柱状图是按一定比例尺,根据钻孔或探井的现场记录整理、编制而成的,表示勘察区或场地某一勘探点工程地质条件随深度变化的图件。工程地质钻孔柱状图的主要内容有地基土层的编号、地质时代、分布状况(层顶面或层底面深度、分层厚度)、土层类型及名称、岩土层地质柱状图、土层特征描述,以及取样位置和深度,标准贯入试验位置、深度和锤击数,地下水水位等资料。

3)工程地质剖面图

工程地质剖面图是按一定纵横比例尺,根据某一勘探线方向(垂直地貌单元走向或垂直主要地质构造轴线方向、垂直或平行建筑物的轴线方向)所有钻探孔和触探孔揭露的地基岩、土层资料编制而成的,表示勘察区或场地某一断面工程地质条件随深度变化的图件。工程地质剖面图能反映某一勘探线地层沿竖直方向或水平方向的分布变化情况,能最有效地揭示场地的工程地质条件,是工程地质勘察最基本的图件。

4)综合工程地质平面图

综合工程地质平面图是在一定比例尺的地形图底图上,根据标出的勘察区内各种工程地质勘察成果,编制而成的专门性或综合性工程地质图件。

(1)地形地貌、地形切割情况、地貌单元的划分。

（2）地层岩性种类、分布情况及其工程地质特征。
（3）地质构造（褶皱、断层、节理）发育及破碎带情况。
（4）水文地质条件。
（5）地震、滑坡、崩塌、岩溶等地质灾害的发育和分布情况等。
（6）工程地质分区等。

思 考 题

1. 什么是岩层的产状要素？沉积岩层的产状有何地质意义？
2. 什么是地质构造？地质构造有哪几种主要类型？
3. 褶皱的两种基本类型是什么？它们有何区别？
4. 如何判别正断层与逆断层？
5. 褶皱和断层在地质图上是如何表现的？
6. 自然界为什么会出现背斜谷和向斜山的地形倒置现象？
7. 常用的工程地质图件有哪几种？

任务1.3 地　　貌

地貌是地表外貌各种形态的总称。它是内力地质作用和外力地质作用对地壳作用的产物。地貌按其形态可分为山地、丘陵、高原、平原、盆地等地貌单元；按其成因可分为构造地貌、侵蚀地貌、堆积地貌、气候地貌等类型；按动力作用的性质可分为河流地貌、湖泊地貌、冰川地貌、风成地貌、岩溶地貌、重力地貌等类型。

本任务主要讲述构造地貌、河流地貌、岩溶地貌三种常见地貌。

1.3.1　构造地貌

构造地貌是以内力地质作用起主导作用形成的地貌形态。根据构造地貌的规模和其形成的内力性质，可将其分为三级：第一级是全球构造地貌（大陆和大洋），是地球表面分布的最大一级地貌形态单元；第二级是大地构造地貌，是大陆和海洋中大的地貌形态单元，如陆地上的山地、平原、高原等，海洋中大洋中脊、大洋盆地等，由大地构造作用形成和控制的；第三级是地质构造地貌，由地质构造内力作用形成的，并遭受外力地质作用改造的小型构造地貌形态，如火山、单面山、方山等。

1. 全球构造地貌

大陆和大洋是地球表面两种最巨型的地貌。大陆是高出海平面的陆地，其内部起伏很大，最高的珠穆朗玛峰岩面高程为8844.43m，而死海盆地最深处湖床海拔为-800.112m，二者高差为9644.542m。大洋是指海平面之下的水底地形，海洋中马里亚纳海沟最深处为-10909m(2020年,中国"奋斗者"号载人潜水器测得的坐底深度)。

地球上的海陆分布很不均匀。地球表面积总计为 5.1 亿 km²,据统计陆地面积约占 29.2%,海洋面积约占 70.8%(表 1-9)。地球上大部分陆地分布在北半球。在北半球陆地面积占 39%,海洋面积占 61%。在南半球陆地面积占 17%,海洋面积占 83%。

表 1-9 全球构造地貌单元及其面积

全球构造地貌		高度或深度/m	占大陆面积/(%)	占大洋面积/(%)	占全球面积/(%)
大陆	山地	500 以上	47.82		13.96
	丘陵	200～500	26.80		7.82
	平原	0～200	24.85		7.26
	洼地	-300～0	0.53		0.16
	小计		100		29.2
大洋	大陆架	0～-200		7.6	5.4
	大陆坡	-200～-3000		15.2	10.7
	洋底	-3000 以下		77.2	54.7
	小计			100	70.8

2. 大地构造地貌

1)海洋巨地貌

(1)大洋中脊,又称中央海岭,分布在大洋中心部位,是地球上最大的海底山系。大洋中脊在大西洋、印度洋、太平洋都有分布,以大西洋中脊的地形最为崎岖不平,不仅高出洋底 2000～4000m,还发育中央裂谷(图 1.32)。

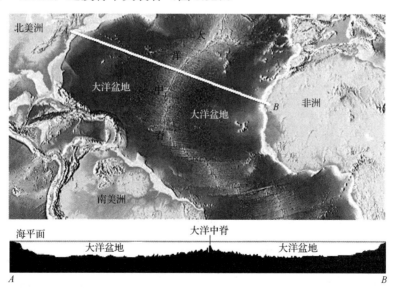

图 1.32 北大西洋海底地貌

（2）大洋盆地，也称洋盆或深海盆地，是指一侧与大陆坡相接，另一侧与大洋中脊的坡麓相接的水深 4000～6000m 的深海海底。洋盆中的地貌主要有深海平原、海岭、水下火山、大洋岛屿等。

2）大陆巨地貌

（1）山地（图 1.33）。陆地上海拔 500m 以上，由山顶（山脊）、山坡和山麓（山脚）三个要素组成的隆起高地，统称为山地。山地的最高部分称为山顶。山顶呈线状延伸的叫作山脊。介于山顶与山麓之间的部分是山坡。山坡与周围平地明显的交线或过渡带称为山麓（山脚）。山脊上相对低凹、似马鞍状的地形称为山鞍（垭口），显著的垭口常是主要的交通通道。山地间的纵长凹地称为山谷。根据高度，山可以分为极高山、高山、中山和低山（表 1-10）。

形似脉络，向一定方向延伸的群山，称为山脉。同一造山运动形成的数条平行的山脉，称为山系。

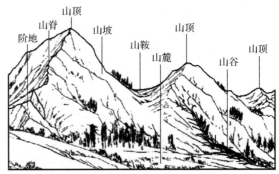

图 1.33 山地及其形体要素

表 1-10 山地的形态分类

形态类别	绝对高度/m	相对高度/m	平均坡度/（°）	举例
极高山	>5000	>1500	>25	喜马拉雅山、唐古拉山、喀喇昆仑山
高山	3500～5000	1000～1500		天山、祁连山
中山	3500～1000	1000～500	10～25	太行山、庐山、长白山
低山	1000～500	500～200	5～10	武夷山

（2）平原。陆地上起伏很小、与高地毗连或由高地围限的广阔平地，称为平原。平原主要分为两类：一类是冲积平原，主要由河流冲积而成，多分布在大江、大河的中下游两岸地区，世界著名的冲积平原有我国的华北平原（图 1.34）、美国的中央大平原、印度的恒河平原等；另一类是侵蚀平原，主要由外力地质作用剥蚀、切割而成。

（3）高原。陆地上海拔 600m 以上，表面宽广平坦的大面积隆起地区，称为高原。按高原面的形态可将高原分为三种类型：第一种是顶面较平坦的高原，如我国的内蒙古高原；第二种是地面起伏较大，但顶面仍相对宽广的高原，如我国的青藏高原；第三种是分割高原，如我国的云贵高原，其流水切割较深，起伏大，顶面仍较宽广。

黄土高原是我国四大高原之一，高原大部分为厚层黄土覆盖，地貌形态多样，典型的地貌形态是由流水侵蚀形成的黄土沟和黄土沟间地貌（黄土塬、黄土梁、黄土峁等）。

图 1.34　华北平原

黄土塬是指黄土高原中的面积广阔、地面平坦且很少受沟谷侵蚀的高原面［图 1.35（a）］。我国最大的黄土塬面积达 3200km^2。塬面中央斜度小于 1°，边缘斜度也只有 3°～5°。塬受切割后，面积缩小变成小塬。

黄土梁是指平行于沟谷的长条形的黄土岭［图 1.35（b）］。梁长一般可从几公里至十几公里。梁顶宽几十米至几百米。黄土梁是残塬进一步被侵蚀切割而成的。顶面平坦的黄土梁称为平梁，顶面呈穹形的黄土梁称为斜梁。

黄土峁是指呈孤立状的黄土丘［图 1.35（c）］。大多数黄土峁是黄土梁进一步被侵蚀切割而成的。互相连接的黄土峁，称为黄土峁梁。流水沿黄土中的垂直裂隙侵蚀常形成黄土柱［图 1.35（d）］。

（a）黄土塬

（b）黄土梁

（c）黄土峁梁

（d）黄土柱

图 1.35　黄土高原地貌

3）我国大陆地貌特征

（1）我国地势特征。我国的地势西高东低，自西向东形成明显的三级阶梯。第一级阶梯为我国西部的青藏高原，海拔平均在 4000m 以上，其东界在东经 100°附近。青藏高原南侧的喜马拉雅山，海拔平均在 6000m 以上，超过 8000m 的高峰有 7 座，其中位于中尼边界的珠穆朗玛峰为世界最高峰。第二级阶梯由青藏高原以东的高原和盆地构成，其东界在东经 110°附近。第三级阶梯为自太行山至雪峰山一线以东至黄海之间的低山、丘陵和平原地区（图 1.36）。

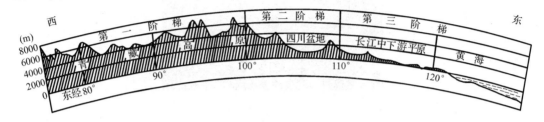

图 1.36　沿北纬 32°中国地势剖面图

（2）我国地貌类型分布特征。我国大陆分布有各种各样的地貌类型，但地区差别较大。西南部以高山为主，西北部以盆地为主，中部以高原为主，东南部以丘陵为主，东部及东北部以平原为主。据统计，我国的山地和高原分布面积最广，其次是盆地，而丘陵和平原所占比例较小。因此，山地和高原是构成我国地貌基本轮廓的主体（表 1-11）。

表 1-11　我国主要地貌类型占全国陆地面积的比例

地貌类型	山地	高原	盆地	平原	丘陵
占全国陆地面积的比例	33%	26%	19%	12%	10%

3. 地质构造地貌

由不同地质构造和不同岩层的差异抗蚀力而表现出来的地貌称为地质构造地貌。常见的地质构造地貌有褶皱山、单斜山、断块山、桌状山等（图 1.37）。

（1）褶皱山，是指由褶皱构造形成的山地[图 1.37（a）]。其特点是背斜为山，向斜为谷。但在长期剥蚀作用下，可出现背斜成为谷地，向斜成为山地的地形倒置现象。

（2）单斜山，又称单面山，是指发育在单斜构造上的山地[图 1.37（b）]。单斜构造是被破坏了的背斜或向斜的一翼。单斜山的特点是山体的两坡不对称，一坡陡而短，另一坡缓而长。陡坡称为前坡，缓坡称为后坡。

（3）断块山，是指地壳因断块活动隆起或下陷，或断层两盘上升、下降而形成的山地[图 1.37（c）]。其特点是山边线平直，山坡陡峻成崖（称为断层崖）。断层崖受横向沟谷的分割，常变成一系列三角形的平面，称为断层三角面。

（4）桌状山，又称平顶山、孤山、方山，是指近水平岩层受到强烈侵蚀切割后，形成的顶平如桌面，四周为陡崖的方形或不规则形孤立山体[图 1.37（d）]。我国新疆北部由于强烈的风蚀下切作用，使广阔平坦地面形成深沟和突垄，逐渐演变成大量分布的孤山或桌状山，这种地貌被当地人称为雅丹地貌。

(a)褶皱山　　　　　　　　　　(b)单斜山

(c)断块山　　　　　　　　　　(d)桌状山

图 1.37　地质构造地貌

1.3.2　河流地貌

河流是一种经常性的线状流水,它有固定的流路,较稳定的流量和流速,作用力较强。

1. 河谷地貌

河谷是指由河流侵蚀切割而成、河水所流经的槽形凹地。从横剖面看,河谷由谷底和谷坡两部分组成(图1.38)。谷底包括河床、河漫滩;谷坡是河谷两侧的岸坡,常发育有河流阶地。从纵剖面看,河流上游河谷比较狭窄;中游河谷比较宽阔,常发育有河漫滩、阶地;下游河床坡度较小,多形成曲流和汊河,河口常形成三角洲或三角湾。

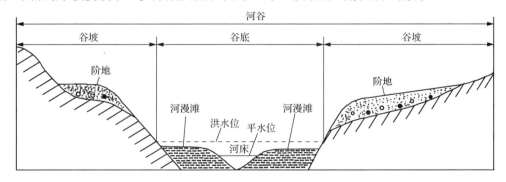

图 1.38　河谷横剖面示意图

河谷的形态有三种:峡谷、河漫滩河谷、成形河谷(图1.39)。

(1)峡谷,又称"V"形河谷。它是河谷发育早期的形态,由河流下蚀而成。两坡很陡，谷底深且窄，只有河床而没有河漫滩。

(a) 峡谷

(b) 河漫滩河谷与成形河谷

图 1.39 河谷形态

（2）河漫滩河谷。它是由峡谷发育而来的，此时下蚀作用减弱，以侧蚀作用为主，谷底扩宽，堆积加强，出现了河漫滩。

（3）成形河谷。当河漫滩河谷形成后，如果侵蚀基准面下降或地壳上升，河流便会重新下蚀，形成新的河床，原来的河漫滩则转变为谷坡上的阶地，这种具有阶地的河谷，称为成形河谷。

2. 河床地貌

河床是河谷中最低的常年载有流水的部分。其平面形态有四种：顺直河床、弯曲（曲流）河床、分汊河床、游荡河床（图1.40）。

(a) 顺直河床　　　(b) 弯曲（曲流）河床

(c) 分汊河床　　　(d) 游荡河床

图 1.40 河床平面形态

（1）顺直河床。河床的顺直与弯曲，可用弯曲率衡量。弯曲率是指河床上任意两点之间的长度与这两点间的直线距离之比。当比值为 1.0~1.2 时，称为顺直河床；当比值大于 1.2 时，称为弯曲河床。

（2）弯曲（曲流）河床。弯曲河床是世界上分布最广的河床。如果弯曲率很大（大于1.7），则称为曲流河床。

（3）分汊河床。平原上的河流，如果河流中出现江心洲，河床便会分汊，这种河床称为分汊河床。

（4）游荡河床，又称网道河床。这类河床也属于分汊河床的一种，但沙滩众多，河汊密布呈网状，且汊道终年摆动不定。

3. 河漫滩地貌

河漫滩是高出河床的河谷谷底部分，呈平坦或微波状地形，在洪水期常被淹没，在平水期露出水面，故河漫滩也称洪水河床[图1.41（a）]。在丘陵和平原地区，河谷的谷底开阔，可以形成宽广的河漫滩，其宽度可以由数米到数十公里以上，这种特大型的河漫滩称为河岸冲积平原[图1.41（b）]。

顺直河床的主流线在河心，主流线位置不变，可长期保持顺直状态。但当两岸地质条件发生变化或受地球偏转力的影响时，主流线常常偏离河心，折向岸边。一旦一侧河岸受到冲击，在流水的反复作用下，受冲击（侧蚀）的河岸便迅速后退，河床也随之逐渐弯曲。随着河流侧蚀作用的加强，使凹岸侵蚀，同时河流的底部回水把碎屑物带到凸岸堆积，逐渐形成边滩或水下浅滩。但这时的滩地面积较小，容易被冲刷移动，即使在洪水期边滩上的流水速度仍较大，只有较粗的物质才能停积。随着河曲的进一步发展，边滩不断扩大，当边滩扩大到一定面积时，其位置开始固定。在洪水时期，流经边滩上的水流速大为降低，以至于较细粒的物质也能堆积下来，并逐步发展为河漫滩。所以河漫滩的沉积具有二元结构特征，即垂直方向上从下往上由粗变细，下部为较粗的河床冲积物（砾石和砂等），上部为较细的河漫滩沉积物（粉砂和泥质等）[图1.41（c）（d）]。

(a) 洪水河床　　　　　　　(b) 河岸冲积平原

(c) 河漫滩沉积物1　　　　　(d) 河漫滩沉积物2

图 1.41　河漫滩地貌

4. 河流阶地地貌

河流阶地是指沿河岸分布的，由河流作用形成的，高出河床且不被一般洪水淹没的阶梯状地形。阶地主要由阶地面和阶地斜坡两个要素组成。阶地面平坦，略向外倾。阶地面前缘之下为阶地斜坡，它以较大的坡度向河床倾斜。阶地面与当地主河流平水期水位之间的垂直距离称为阶地高度。阶地往往不只一级，而是有多级。级别的命名由下而上，把位置最低的阶地称为第Ⅰ级，向上分别为第Ⅱ级、第Ⅲ级……，级数越高，生成时代越老。常见的河流阶地有侵蚀阶地和堆积阶地。

侵蚀阶地是指由基岩组成的、阶地面上冲积物覆盖极少的河流阶地。它是地壳上升、河流下切作用的产物。侵蚀阶地常见于地壳活动比较显著，河流侵蚀强烈的山地河谷两侧[图1.42（a）、图1.43（a）]。

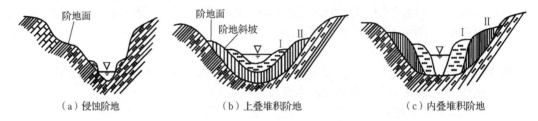

(a) 侵蚀阶地　　　　　(b) 上叠堆积阶地　　　　　(c) 内叠堆积阶地

图 1.42　侵蚀阶地、上叠堆积阶地和内叠堆积阶地剖面示意图

堆积阶地是指由河流冲积物组成的河流阶地。它的形成最初是由河流侵蚀成一宽广的谷底，其上堆积或厚或薄的堆积物；而后由于地壳上升、河流下切侵蚀作用加强，河床降低，老谷底被抬高成为阶地面。根据构成上、下两级阶地的两套冲积层之间的叠置关系，可将堆积阶地分为上叠堆积阶地和内叠堆积阶地两种类型。

上叠堆积阶地是指在已形成的堆积阶地上，后期河流未切穿早期冲积层，使后期堆积阶地叠置在早期堆积阶地之上的情形[图1.42（b）、图1.43（b）]。而内叠堆积阶地是指后期河流切穿早期冲积层，使后期堆积阶地直接覆盖在谷底基岩之上的情形[图1.42（c）、图1.43（c）（d）]。

(a) 侵蚀阶地　　　　　　　　　(b) 上叠堆积阶地

(c) 内叠堆积阶地1　　　　　　(d) 内叠堆积阶地2

图 1.43　河流阶地

1.3.3 岩溶地貌

岩溶是指地下水和地表水对可溶性岩石的化学作用和物理作用及其形成的水文现象和地貌现象。岩溶地貌又称喀斯特地貌。喀斯特（Karst）原是欧洲南部亚得里亚海北端东海岸石灰岩高原的地名，那里发育着各种奇特的石灰岩地形。19 世纪末，南斯拉夫学者司威治（J.Cvijic）研究了喀斯特高原的各种石灰岩地形，并把这种地貌叫作喀斯特地貌。

知识点滴

中国是世界上对喀斯特地貌现象记述和研究最早的国家，早在晋代即有记载，宋代王守仁和明代的宋应星对石灰岩岩溶地貌做过比较确切的描述。特别是宋应星，还对岩溶及石灰华的再沉积机理，做过开创性的研究和记述。而明代徐宏祖（1586—1641）所著的《徐霞客游记》中的记述最为详尽。其对喀斯特地貌的类型、分布和各地区间的差异，尤其是喀斯特洞穴的特征、类型及成因，有详细的考察和科学的记述。在广西、贵州、云南，他探查过的洞穴有 270 多个，且都有方向、高度、宽度和深度的具体记载。并初步论述其成因，指出一些岩洞是水的机械侵蚀造成，钟乳石是含钙质的水滴蒸发后逐渐凝聚而成的。

"中国南方喀斯特"是世界上最壮观的湿热带-亚热带喀斯特景观之一。它包含了最重要的岩溶地貌类型，塔状岩溶、尖顶岩溶和锥形岩溶地层，以及其他壮观的特征，如天然桥梁、峡谷和大型洞穴系统。中国南方喀斯特一期由中国云南石林喀斯特、贵州荔波喀斯特、重庆武隆喀斯特共同组成。2007 年 6 月 27 日在第 31 届世界遗产大会上被评选为世界自然遗产并入选《世界遗产名录》。广西桂林、贵州施秉、重庆金佛山和广西环江组成"中国南方喀斯特二期"，项目于 2014 年 6 月 23 日在第 38 届世界遗产大会中通过审议入选世界自然遗产，作为对"中国南方喀斯特"的拓展。

1. 岩溶作用

1）岩溶化学作用过程

岩溶作用是指水对可溶性岩石的化学溶解和沉淀作用。当水中含有二氧化碳（CO_2）时，水与 CO_2 化合成为碳酸，并电解出氢离子（H^+），而氢离子与可溶的石灰岩（$CaCO_3$）作用后产生重碳酸根离子（HCO_3^-），同时分解出钙离子（Ca^{2+}）。当水中游离的 CO_2 减少时，反应就要向相反方向转化，使水中碳酸含量减少，溶液达到饱和状态，从而引起 $CaCO_3$ 的重新沉淀。综合反应式如下。

$$CO_2 + H_2O + CaCO_3 \rightleftharpoons Ca^{2+} + 2(HCO_3)^-$$

2）影响岩溶作用的因素

（1）气候因素。气候因素对岩溶作用的影响主要表现在温度、降水量和气压等方面。

温度与水中 CO_2 的含量成反比关系，即温度越高，CO_2 的含量越少。但温度却能加速水分子的离解度，使水中氢离子增多，溶解力得以加强。

降水量与水中 CO_2 的含量成正比关系。降水量大，水的循环就会加快，就可以不断补充水中因溶解作用而消耗的 CO_2，使碳酸增加，岩溶作用也就得以持续进行。

气压与水中 CO_2 的含量成正比关系。在温度相同的条件下,气压越高,水中 CO_2 的含量也越多,可溶岩石的溶解度也越大。例如当温度同为 30℃时,1 个大气压下水中 CO_2 的含量为 1250mg/L,而 0.0003 个大气压下水中 CO_2 的含量只有 0.39mg/L。

(2)生物因素。在温暖潮湿的气候条件下,植物放出的 CO_2,或土下微生物分解土中有机质产生的 CO_2,都能与下渗的大气降水结合,形成大量碳酸,加上植物分泌的有机酸,从而导致岩溶作用加强。

(3)岩石因素。岩石因素对岩溶作用的影响主要表现在岩石的可溶性和岩石的构造两个方面。

岩石的可溶性是岩溶作用的一个基本条件。因为世界上几乎所有的岩溶地貌都出现在碳酸盐岩中,所以碳酸盐岩的化学成分决定着岩溶地貌的发育程度。碳酸盐岩石中 $CaCO_3$ 含量越高,溶解度就越大,岩溶地貌也就可能发育越好。碳酸盐岩类的溶解度顺序为:石灰岩>白云岩>硅质石灰岩>泥质石灰岩。

岩石的构造影响岩石的透水性和裂隙发育,且裂隙延伸深度越大的岩石透水性越好,水在透水性好的岩石中循环加快,从而加快溶蚀作用。

2. 岩溶地貌类型

1)溶沟与石芽

(1)溶沟。地表水流沿石灰岩坡面上流动,溶蚀和侵蚀形成的许多凹槽,称为溶沟[图 1.44(a)]。

(2)石芽。溶沟之间的突出部分,称为石芽。石芽呈笋状、菌状、柱状或尖刀状。由地下水溶蚀而成的石芽,形态较圆滑,其上覆土层部分被侵蚀,呈半裸露状态[图 1.44(b)];被土覆盖的石芽,称为埋藏石芽。由地表水溶蚀形成的石芽全裸于地面,常呈尖锐的山脊形态,或密布如林的群生形态[图 1.44(c)(d)]。

(a)溶沟　　　　　　　　　　　(b)半裸露石芽

(c)云南路南石林　　　　　　　(d)密布如林的石芽

图 1.44　溶沟和石芽

2）落水洞与漏斗

（1）落水洞。岩溶区的地表水，流向地下河或地下溶洞的通道称为落水洞。它是由垂直方向流水对裂隙不断进行溶蚀并伴随塌陷而成的。当地壳上升，地下水位也随之下降，落水洞进一步向下发育而成竖井，深度可达数百米［图1.45（a）（b）］。

（2）漏斗。岩溶化地面上的一种口大底小的圆锥形洼地称为漏斗。其平面轮廓为圆形、椭圆形或不规则状，直径数十米，深十几米至数十米。漏斗下部常有管道通往地下，地表水沿此管道下流，如果通道被黏土和碎石堵塞，则可积水成池。漏斗是岩溶水垂直循环作用的地面标志，如果地面上分布有成串漏斗，则往往是地下暗河存在的标志。

漏斗按成因可分为溶蚀漏斗、沉陷漏斗和塌陷漏斗等。溶蚀漏斗是地面低洼处汇集的雨水沿节理裂隙垂直向下渗漏而不断溶蚀形成的［图1.45（c）］；沉陷漏斗是水流在下渗过程中，带走部分上覆细粒沉积物，使地面下沉形成的；塌陷漏斗多是溶洞的顶板受到雨水的渗透、溶蚀或强烈地震发生塌陷而形成的［图1.45（d）］。

(a) 落水洞　　　　　　　　　(b) 竖井坑口

(c) 溶蚀漏斗　　　　　　　　(d) 塌陷漏斗

图1.45　落水洞和漏斗

3）溶蚀洼地与岩溶盆地

（1）溶蚀洼地。四周为低山丘陵和峰林所包围的封闭洼地叫作溶蚀洼地，也叫峰丛洼地。溶蚀洼地是漏斗进一步溶蚀扩大而成的小型溶蚀盆地，其上覆盖着松散沉积物，有利于耕种［图1.46（a）（b）］。

（2）岩溶盆地。岩溶地区的一些宽广平坦的盆地或溶蚀谷地称为岩溶盆地。其宽度数百米至数公里，长度可达几十公里。岩溶盆地的边坡陡峭，底部平坦，常覆盖着黏土类溶蚀残留物和部分河流冲积物。岩溶盆地中的河流常从某一端流出到另一端经落水洞汇入地下暗河。在岩溶盆地中有时还耸立着一些岩溶丘［图1.46（c）（d）］。

图 1.46 溶蚀洼地与岩溶盆地

4)峰林与峰丛

(1)峰林。峰林是指高耸林立的石灰岩山峰,分散或成群出现在平地上,远望如林。峰林也称圆锥状岩溶、塔状岩溶[图 1.47(a)]。峰林的相对高度(平地以上)为 100~200m,直径小于高度,坡度较陡,大多在 45°以上。

(2)峰丛。峰丛是指连座的峰林,也称麻窝状岩溶。峰与峰之间呈"U"形的马鞍状垭口[图 1.47(b)]。山峰的相对高度(垭口以上)一般为 200~300m,高的可达 600m。峰丛之间,常有岩溶洼地、漏斗、落水洞发育。

图 1.47 峰林与峰丛

5)溶洞与岩溶堆积物

(1)溶洞(洞穴)。地下水沿着可溶性岩石的层面、节理或断层进行溶蚀和侵蚀而成的空洞或地下通道,称为溶洞。地下溶洞主要有包气带的落水洞、饱水带的水平溶洞及地下河[图 1.48(a)(b)]。

(2)岩溶堆积物。与岩溶作用有关的堆积物称为岩溶堆积物。岩溶堆积物归纳起来可分为三大类型,即化学堆积物、机械堆积物和生物堆积物。化学堆积物主要是指由水的作用造成的各种次生矿物(石钟乳、石笋、石柱、石幕和泉华等)沉积物;机械堆积物主要是指地下暗河中的河流相碎屑物和洞顶坠落的石块等;生物堆积物主要是指分布在干溶洞中的古人类及第四纪动物化石和粪土堆积层。

石钟乳、石笋、石柱是由洞顶滴水而产生的一组地貌[图1.48(c)(d)]。石钟乳是由洞顶下垂的$CaCO_3$堆积而成,形如钟乳状、锥状等。它是含$CaCO_3$水溶液从洞顶裂隙渗出时,因压力降低和温度升高,使溶液中的CO_2溢出,溶液达到饱和状态而发生的$CaCO_3$堆积;石笋是从石钟乳末端下滴在洞底上的水溶液内的$CaCO_3$由下往上的堆积,形如竹笋;石柱是由上向下延伸的石钟乳与由下向上生长的石笋互相对接时产生的。

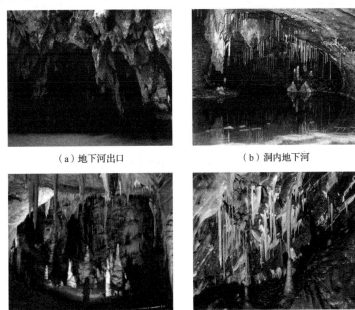

(a)地下河出口　　　　　(b)洞内地下河

(c)石钟乳和石笋　　　　(d)石柱

图1.48　溶洞与岩溶堆积物

思 考 题

1. 按形态和成因分别可分为哪些地貌类型?
2. 什么是山地?什么是山脉?山地由哪些形体要素组成?
3. 什么是黄土塬、黄土梁、黄土峁?
4. 我国的地势特征是什么样的?我国主要地貌类型的分布、所占比例如何?
5. 什么是河漫滩?什么是河流阶地?河漫滩沉积的二元结构是如何形成的?
6. 如何区别上叠堆积阶地与内叠堆积阶地?
7. 影响岩溶作用的因素有哪些?
8. 岩溶地貌有哪些地貌类型?

任务 1.4 地表水与地下水

1.4.1 地表水

地表水是指陆地表面上动态水和静态水的总称,亦称"陆地水",包括各种液态的和固态的水体,主要有河流、湖泊、沼泽、冰川、冰盖等。它是人类生活用水的重要来源之一,也是各国水资源的主要组成部分。

1.4.2 地下水

地下水是指以各种形式埋藏在地壳空隙中的水。地下水是构成地球水圈的重要水体之一。地球上水的总体积大约是 $13.6×10^8 km^3$,其中 97.2%(约 $13.2×10^8 km^3$)的水分布在海洋里,而陆地上的水只占 2.8%(约 $0.4×10^8 km^3$)。地球水圈中淡水的总体积约为 $0.28×10^8 km^3$,其中有 $0.24×10^8 km^3$ 是人类难以利用的冰川,而剩下的 $0.04×10^8 km^3$ 淡水绝大部分是地下水。因此,地下水是人类所需的最重要的液态淡水资源。

1. 地下水的埋藏条件

1)包气带与饱水带

地表以下一定深度处,岩土层中的空隙被重力水所充满,形成地下水面。此地下水面以上称为包气带,地下水面以下称为饱水带。包气带自上而下又可分为土壤水带、中间过渡带和毛细水带。总体上,地下水的埋藏存在垂向分带或垂向层次结构(图 1.49)。

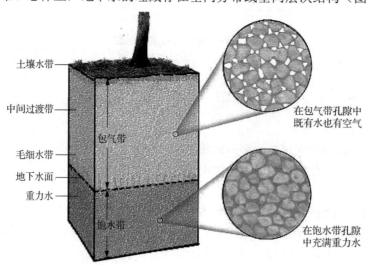

图 1.49 地下水的垂向分带(垂向层次结构)示意图

包气带水和饱水带水之间具有密切的水力联系。包气带是饱水带与大气圈联系的必经通道。饱水带通过包气带获得大气降水和地表水的补给，又通过包气带蒸发与蒸腾到大气圈。然而在不同地区，地下水的垂向层次结构差别很大。如在严重干旱的沙漠地区，包气带很厚，饱水带深埋在地下，甚至不存在；反之，在多雨的湿润地区，尤其是在地下水排泄不畅的低洼易涝地带，包气带很薄，甚至不存在。

2）透水层、隔水层（弱透水层）

重力水流能够透过的岩土层称为透水层。透水层的透水性强弱主要取决于空隙的大小及空隙的连通程度，一般用渗透系数来衡量（表1-12）。当透水层饱含重力水，埋藏在地下水面以下，且其下伏岩层为隔水层时，将其称为含水层。含水层是地下水赋存的主要场所，也是水文地质学研究的主要对象。

表1-12 不同岩土层的透水性

岩土层名称	渗透系数/（$m \cdot d^{-1}$）	透水性
卵石层、裂隙发育的岩层	>10	强透水
砂层、裂隙发育的岩层	1～10	良透水
黏砂土、黄土、含裂隙的岩层	0.01～1	透水
砂质黏土、微含裂隙的岩层	0.001～0.01	弱透水
黏土、致密岩层	<0.001	不透水

重力水流不能透过的岩土层称为隔水层，如黏土和致密完整的页岩、火成岩、变质岩等。但严格地说，自然界中并不存在绝对不透水的岩层，只不过渗透性特别低而已。

研究表明，岩石是否透水还取决于时间尺度。被认为是"不透水"的岩层，在长时间水头差的作用下，也可显示出透水特征。如图1.50所示，有5层含水层被4层弱透水层（试验前曾被看作"不透水层"）所阻隔。当在含水层3中抽水时，短期内相邻的含水层2和含水层4的水位均未变动，弱透水层2、含水层3和弱透水层3（图中a的范围）构成一个有水力联系的单元。但当抽水持续时，所有含水层的水位都发生了变化，这时5层含水层与4层弱透水层（图中b的范围）构成了一个发生统一水力联系的单元。

在相当长的时期内，人们把黏性土、裂隙稀少且狭小的坚硬砂质页岩和泥质粉砂岩都划入隔水层。直到20世纪40年代，越流概念提出后，人们才开始认识到，这些"隔水层"是弱透水层。所谓弱透水层，是指那些允许地下水以极小速度在其中流动的岩层，在一般的供排水中它们所能提供的水量微不足道，似乎可以看作隔水层。但当它们在含水层组中充当含水层的顶底板时，如对某一含水层进行抽水，则相邻含水层中的水在水头差的作用下，就可通过这些黏性土、砂质页岩和泥质粉砂岩渗透进入被抽水的含水层，这种现象就是越流现象。

2．地下水的类型及其特征

1）地下水的分类

地下水有广义与狭义之分。广义的地下水是指赋存于地面以下岩土空隙中的水，包括包气带和饱水带中所有含于岩土空隙中的水。狭义的地下水仅指赋存于饱水带岩土空隙中的水。本书所述地下水均指广义地下水。

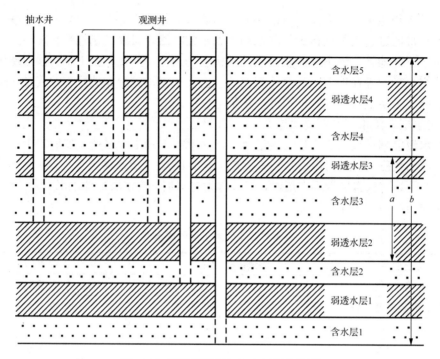

图 1.50　岩层渗透性与抽水时间的关系

地下水的分类方法很多，如按地下水的成因分类、按地下水的地球化学分类等。在工程地质研究中，常根据地下水的埋藏条件和含水层的空隙性质对地下水进行分类。

根据地下水的埋藏条件分类，即根据含水岩层在地质剖面中所处的部位以及受隔水层（弱透水层）限制的情况，将地下水分为包气带水、潜水和承压水三种类型。根据含水层的空隙性质分类，即将地下水分为孔隙水、裂隙水和岩溶水三种类型。综合考虑地下水的埋藏条件和含水层的空隙性质，可划分出 9 种地下水类型（表 1-13）。

表 1-13　地下水分类表

埋藏条件	空隙类型		
	孔隙水	裂隙水	岩溶水
包气带水	土壤水，局部黏性土隔水层之上季节性存在的重力水（上层滞水），雨季过路的重力水，以及悬留毛细水等	裂隙岩层浅部季节性存在的重力水及毛细水等	裸露岩溶化岩层上部岩溶通道中季节性存在的重力水
潜水	各类松散沉积物浅部的水	裸露于地表的各类裂隙岩层中的水	裸露于地表的岩溶化岩层中的水
承压水	山间盆地及平原松散沉积物深部的水	组成构造盆地、向斜构造或单斜断块的被掩覆的各类裂隙岩层中的水	组成构造盆地、向斜构造或单斜断块的被掩覆的各类岩溶化岩层中的水

2）各类地下水的特征

（1）包气带水。包气带水主要是土壤水和上层滞水。当包气带存在局部隔水层（弱透水层）时，局部隔水层（弱透水层）之上会聚集具有自由水面的重力水，这就是上层滞水（图 1.51）。上层滞水分布不广且接近地表，接受大气降水补给，通过蒸发或向底板隔水层（弱透水层）的边缘下渗排泄。

（2）潜水。饱水带中第一个具有自由表面的含水层中的重力水称为潜水。潜水的基本特征是埋藏浅，与大气圈和地表水联系密切，潜水上面没有连续的隔水顶板，含水层的分布区与补给区基本一致，通过包气带接受大气降水和地表水的补给，通过径流或蒸发排泄。

潜水的表面称为潜水面，潜水面上任何一点的标高称为该点的潜水位，潜水面到地表的垂直距离（即包气带厚度）称为潜水埋藏深度，潜水面到隔水底板的垂直距离称为潜水含水层的厚度（图 1.51）。一般情况下，潜水面不是水平的，而是受地形控制、向排泄区倾斜的曲面。潜水埋藏深度、潜水含水层的厚度和潜水位都随时间和空间的不同而变化。将潜水位相等的各点连线，可绘制成潜水等水位线图。相邻两条等水位线的水位差除以水平距离即为潜水面坡度（近似于水力坡度）。

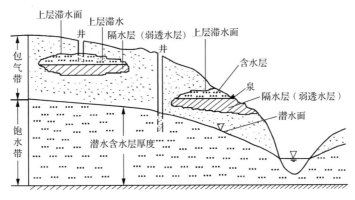

图 1.51 上层滞水和潜水分布示意图

（3）承压水。充满上、下两个隔水层（弱透水层）之间空间的重力水，称为承压水（图 1.52）。最适宜形成承压水的构造为向斜（盆地）构造或单斜构造。

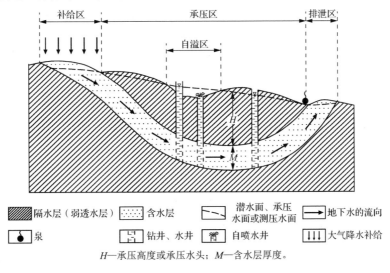

H—承压高度或承压水头；M—含水层厚度。

图 1.52 基岩自流盆地中的承压水分布示意图

承压水的重要特征是承受压力,且其承受的压力大于大气压力。当井(孔)凿穿上部隔水层(弱透水层)时,井中水位在压力作用下会上升,超出含水层的顶面,且稳定在一定的高度上,即与地表大气压相同的位置。这种上升的地下水面称为承压水面或测压水面,它的标高称为承压水位或测压水位。将测压水位相等的各点连线,即得等水压线图(等测压水位线图)。根据等测压水位线图可以确定承压水的流向和水力坡度。从承压水位到含水层顶面的距离称承压高度或承压水头。承压水位高出地面的地方称自溢(自流)区,在这里井孔能够自喷出水。

由于承压水上面具有连续的隔水顶板,所以承压水与大气圈、地表水的联系较差,水循环缓慢,承压含水层的分布区与补给区不一致,补给区远远小于分布区。在构造封闭的山区,承压水一般只通过补给区接受大气降水补给。但在山前地带和平原地区,浅部的潜水可以侧向流入承压水含水层,深部的承压水也可以通过越流方式补给上部的潜水。在自然与人为条件下,潜水与承压水常处于相互转化之中。

(4)孔隙水。孔隙水是指赋存于由松散沉积物颗粒构成的孔隙网络中的地下水。在第四纪的冲积、洪积砂层或砂砾石层中,常有大量孔隙水。孔隙水最主要的特点是其水量在空间分布上相对均匀,连续性好。孔隙水一般呈层状分布,同一含水层中的孔隙水具有密切的水力联系,并具有统一的地下水面。绝大部分孔隙水呈层流状态运动,符合达西定律。

在山前冲洪积平原,孔隙水以潜水为主。在冲湖积平原,冲洪积砂砾层(含水层)与湖相黏土层(隔水层或弱透水层)交替沉积,使部分潜水转变为承压水(图1.53)。

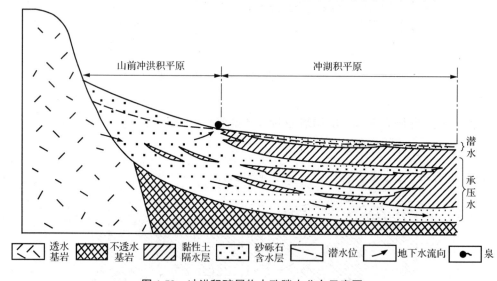

图1.53 冲洪积碎屑物中孔隙水分布示意图

(5)裂隙水。裂隙水是指存在于岩层裂隙(节理)中的地下水。根据岩层含水裂隙的成因,裂隙水一般分为风化裂隙水、成岩裂隙水和构造裂隙水。

① 风化裂隙水。地表岩石在温度变化和水、空气、生物等风化营力作用下,常形成数米至数十米厚、呈壳状包裹于地面的风化带。在岩石风化带发育有大量裂隙,其中贮存的地下水称为风化裂隙水(图1.54)。

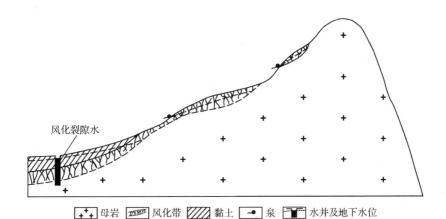

图1.54 风化裂隙水分布示意图

② 成岩裂隙水。成岩裂隙水是指贮存和分布在岩石的原生裂隙（如陆地喷溢玄武岩在岩浆冷凝收缩过程中形成的六方柱状节理）中的地下水（图1.55）。

图1.55 玄武岩的原生柱状节理

③ 构造裂隙水。构造裂隙水是指贮存和分布在由构造应力形成的裂隙中的地下水（图1.56）。

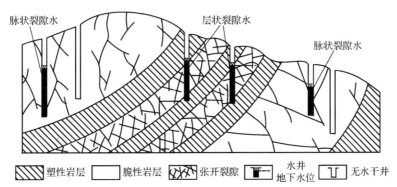

图1.56 构造裂隙水分布示意图

构造裂隙是在构造应力作用下形成的，其张开宽度、延伸长度、密度及导水性等在很大程度上受岩层性质（岩性、单层厚度、相邻岩层组合情况等）的影响。在塑性岩层（页岩、泥岩、凝灰岩、千枚岩等）中常形成闭合或隐蔽的裂隙，不利于地下水的贮存和传导；在脆性岩层（石灰岩、岩浆岩、钙质胶结的砂岩）中常发育稀疏分布、张开性好、延伸远、导水性好的裂隙，形成脉状裂隙水；夹于塑性岩层中的薄层脆性岩层，往往发育密集、均匀、连通性很好的张开裂隙，形成层状裂隙水。

（6）岩溶水。赋存并运移于岩溶化岩层中的地下水称为岩溶水（喀斯特水）。岩溶是水与可溶岩相互作用的产物。岩层具有可溶性、水具有侵蚀能力，以及水体流动是岩溶发育的三个条件，缺一不可。自然界最具可溶性的岩层是碳酸盐岩。纯水对钙、镁碳酸盐矿物的溶解能力很弱，只有当 CO_2 溶入水中形成碳酸，才能对碳酸盐岩层具有明显的侵蚀能力。

在裸露的石灰岩分布区，岩溶水主要是潜水。在厚层石灰岩的包气带中，受局部不可溶岩层阻隔，可形成局部岩溶上层滞水。当岩溶化岩层被其他岩层覆盖时，岩溶潜水可能会转变为岩溶承压水。

岩溶水的赋存、分布和运动与岩溶规模密切相关。最初地下水沿细小的裂隙流动，并沿途进行溶蚀，形成溶孔、溶隙、小溶洞等，分布其中的岩溶水一般做层流运动；随着差异性溶蚀的进行，逐步形成溶蚀洼地、溶蚀漏斗、竖井、大型溶洞等，使岩溶水在局部富集成地下暗河；伴随溶蚀作用不断发展，分隔的地下河发生侧向连通，形成水力坡度较大的高势地下河系；最后随溶蚀作用进一步扩展，形成岩溶水位低、水力坡度小、分布范围广的低势地下河系（图1.57）。在大溶洞、地下河中的地下水多做紊流运动。

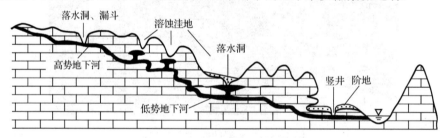

图 1.57　岩溶水分布示意图

3．地下水的化学特征

地下水不是化学中的 H_2O，而是一种复杂的溶液。地下水中含有各种气体、离子、胶体物质、有机质及微生物。

1) 地下水中的主要气体成分

地下水中常见的气体成分有 O_2、N_2、CO_2、CH_4 及 H_2S 等，以前三种为主。通常情况下，地下水中气体含量不高，每升水中只有几毫克到几十毫克。

地下水中的 O_2 和 N_2 主要来源于大气。它们随同大气降水及地表水补给地下水。水中溶解氧含量越多，说明地下水所处的地球化学环境越有利于氧化作用进行。

地下水中出现 CH_4 和 H_2S，其意义恰好与出现 O_2 相反，说明地下水处于还原的地球化学环境中。其中，H_2S 是 SO_4^{2-} 的还原产物。

地下水中的 CO_2 主要来源于土壤。有机质残骸的发酵作用和植物的呼吸作用使土壤中源源不断地产生 CO_2 并溶入流经土壤的地下水中。

2）地下水中的主要离子成分

地下水中分布最广、含量最多的离子是氯离子（Cl^-）、硫酸根离子（SO_4^{2-}）、重碳酸根离子（HCO_3^-）、钠离子（Na^+）、钾离子（K^+）、钙离子（Ca^{2+}）和镁离子（Mg^{2+}）。这7种离子是评价地下水化学性质的常用指标。

地下水中的 Cl^- 主要来自岩层中氯化物矿物的溶解或海水补给地下水的带入。低矿化水中 Cl^- 含量仅每升数毫克到数十毫克，高矿化水中 Cl^- 含量可达每升数克。

地下水中的 SO_4^{2-} 主要来自石膏（$CaSO_4 \cdot 2H_2O$）或其他硫酸盐矿物的溶解，含量次于 Cl^-。黄铁矿（FeS_2）的氧化也能使 S 变成 SO_4^{2-} 进入地下水中，所以高硫煤矿井和金属硫化物矿山附近的地下水中常含大量 SO_4^{2-}。

地下水中的 HCO_3^- 是低矿化水的主要阴离子成分，其含量一般不超过每升数百毫克，主要来源于碳酸盐矿物和铝硅酸盐矿物的溶解。

地下水中的 Na^+ 来源于沉积岩中岩盐及其他钠盐的溶解。在低矿化水中 Na^+ 含量一般很低，仅每升数毫克到数十毫克。

地下水中 K^+ 的来源和分布与钠相近。

Ca^{2+} 是低矿化地下水中的主要阳离子，其含量一般达每升数百毫克。地下水中的钙来源于沉积碳酸盐和石膏的溶解或岩浆岩、变质岩中含钙矿物的化学风化。

地下水中 Mg^{2+} 的来源和分布与钙相近。

3）地下水的总矿化度、酸碱度及钙镁离子浓度

总矿化度（溶解性总固体）是指地下水中溶解组分的总量，包括溶解于地下水中的各种离子、分子、化合物的总量。矿化度以克/升（g/L）表示。一般测定矿化度是将一升水加热到 105～110℃，使水全部蒸发，剩下的残渣质量即是地下水的矿化度。地下水按矿化度（K）的大小，可分为淡水（$K<1g/L$）、微咸水（$K=1$～$3g/L$）、咸水（$K=3$～$10g/L$）、盐水（$K=10$～$50g/L$）和卤水（$K>50g/L$）5类。

地下水的酸碱度（pH，地下水氢离子浓度）是衡量地下水酸碱性的指标。根据 pH 可将地下水按酸碱度分成强酸性水（pH<5.0）、弱酸性水（pH=5.0～6.4）、中性水（pH=6.5～8.0）、弱碱性水（pH=8.1～10.0）、强碱性水（pH>10.0）5类。

地下水的钙镁离子浓度（硬度）是指水中 Ca^{2+}、Mg^{2+} 的含量，即 $c=c(Ca^{2+}+Mg^{2+})$。根据钙镁离子浓度，可将地下水分为极软水（$c<1.5$）、软水（$c=1.5$～3.0）、微硬水（$c=3.0$～6.0）、硬水（$c=6.0$～9.0）、极硬水（$c>9.0$）5级。

1.4.3 地下水渗流对工程的不良影响

在土木工程领域内，许多工程实践都与土中地下水的运动有关，如基坑开挖时的涌水量计算、堤坝地基的稳定性分析、对流砂管涌等不良地质现象的防治，等等。土中地下水的渗流对土的工程性质，如土的应力、变形、强度及稳定等，会产生很大的影响。

1. 地下水位的下降引起软土地基沉降

在软土层中进行深基础施工时，往往需要人工降低地下水位。但如果降低水位的措施

不当，有时会造成地基不均匀沉降，从而导致建筑物开裂。

形成不均匀沉降的原因有两个：一是快速、过量地抽水形成的降落漏斗；二是过滤不当造成土体颗粒流失，甚至被掏空。降落漏斗是指因抽水形成的漏斗状水位下降区。松散沉积层中的降落漏斗，距水井越近水位下降越大，水面坡度越陡（图1.58）。在降落漏斗中心区，饱和软土中的孔隙水被快速排出，使土骨架承受较大附加压应力而发生强固结，而远离降落漏斗的土层固结不明显或不发生固结，从而形成漏斗状的塌陷区，使上覆的建筑物或地下管线产生不均匀沉降，甚至开裂。当抽水井滤网和砂滤层设计不合理或施工质量差时，会把软土层中的黏粒、粉粒，甚至细砂粒随同地下水一起抽出地面，使抽水井周围的地基土很快产生不均匀沉降，也会造成地面建筑物倾斜或开裂。

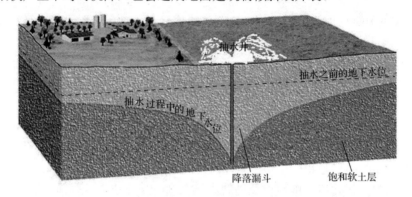

图1.58 抽水造成的降落漏斗示意图

2．地下水的渗透产生流砂和潜蚀

流砂是砂土在渗透水流作用下产生的流动现象，多发生在粉细砂、砂质黏土中。形成流砂的原因有两个：一是水力坡度较大，流速大，冲动细颗粒使之悬浮而成；二是由于土粒周围附着亲水胶体颗粒，饱水时胶体颗粒膨胀，在渗透水作用下悬浮流动。

流砂是一种不良的工程地质现象，在建筑物深基础工程和地下建筑工程的施工中经常会遇到流砂。轻微流砂常发生在基坑围护桩的间隙处，可见细小的土颗粒随渗漏的地下水一起穿过缝隙而流入基坑；中等流砂见于基坑的底部，尤其是靠近围护桩墙的地方，常见到地下水夹带着粉细砂缓缓冒起，形成若干小砂堆；严重流砂也见于基坑底部，流砂冒出速度很快，有时会像开水沸腾那样，使基坑底部成为流动状态，给施工带来很大困难，甚至影响邻近建筑物的安全。

潜蚀也称渗透变形，是指渗透水流冲刷地基岩土层，并将其中的可溶成分溶解（化学潜蚀）、将细粒物质沿空隙迁移（机械潜蚀）的现象。潜蚀作用直接导致岩土体结构变松、强度降低，造成地表下陷，对工程建筑威胁较大。在我国的黄土层及岩溶地区的土层中，常见有潜蚀现象。如果渗透水流潜蚀作用形成一种能穿越地基或堤坝土层的细管状渗流通路，并慢慢掏空地基或坝体，就会出现管涌现象（图1.59）。

3．地下水的浮托作用影响建筑物稳定性

在地下水静水位作用下，建筑物基础的底面或地下构筑物底面所受的均布向上的静水压力，称为地下水的浮托力。地下水位上升产生的浮托力对地下室或地下构筑物的防潮、防水及稳定性会产生较大影响。当建筑物结构的自重大于地下水的浮托力时，影响甚微；

但当建筑物结构的自重小于地下水的浮托力时，尤其当与高层建筑相连的裙房部分结构的自重小于地下水的浮托力时，就可能导致裙房地下室或整个建筑物上浮变形。

图 1.59 特大洪水引起大堤外侧出现流砂和管涌

为了平衡地下水的浮托力，避免地下室或构筑物上浮，目前我国常采用抗拔桩或抗拔锚杆等抗浮设计，即先在基坑底面设置深孔抗拔桩，然后将深孔抗拔桩的上端嵌入建筑物基础底板，以拉阻基础上浮（图 1.60）。

图 1.60 基坑设置钻孔抗拔桩施工现场

4．承压水上冲发生基坑突涌

当工程基坑设计在承压含水层的顶板上部时，开挖基坑必然会减少承压水顶板隔水层的厚度，当隔水层变薄到一定程度经受不住承压水头压力作用时，承压水的水头压力将会顶裂、冲毁基坑底板向上突涌，从而出现基坑突涌现象。

基坑突涌不仅破坏了地基强度，给施工带来困难，而且给拟建工程留下安全隐患。所以，在设计基坑时，必须根据水文地质资料计算基坑底层的安全厚度。基坑底层安全厚度与承压水头压力的平衡关系式如下。

$$\gamma M = \gamma_w H \tag{1.1}$$

式中：γ、γ_w——分别为隔水顶板（黏土岩）的重度和地下水的重度；

H——相对于含水层顶板的承压水头值；

M——基坑中开挖后隔水顶板（黏土岩）的安全厚度。

为了避免发生基坑突涌，设计时必须确保基坑底层的安全厚度满足式（1.2），如图 1.61 所示。

$$M > \frac{\gamma_w}{\gamma} H \tag{1.2}$$

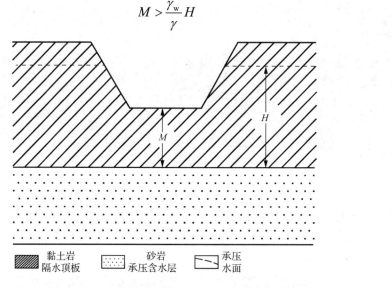

图 1.61 基坑底层防突涌的安全厚度

5. 地下水对钢筋混凝土的腐蚀

当地下水中 SO_4^{2-} 的含量>250mg/L 时，SO_4^{2-} 将与建筑物基础混凝土中的 $Ca(OH)_2$ 反应生成含水石膏晶体，含水石膏晶体再与水化铝酸钙反应生成水化硫铝酸钙，由于水化硫铝酸钙中含有大量结晶水，体积随之膨胀，内应力增大，导致混凝土开裂。这种腐蚀称为结晶型腐蚀。

地下水中含有 CO_2，有时对建筑物基础混凝土具有侵蚀（腐蚀）性。这种腐蚀作用能否发生，取决于地下水中 CO_2 的含量。当地下水中 CO_2 的含量较少时，水中的 CO_2 只与混凝土中微量成分 $Ca(OH)_2$ 发生反应生成 $CaCO_3$ 沉淀，这时一般不发生腐蚀作用。而当地下水中 CO_2 的含量较高时，水中的 CO_2 与混凝土中微量成分 $Ca(OH)_2$ 完全反应后剩余的 CO_2 就会与混凝土中 $CaCO_3$ 发生反应生成重碳酸钙$[Ca(HCO_3)]$，但这一化学反应受 CO_2 和 $(HCO_3)^-$ 的浓度影响或控制。如果 CO_2 和 $(HCO_3)^-$ 的浓度达到平衡，反应就停止。如果地下水中 CO_2 的含量超过平衡时所需的数量时，则 CO_2 与 $CaCO_3$ 继续反应，即 CO_2 会继续溶解混凝土中的 $CaCO_3$，使混凝土遭到腐蚀。这种腐蚀称为分解型腐蚀。因此把地下水中超过平衡浓度的 CO_2 叫作侵蚀性 CO_2。

地下水的产生

知识延伸

地下水的产生见左侧二维码。

思考题

1. 什么是地下水？地球上的液态淡水资源约占总水量的多少（%）？
2. 什么是结合水、重力水、毛细水？
3. 什么是包气带、饱水带、透水层、隔水层（弱透水层）？越流现象说明了什么问题？
4. 地下水按埋藏条件可分为哪几种类型？它们各有哪些特征？
5. 地下水按含水层孔隙性质可分为哪几种类型？它们各有哪些特征？
6. 地下水中分布最广、含量最多的离子是哪些？
7. 什么是塌陷漏斗？它对其上覆的建筑物或地下管线有何危害？
8. 在地下水位较高的建筑场地如何平衡地下水的浮托力？
9. 产生基坑突涌的原因是什么？如何设计基坑底层的安全厚度？

项目 2　工程岩土的工程性质及工程地质勘察

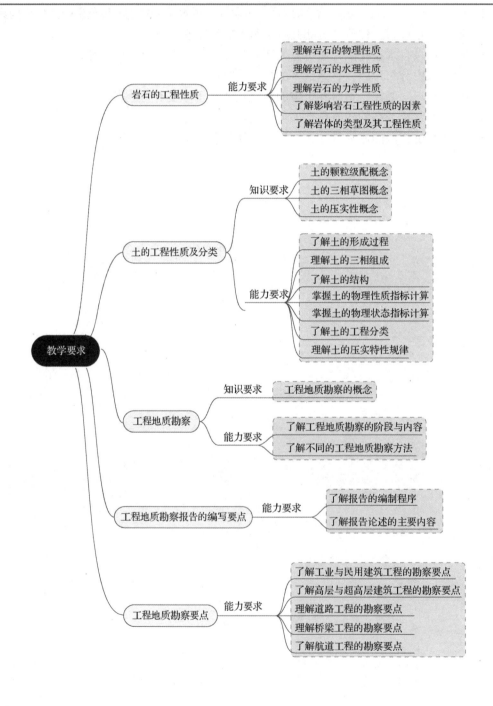

本项目主要讲述岩石的工程性质，包括物理性质、水理性质和力学性质；土的工程性质，包括土的形成、土的组成、土的结构、土的物理性质指标和土的物理状态指标、土的工程分类和土的压实性；工程地质勘察方法种类，主要行业工程地质勘察要点，工程地质勘察报告内容和编制方法。

任务 2.1 岩石的工程性质

岩石和土都是自然地质作用的产物。岩石与土之间，既有多方面的共性和密切的联系，又有明显的不同。岩石中矿物颗粒之间具有牢固的连接，而土则是天然的三相碎散堆积物。因此，岩石与土的工程性质具有明显差别。

三大岩石的性质与特征

岩石的成因不同，其工程性质也不同。岩石的工程性质分别用岩石的物理性质、水理性质和力学性质指标来衡量。

2.1.1 岩石的物理性质

1. 岩石的密度与重度

1）岩石的密度（ρ）

岩石的密度是指岩石单位体积的质量，即

$$\rho = \frac{m}{V} \tag{2.1}$$

式中：ρ——岩石的密度，g/cm^3；

　　　m——岩石的总质量，g；

　　　V——岩石的总体积，cm^3。

岩石的物理性质

2）岩石的重度（γ）

岩石的重度也称岩石的容重，是指岩石单位体积的重力，即

$$\gamma = \frac{W}{V} \tag{2.2}$$

式中：γ——岩石的重度，kN/m^3；

　　　W——岩石的总重力，kN；

　　　V——岩石的总体积，m^3。

显然，岩石的重度与密度之间存在如下关系

$$\gamma = \rho \cdot g \tag{2.3}$$

式中：g——重力加速度，取 $g=9.8m/s^2$，也可以近似取 $g=10m/s^2$。

岩石的重度取决于组成岩石的矿物成分、孔隙发育程度和含水状况。当其他条件相同时，在一定程度上岩石的重度也与它的埋深有关。一般而言，同类岩石靠近地表的岩石重度往往小于埋深较大的岩石重度，常见岩石重度的变化范围见表 2-1。

表 2-1　常见岩石重度的变化范围

岩石名称	重度 γ/(kN/m³)	岩石名称	重度 γ/(kN/m³)	岩石名称	重度 γ/(kN/m³)
辉长岩	25.5～29.8	砾岩	24.0～26.6	板岩	23.1～27.5
辉绿岩	25.3～29.7	石英砂岩	26.1～27.0	片岩	29.0～29.2
玄武岩	25.0～31.0	砂岩	22.0～27.1	新鲜花岗片麻岩	29.0～33.0
闪长岩	25.2～29.6	坚固的页岩	28.0	角闪片麻岩	27.6～30.5
安山岩	23.0～27.0	页岩	23.0～26.2	片麻岩	23.0～30.0
粗面岩	23.0～26.7	石灰岩	23.0～27.7	混合片麻岩	24.0～26.3
花岗岩	23.0～28.0	白云质灰岩	28.0	特别坚硬石英岩	30.0～33.0
凝灰岩	22.9～25.0	硅质灰岩	28.1～29.0	片状石英岩	28.0～29.0
凝灰角砾岩	22.0～29.0	泥质灰岩	23.0	大理岩	26.0～27.0

岩石重度的大小在一定程度上反映出岩石的力学性质，通常岩石的重度越大，则它的力学性质就越好，反之越差。试验表明，随着岩石重度的增加，岩石极限抗压强度也相应增大。

岩石力学计算及工程设计中常用到岩石重度，根据岩石的含水状况，将重度分为天然重度（γ）、干重度（γ_d）和饱和重度（γ_{sat}）。

2. 岩石的相对密度

岩石的相对密度，也称比重，是指岩石固体部分的质量与同体积 4℃时水的质量的比值，此值无量纲，即

$$d_s = \frac{m_s}{V_s \rho_w} \tag{2.4}$$

式中：d_s——岩石的相对密度（比重）；

　　　m_s——岩石固体部分的质量，g；

　　　V_s——岩石固体部分的体积（不含孔隙），cm³；

　　　ρ_w——4℃时水的质量密度，g/cm³。

常见岩石比重一般介于 2.40 和 3.40 之间，其变化范围见表 2-2。

表 2-2　常见岩石比重的变化范围

岩石名称	比重 d_s	岩石名称	比重 d_s	岩石名称	比重 d_s
橄榄岩	2.90～3.40	砾岩	2.67～2.71	板岩	2.70～2.90
辉绿岩	2.60～3.10	砂岩	2.60～2.75	绿泥石片岩	2.80～2.90
玄武岩	2.50～3.30	细砂岩	2.70	黏土质片岩	2.40～2.80
闪长岩	2.60～3.10	黏土质砂岩	2.68	石英片岩	2.60～2.80
安山岩	2.40～2.80	砂质页岩	2.72	片麻岩	2.63～3.01

续表

岩石名称	比重 d_s	岩石名称	比重 d_s	岩石名称	比重 d_s
粗面岩	2.40~2.70	页岩	2.57~2.77	花岗片麻岩	2.60~2.80
花岗岩	2.50~2.84	石灰岩	2.40~2.80	角闪片麻岩	3.07
流纹岩	2.65	泥质灰岩	2.70~2.80	大理岩	2.70~2.90
凝灰岩	2.50~2.70	白云岩	2.70~2.90	石英岩	2.53~2.84

3. 岩石的孔隙率和孔隙比

（1）岩石的孔隙率（n）。

岩石的孔隙率是指岩石中孔隙和裂隙体积与岩石总体积的比值，即

$$n = \frac{V_v}{V} \times 100\% \tag{2.5}$$

式中：n——岩石的孔隙率；

V_v——岩石中孔隙和裂隙体积，cm^3；

V——岩石总体积，cm^3。

显然，岩石的孔隙率越大，表明岩石中的孔隙和裂隙就越多。常见岩石孔隙率的变化范围见表 2-3。

表 2-3 常见岩石孔隙率的变化范围

岩石名称	孔隙率 n/（%）	岩石名称	孔隙率 n/（%）	岩石名称	孔隙率 n/（%）
辉长岩	0.29~4.00	火山集块岩	2.20~7.00	板岩	0.10~0.50
辉绿岩	0.29~5.00	火山角砾岩	4.40~11.20	千枚岩	0.40~3.60
玄武岩	0.50~7.20	砾岩	0.80~10.00	云母片岩及绿泥石片岩	0.80~2.10
闪长岩	0.18~5.00	砂岩	1.60~28.00	片麻岩	0.70~2.20
玢岩	2.10~5.00	泥岩	3.00~7.00	花岗片麻岩	0.30~2.40
安山岩	1.10~4.5	页岩	0.40~10.00	石英片岩及角闪岩	0.70~3.00
花岗岩	0.50~4.00	石灰岩	0.50~27.00	石英岩	0.10~8.70
流纹岩	4.00~6.00	泥灰岩	10.00~11.00	大理岩	0.10~6.00
凝灰岩	1.50~7.50	白云岩	0.30~25.00	蛇纹岩	0.10~2.50

（2）岩石的孔隙比（e）。

岩石的孔隙比是指岩石中孔隙和裂隙体积与岩石固体部分体积的比值，即

$$e = \frac{V_v}{V_s} = \frac{n}{1-n} \tag{2.6}$$

式中：e——岩石的孔隙比。

2.1.2 岩石的水理性质

岩石的水理性质

岩石的水理性质是指岩石与水作用时所表现的性质，主要有岩石的吸水性、软化性、透水性、溶解性、抗冻性等。

1. 岩石的吸水性

岩石吸收水分的性能称为岩石的吸水性，常以含水率、吸水率、饱和吸水率和饱水系数等指标来表示。

（1）岩石的含水率。

岩石的含水率是指天然状态下岩石孔隙和裂隙中水的质量与岩石固体质量的比值，即

$$\omega = \frac{m_w}{m_s} \times 100\% \tag{2.7}$$

式中：ω——岩石的含水率；
  m_w——岩石孔隙和裂隙中水的质量，g；
  m_s——烘干的岩石固体部分的质量，g。

（2）岩石的吸水率。

岩石的吸水率是指干燥岩石试样在一个大气压和室温条件下吸入水的质量与试样固体质量的比值，即

$$\omega_a = \frac{m_{w1} - m_s}{m_s} \times 100\% \tag{2.8}$$

式中：ω_a——岩石的吸水率；
  m_{w1}——烘干岩石试样浸水 48h 后的总质量，g。

（3）岩石的饱和吸水率。

岩石的饱和吸水率是指岩石试样在 150 个大气压的高压或真空条件下，强制吸入水的质量 m_{w2} 与岩石固体质量的比值，即

$$\omega_{sat} = \frac{m_{w2}}{m_s} \times 100\% \tag{2.9}$$

式中：ω_{sat}——岩石的饱和吸水率；
  m_{w2}——岩石试样在 150 个大气压的高压或真空条件下，强制吸入水的质量，g。

（4）岩石的饱水系数。

岩石的饱水系数是指岩石的吸水率与饱和吸水率的比值，以 k_w 表示，即

$$k_w = \frac{\omega_a}{\omega_{sat}} \tag{2.10}$$

一般岩石的饱水系数 k_w 为 0.50～0.80。常见岩石的吸水性指标见表 2-4。

表 2-4　常见岩石的吸水性指标

岩石名称	吸水率 ω_a/（%）	饱和吸水率 ω_{sat}/（%）	饱水系数/k_w
基性斑岩	0.35	0.42	0.83
玄武岩	0.27	0.39	0.69
石英闪长岩	0.32	0.54	0.59
花岗岩	0.46	0.84	0.55
砂岩	7.01	11.99	0.58
石灰岩	0.09	0.25	0.36
白云质灰岩	0.74	0.92	0.80
云母片岩	0.13	1.31	0.10

2. 岩石的软化性

岩石的软化性是指岩石在水的作用下，强度和稳定性降低的性质。岩石的软化性主要取决于岩石的矿物成分和结构构造特征。岩石中黏土矿物含量高、孔隙率大、吸水率高时，易与水作用而发生软化。岩石的软化性常用软化系数来表示。软化系数为岩石饱水状态下的极限抗压强度与岩石干燥状态下的极限抗压强度的比值，即

$$\eta_c = \frac{R_{sat}}{R_d} \tag{2.11}$$

式中：η_c——岩石的软化系数；

　　　R_{sat}——岩石饱水状态下的极限抗压强度，kPa；

　　　R_d——岩石干燥状态下的极限抗压强度，kPa。

岩石的软化系数一般都小于 1.00。常见岩石的软化系数的变化范围见表 2-5。

表 2-5　常见岩石的软化系数的变化范围

岩石名称	软化系数 η_c	岩石名称	软化系数 η_c
花岗岩	0.80~0.98	砂岩	0.60~0.97
闪长岩	0.70~0.90	泥岩	0.10~0.50
辉长岩	0.65~0.92	页岩	0.55~0.70
辉绿岩	0.92	片麻岩	0.70~0.96
玄武岩	0.70~0.95	片岩	0.50~0.95
凝灰岩	0.65~0.88	石英岩	0.80~0.98
白云岩	0.83	板岩	0.68~0.85
石灰岩	0.68~0.94	千枚岩	0.76~0.95

3. 岩石的透水性

岩石的透水性是指在一定压力作用下，岩石允许水透过的能力。岩石透水性的大小，主要取决于岩石中孔隙、裂隙的大小和连通情况。评价岩石透水性的指标是渗透系数（k）。一般致密岩石的渗透系数小，而孔隙和裂隙发育的岩石的渗透系数较大。常见岩石的渗透系数见表 2-6。

表 2-6 常见岩石的渗透系数

岩石	空隙情况	渗透系数 k/（cm/s）
花岗岩	较致密、微裂	$1.1 \times 10^{-12} \sim 9.5 \times 10^{-11}$
	含微裂隙	$1.1 \times 10^{-11} \sim 2.5 \times 10^{-11}$
	微裂隙及部分粗裂隙	$2.8 \times 10^{-9} \sim 7.0 \times 10^{-8}$
石灰岩	致密	$3.0 \times 10^{-12} \sim 6.0 \times 10^{-10}$
	微裂隙、孔隙	$2.0 \times 10^{-9} \sim 3.0 \times 10^{-6}$
	空隙较发育	$9.0 \times 10^{-5} \sim 3.0 \times 10^{-4}$
片麻岩	致密	$<1.0 \times 10^{-13}$
	微裂隙	$9.0 \times 10^{-9} \sim 3.0 \times 10^{-6}$
	微裂隙发育	$2.0 \times 10^{-6} \sim 3.0 \times 10^{-5}$
辉绿岩、玄武岩	致密	$<1.0 \times 10^{-10}$
砂岩	较致密	$1.0 \times 10^{-13} \sim 2.5 \times 10^{-12}$
	空隙较发育	5.5×10^{-6}
页岩	微裂隙发育	$2.0 \times 10^{-10} \sim 8.0 \times 10^{-9}$
片岩	微裂隙发育	$1.0 \times 10^{-9} \sim 5.0 \times 10^{-8}$
石英岩	微裂隙	$1.2 \times 10^{-11} \sim 1.8 \times 10^{-10}$

4．岩石的溶解性

岩石的溶解性是指岩石溶解于水的性质。岩石的溶解性常用溶解度和溶解速度来表示。自然界常见的可溶性岩石有石灰岩、白云岩、石膏、岩盐等。岩石溶解性强弱，主要取决于岩石的化学成分，但与水的性质也密切相关，如同样化学成分的岩石遇富 CO_2 的水时则溶解速度变快、溶解能力增强。从溶解度上看，硫酸盐岩的溶解性大于碳酸盐岩。在碳酸盐岩中，其溶解性表现为石灰岩＞白云岩＞泥质石灰岩。

5．岩石的抗冻性

由于岩石中存在孔隙和裂隙，在高寒地区，岩石孔隙和裂隙中的水结冰之后体积膨胀，就对空隙周围的岩体产生较大的压力，使岩石发生崩裂破坏。岩石的抗冻性，一般用岩石在抗冻试验前后抗压强度降低率表示。抗压强度降低率小于 20%～25%的岩石被认为是抗冻性能好的岩石，而抗压强度降低率大于 25%的岩石则被认为是抗冻性能不好的岩石。

此外，岩石的饱水系数（表 2-4）对于判别岩石的抗冻性具有重要意义。当饱水系数 $k_w<0.91$ 时，表示岩石在冻结过程中，水尚有膨胀和挤入剩余的敞开孔隙和裂隙的余地；当饱水系数 $k_w \geqslant 0.91$ 时，在冻结过程中形成的冰会对岩石中的孔隙和裂隙产生"冰劈"作用，从而造成岩石的膨胀破坏。

2.1.3 岩石的力学性质

岩石的力学性质是指岩石抵抗外力作用的性能。岩石在外力作用下，先发生变形，当外力增加到某一数值时，岩石便开始产生破坏。因此，岩石的力学性质指标包括岩石的强度指标和变形指标。

1. 岩石的强度指标

岩石在荷载作用下达到破坏时所承受的最大应力称为岩石的强度。根据荷载类型的不同，岩石的强度分为岩石的单轴抗压强度、岩石的单轴抗拉强度和岩石的抗剪强度等。

岩石的力学性质

（1）岩石的单轴抗压强度。

岩石的单轴抗压强度，简称岩石抗压强度，是岩石试件在单轴压力下抵抗破坏的极限能力，在数值上等于破坏时的最大应力。岩石抗压强度可用试件破坏时的最大轴向压力除以试件的横截面面积计算，即

$$R_c = \frac{P_{\max}}{A} \tag{2.12}$$

式中：R_c——岩石的单轴抗压强度，MPa；

$P_{\max}$——最大荷载，MN；

A——试件的受压横截面面积，m²。

（2）岩石的单轴抗拉强度。

岩石的单轴抗拉强度，简称岩石抗拉强度，是岩石试件在单轴拉力下抵抗破坏的极限能力或极限强度，在数值上等于破坏时的最大拉应力。对岩石直接进行抗拉强度试验比较困难，因此大多数是进行各种各样的间接试验，再用理论公式算出岩石抗拉强度，目前常用劈裂法测定岩石抗拉强度。若试件是圆柱体，则计算公式为

$$R_t = \frac{2P_{\max}}{\pi D l} \tag{2.13}$$

式中：R_t——岩石的单轴抗拉强度，MPa；

D——圆柱体试件的直径，m；

l——圆柱体试件的长度，m。

若试件是立方体，则计算公式为

$$R_t = \frac{2P_{\max}}{\pi a^2} \tag{2.14}$$

式中：a——立方体试件的边长，m。

常见岩石的单轴抗压强度远远高于其单轴抗拉强度，其单轴抗压强度和单轴抗拉强度的变化范围见表 2-7。

表 2-7 常见岩石的单轴抗压强度和单轴抗拉强度的变化范围

岩石名称	单轴抗压强度 R_c/MPa	单轴抗拉强度 R_t/MPa	岩石名称	单轴抗压强度 R_c/MPa	单轴抗拉强度 R_t/MPa
花岗岩	100～250	7～25	石灰岩	30～250	5～25
闪长岩	180～300	15～30	白云岩	80～250	15～25
粗玄岩	200～350	15～35	煤	5～50	2～5
辉长岩	180～300	15～30	石英岩	150～300	10～30
玄武岩	150～300	10～30	片麻岩	50～200	5～20

续表

岩石名称	单轴抗压强度 R_c/MPa	单轴抗拉强度 R_t/MPa	岩石名称	单轴抗压强度 R_c/MPa	单轴抗拉强度 R_t/MPa
砂岩	20～170	4～25	大理岩	100～250	7～20
页岩	10～100	2～10	板岩	100～200	7～20

（3）岩石的抗剪强度。

岩石的抗剪强度（抗剪断强度）是指岩石抵抗剪切破坏的能力，可用黏聚力 c 和内摩擦角 φ 两个指标来表示。

测定岩石抗剪强度的方法可分为室内试验和现场试验两大类。室内试验常采用直接剪切试验和三轴压缩试验，现场试验则主要以直接剪切试验为主。

通过试验，绘出抗剪强度（τ_f）与正应力（σ）的关系曲线，得出库仑直线方程为

$$\tau_f = c + \sigma \tan \varphi \tag{2.15}$$

式中：τ_f——岩石的抗剪强度，MPa；

σ——破裂面上的法向应力，MPa；

c——岩石的黏聚力，MPa；

φ——岩石的内摩擦角。

在关系曲线中，根据直线在 τ_f 轴上的截距可求得岩石的黏聚力 c，根据曲线的斜率可求得岩石的摩擦系数 f（$f = \tan \varphi$），进而求出岩石的内摩擦角 φ。

常见岩石的抗剪强度指标的变化范围见表 2-8。

表 2-8　常见岩石的抗剪强度指标的变化范围

岩石名称	黏聚力 c/MPa	内摩擦角 φ/（°）	摩擦系数 f
花岗岩	14～50	45～60	1.0～1.8
粗玄岩	25～60	55～60	1.4～1.8
玄武岩	20～60	50～55	1.2～1.4
砂岩	8～40	35～50	0.7～1.2
页岩	3～30	5～30	0.25～0.6
石灰岩	10～50	35～50	0.7～1.2
石英岩	20～60	50～60	1.2～1.8
大理岩	15～30	35～50	0.7～1.2

2．岩石的变形指标

岩石的变形指标主要有弹性模量、变形模量和泊松比等三种。

（1）岩石的弹性模量（E）。

岩石的弹性模量是指正应力与弹性正应变的比值，即

$$E = \frac{\sigma}{\varepsilon_e} \tag{2.16}$$

式中：E——岩石的弹性模量，MPa；

σ——正应力，MPa；
ε_e——弹性正应变。

（2）岩石的变形模量（E_0）。

岩石的变形模量是指正应力与总应变的比值，即

$$E_0 = \frac{\sigma}{(\varepsilon_e + \varepsilon_p)} = \frac{\sigma}{\varepsilon} \tag{2.17}$$

式中：E_0——岩石的变形模量，MPa；
ε_p——塑性正应变；
ε——总应变。

（3）泊松比（μ）。

岩石在轴向压力作用下，除产生纵向压缩外，还会产生横向膨胀。这种横向应变与纵向应变的比值，称为泊松比，即

$$\mu = \frac{\varepsilon_x}{\varepsilon_y} \tag{2.18}$$

式中：μ——岩石的泊松比；
ε_x——横向应变；
ε_y——纵向应变。

泊松比越大，表示岩石受力作用后的横向变形越大。岩石的泊松比一般为 0.2～0.4，常见岩石的变形指标的变化范围见表 2-9。

表 2-9 常见岩石的变形指标的变化范围

岩石名称	弹性模量 E/($\times 10^{-4}$MPa)	泊松比 μ	岩石名称	弹性模量 E/($\times 10^{-4}$MPa)	泊松比 μ
辉绿岩	6.9～7.9	0.16～0.10	页岩	1.3～2.1	0.25～0.16
玄武岩	4.3～10.6	0.16～0.02	石灰岩	2.1～6.4	0.25～0.16
闪长岩	2.2～11.4	0.25～0.10	白云岩	1.3～3.4	0.36～0.16
安山岩	4.3～10.6	0.20～0.16	板岩	2.2～3.4	0.16
花岗岩	5.43～6.9	0.36～0.16	片麻岩	1.5～7.0	0.30～0.20
砂岩	2.78～5.4	0.30～0.25	石英岩	4.5～14.2	0.20～0.16
石英砂岩	0.39～1.25	0.25～0.05	大理岩	1.0～3.4	0.36～0.16

2.1.4 影响岩石工程性质的因素

岩石的工程性质是由其物理力学性质决定的，影响岩石物理力学性质的因素很多，主要有两方面：一是形成岩石的矿物成分、结构与构造等内部因素；二是风化和水等外部因素。

1. 矿物成分

组成岩石的矿物成分是直接影响岩石基本性质的主要因素。对于岩浆岩来说，其由结

岩石的工程分类

晶良好、晶粒较粗的岩基和侵入体组成，具有较高的强度特性；细晶、粗晶或非晶质喷发岩类强度较低；含白云母、黑云母、角闪石等成分的岩石，容易风化，强度相对较低。沉积岩的强度则与组成岩石的颗粒成分及其胶结物的强度有关，由石英和硅胶结的砂岩远比细颗粒黏土矿物和泥质胶结的页岩的强度大。变质岩的强度则与原岩的成分有关。

2．结构

岩石的结构特征大致可分为两类：一类是结晶联结的岩石，包括结晶联结的部分岩浆岩、沉积岩和变质岩；另一类是胶结联结的岩石，如沉积岩中的碎屑岩和部分喷发岩等。前者晶体间的联结力强，孔隙率小，结构致密，重度大，吸水率变化范围小，具有较高的强度，且细晶粒结构的岩石比粗晶粒结构的岩石强度大。

3．构造

构造对岩石物理力学性质的影响主要指矿物成分在岩石中分布的不均匀性和结构的不连续性，使岩石强度具有各向异性性质。例如，具有千枚状、板状、片状、片麻状构造的岩石，在片理面、层理面上往往强度较低，受压剪切时，常沿该层面发生剪切破坏，垂直于该层面的抗压强度往往大于平行于该层面的抗压强度。

4．风化作用

自岩石形成后，地表岩石就受到风化作用的影响。经物理、化学和生物的风化作用后，可以使岩石强度进一步降低，从而使岩石破碎而松散，严重影响岩石的物理力学性质。

2.1.5 岩体的类型及其工程性质

岩体是由一种或多种岩石构成的地质体，是包含岩层的层理、节理、断层、软弱夹层等类结构面和由结构切割成大小不一、形状各异的岩块（或称结构体）所组成的复合体。岩体的强度和变形性质及其破坏形式主要决定于岩体结构面的性质和结构体的大小与形状，以及取土扰动破坏的影响等，变形与破坏常沿软弱结构面发展。岩石的物理力学性质不能代表岩体的性质。岩体的强度相对较低，变形较大。建造在单一完整岩石上的工程是很少的，大多数工程都建造在岩体之上，因此，必须进一步了解岩体的工程性质。

1．结构面

存在于岩体中由各种地质成因形成的连续岩块间的界面，称为结构面。

1) 结构面的类型

结构面包括各种断裂和破裂面（如节理、断层、风化裂隙等），物质分异面（如层理、片理、沉积间断面及岩层层面等），以及软弱夹层、软弱破碎带、泥化夹层、充填夹泥层等。结构面按成因可分为以下三类。

（1）原生结构面。

原生结构面是岩石成岩时所形成的结构面。例如，沉积岩中的层面、层理、沉积间断面、沉积的软弱夹层等；岩浆岩的节理面、围岩接触面、火山岩软弱夹层等；变质岩的片理面、板理面等。

（2）构造结构面。

构造结构面是岩体在受到构造应力作用时所产生的破裂面，如岩体中的节理、断层、层间错动、断层破碎带等。

（3）次生结构面。

次生结构面是岩体由风化、地下水及卸荷等的作用所形成的破裂面，如风化裂隙、软弱泥化夹层和破碎带等。

2）结构面的特征

结构面的成因多样、规模不一、形态各异、分布不均匀、充填物性质复杂，某些结构面还为软弱夹层，这些特征都直接影响了岩体的工程性质，主要表现如下。

（1）结构面的规模。

规模较大的结构面有可延展数十千米，宽度达数米至数十米的破碎带；规模较小的有仅几厘米至数十米的节理结构面，甚至有十分微小的裂隙面、层理面。它们对工程的影响是不一样的，具体工程要具体分析。规模较大的结构面往往是岩石滑动破坏和变形的主要控制面；规模较小的节理面、裂隙面则直接影响岩体的强度和变形性质。

（2）结构面的形态。

结构面的形态特征包括结构面形状、弯曲波状起伏、平整度、粗糙度等。这种特征主要影响岩体结构面的抗摩擦强度。粗糙、波状起伏和锯齿状的结构面比平整光滑的结构面抗摩擦强度高，从而影响岩体的工程性质。

（3）结构面的密集程度。

结构面的密集程度反映了岩体完整性的程度，通常用线密度来表示[用每米结构面的条数（条/m）或结构面间的平均间距（m）表示]。工程中常用结构面间的间距来反映岩体的完整性，岩体完整性的分级见表2-10。

表2-10 岩体完整性的分级

分级		Ⅰ	Ⅱ		Ⅲ		Ⅳ		Ⅴ
结构面的发育程度	组数	1～2	1～2	2～3	2～3	≥3	≥3		无序
	平均间距/m	>1.0	>1.0	0.4～1.0	0.4～1.0	0.2～0.4	0.2～0.4	≤0.2	
完整程度		完整	较完整		较破碎		破碎		极破碎

（4）结构面的连通性与张开度。

连通性是指某一定空间范围内结构面走向与倾向延伸贯穿的程度，分为完全相互贯穿、部分贯穿和互不贯穿三类，它反映岩石碎裂的程度。完全相互贯穿的结构面，岩体将被切割成若干岩块；互不贯穿的结构面，岩体只受损伤，但仍保持其完整性。

张开度的大小反映了结构面间抗摩擦强度的大小，闭合的、微张的结构面比张开的结构面抗摩擦强度高。

（5）软弱夹层。

软弱夹层是一种特殊的结构面，成因是多种多样的。它强度较低，破碎松散，厚度较薄，如强度较低的薄层黏土岩、松散泥灰岩、石膏、斑脱岩、风化破碎夹层、断层破碎带、碎屑夹层、泥化夹层等。这类结构面往往构成岩体滑动的破坏面及岩体变形的位移面，会对岩体变形与稳定性产生直接影响。

2. 结构体

各种成因的结构面把岩体切割或碎裂成大小、形状不同的岩石块体，称为结构体，其与结构面共同组合形成岩体。结构体的大小和形状是多种多样的，其形状可以为柱状体、块体、板状体、菱形体、楔形体、锥形体等多种（图2.1）。当岩体受到强烈变形破碎时，也可形成片状、鳞片状等形式的结构体。

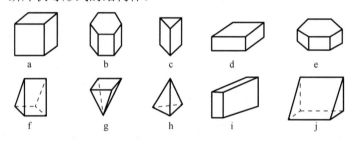

a、b—柱状体；c、f、j—楔形体；d、e、i—板状体；g、h—锥形体

图 2.1 结构体

结构体的大小反映岩体完整的程度，可用岩体体积节理数 J_v 来表示，其定义是单位体积岩体通过的总节理数（条/m³），表达式为

$$J_v = \frac{1}{S_1} + \frac{1}{S_2} + \frac{1}{S_3} + \cdots + \frac{1}{S_n} = \sum_{i=1}^{n} \frac{1}{S_i} \tag{2.19}$$

式中：S_i——第 i 组结构面间的间距；

$\dfrac{1}{S_i}$——该组结构体中单位体积上的节理数。

根据 J_v 值的大小，可将结构体分成 5 类，结构体大小分类见表 2-11。

表 2-11　结构体大小分类

岩体完整程度	完整	较完整	较破碎	破碎	极破碎
J_v（条/m³）	<3	3~10	10~20	20~35	≥35

3. 岩体的结构类型

由结构面与结构体组合而成的岩体，其组合方式与内容是多种多样的，因而可构成多种结构类型的岩体。根据岩体结构面与结构体的组合类型及其工程性质，把岩体划分成若干类型，见表 2-12。

表 2-12 岩体分类

岩体结构类型	岩体地质类型	主要结构体形状	结构面发育情况	岩土工程特征	可能发生的岩土工程问题
整体状结构	均质、巨块状岩浆岩、变质岩、巨厚层沉积岩	巨块状	以原生构造节理面为主,多呈闭合型,裂隙结构面间距大于1.5m,一般不超过2～3组,无危险结构面组成的落石掉块	整体强度高,岩体稳定,在变形特征上可视为均质弹性各向同性体	要注意由结构面组合而成的不稳定结构体的局部滑动或坍塌,深埋硐室要注意岩爆
块状结构	厚层状沉积岩、块状岩浆岩、变质岩	块状柱状	只具有少量贯穿性较好的节理裂隙面,裂隙结构面间距为0.7～1.5m,一般2～3组,有少量分离体	整体强度较高,结构面互相牵制,岩体基本稳定,在变形特征上接近弹性各向同性体	
层状结构	多韵律的薄层及中厚层状沉积岩、变质岩	层状板状透镜体	层理面、片理面、节理面,但以风化裂隙面为主,常有层间错动面	岩体接近均一的各向异性体,其变形及强度特征受层面及岩层组合控制,可视为弹塑性体,稳定性较差	要注意不稳定结构体可能产生滑动或坍塌,要特别注意岩层的弯张破坏及软弱岩层的塑性变形
碎裂结构	构造影响严重的破碎岩层	碎块状	断层、断层破碎带、片理面、层理面及层间结构面较发育,裂隙结构面间距为0.25～0.5m,一般在3组以上,有许多分离体	完整性破坏较大,整体强度大大降低,并受断裂等软弱结构面控制,多呈弹塑性介质,稳定性很差	易引起规模较大的岩块失稳。要特别注意地下水加剧岩体失稳的不良作用
散体结构	构造影响剧烈,成风化的断层破碎带、接角带	碎屑状颗粒状	断层破碎带交叉,风化裂隙面密集,结构面及组合形式错综复杂,并多充填黏性土,形成许多大小不一的分离岩块	完整性遭到极大破坏,稳定性极差,岩体属性接近松散体介质	

思 考 题

1. 表征岩石物理性质的指标有哪些?
2. 岩石的相对密度和密度有何区别?
3. 岩石的孔隙性对岩石的工程性质有何影响?
4. 岩石的吸水率和饱和吸水率有何区别?
5. 什么是岩石的软化性?其指标是什么?研究它有何意义?
6. 什么是岩石的强度?试比较三种强度表达式的含义。
7. 岩石的坚硬程度如何划分?
8. 岩石的风化程度如何划分?

任务 2.2　土的工程性质

2.2.1　土的形成

第四纪是距今最近的地质年代,至今约 260 万年。在这一年代里,地壳表面发生的变化主要是人类的出现和频繁的冰川活动,由此形成了第四纪独特的自然地理环境和沉积环境,发育了近代地表的形态和沉积物。由于第四纪时期的沉积历史相对较短,因此覆盖在地壳表面的第四纪沉积物,一般都未能经过固结成岩作用,结构多表现为松散、软弱和多孔,通常把它称为土。

第四纪沉积的土,都是过去地质年代的岩石经过风化作用和剥蚀作用,破碎形成的大小不一的岩石碎块(屑)或矿物颗粒。在斜坡的重力、流水的侵蚀和冲刷、波浪的淘蚀、风的吹扬、冰川及其他外力等的作用下,这些风化、剥蚀的产物进一步被分解破碎和搬运,在适当的沉积环境下,按照一定的自然沉积规律,分选、压密和固结等,逐渐形成具有一定组成成分、结构、构造、强度和稳定性的土体。这些土体常具有成层性质,称为土层。如上所述,形成土层的自然地质条件(如风化、剥蚀、搬运、沉积)和沉积环境(如河流、湖泊、海洋、洞穴等)是多种多样的。一般来说,某一相似自然地质条件和沉积环境所形成的土层(沉积物)具有相似的组成成分、结构、构造,相应也具有相似的工程性质,该种土层可称为同一成因类型的土层。在第四纪的地质年代里,地壳表面形成了多种成因类型的土层,如残积土层、坡积土层、湖泊沉积土层、洪积土层、海洋沉积土层、三角洲沉积土层等。不同成因类型的土层具有不同的组成成分、结构、构造特性,相应也具有不同的工程性质。

知识点滴

土层的类型

1. 残积土层（Q^{el}）

残积土层简称残积层，是残留在原地未被搬运的那一部分原岩风化剥蚀后的产物，而另一部分则被风和降水所带走。它的分布主要受地形的控制。在宽广的分水岭上，由雨水产生的地表径流速度很小，风化产物易于保留，残积层就比较厚，在平缓的山坡上也常有残积层覆盖。

由于风化剥蚀后的产物是未经搬运的，颗粒不可能被磨圆或分选，因此没有层理构造。

残积层与基岩之间没有明显的界线，通常经过一个基岩风化层（带）而直接过渡到新鲜岩石。残积层有时与强风化层很难区分。一般来说，残积层是雨雪水流将细颗粒带走后残留的较粗颗粒的堆积物。山区的残积层因原始地形变化很大且岩层风化程度不一，所以其厚度在小范围内变化极大。由于残积层没有层理构造，均质性很差，因而土的物理、力学性质很不一致。残积层的土多为棱角状的粗颗粒，孔隙度较大，作为建筑物地基容易引起不均匀沉降。

2. 坡积土层（Q^{dl}）

坡积土层简称坡积层，是雨雪水流的地质作用将高处岩石风化产物缓慢地洗刷剥蚀，顺着斜坡向下逐渐移动，沉积在较平缓的山坡上而形成的沉积物。它一般分布在坡腰上或坡脚下，上部与残积层相接。坡积层断面如图 2.2 所示。

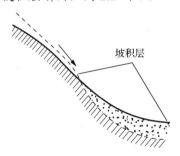

图 2.2　坡积层断面

坡积层随斜坡自上而下呈现由粗到细的分选现象。其矿物成分与下卧基岩没有直接关系，这是它与残积层明显的区别。

坡积层形成于山坡，常常沿下卧基岩倾斜面滑动。由于其组成物质粗细颗粒混杂，土质不均匀，且厚度变化很大（上部有时不足 1 米，下部可达几十米），尤其是新近堆积的坡积层，土质疏松，压缩性较高，故一般情况下，在垂直剖面上，下部与基岩接触处往往是碎石、角砾，其中充填有黏土和细砂，上部多为黏性土。

3. 洪积土层（Q^{pl}）

由暴雨或大量融雪骤然集聚而成的暂时性山洪急流，具有很大的剥蚀和搬运能力。它冲刷地表，挟带大量碎屑物质堆积于山谷冲沟出口或山前倾斜平原而形成沉积物，称为洪积土层，简称洪积层，其断面如图 2.3 所示。山洪流出沟谷口后，由于流速骤减，被搬运的粗碎屑物质（如块石、砾石、粗砂等）大量堆积下来。离山渐远，洪积层的颗粒渐细，其分布范围也逐渐扩大。其地貌特征是，靠山较近处窄而陡，离山较远处宽而缓，形如锥体，故又称洪积扇。由相邻沟谷口的洪积扇组成洪积扇群。如果逐渐扩大以至连接起来，则形成洪积冲积平原的地貌单元。

洪积层的颗粒虽因搬运过程中的分选作用而呈现上述随离山远近而变的现象，但由于搬运距离短，颗粒的磨圆度仍不佳。此外，山洪是周期性产生的，每次的大小不尽相同，堆积下来的物质也不一样。因此，洪积层常呈现不规则交错的层理构造，如具有夹层、尖灭或透镜体等产状。洪积层构造如图 2.4 所示。由于靠近山地的洪积层颗粒较粗，地下水位埋藏较深，故土的承载力一般较高，常为良好的天然地基。离山较远地段较细的洪积层，其成分均匀，厚度较大，由于形成过程中受到周期干旱的影响，细小的黏土颗粒发生凝聚作用，同时析出可溶性盐类，使土质较为密实，通常也是良好的地基。在上述两部分的过渡地带，常常由于地下水溢出地表而造成宽广的沼泽地带，因此土质软弱而承载力较低。

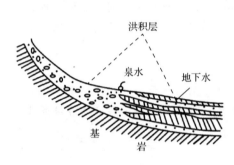

图 2.3 洪积层断面

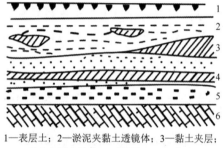

1—表层土；2—淤泥夹黏土透镜体；3—黏土夹层；
4—砂土夹黏土层；5—砾面层；6—石灰岩层。

图 2.4 洪积层构造

4. 冲积土层（Q^{al}）

冲积土层是由河流的流水作用将碎屑物质搬运到河谷中坡降平缓的地段堆积而成的沉积物，它发育于河谷内及山区外的冲积平原中。根据冲积土层的形成条件，其可分为河床相、河漫滩相、牛轭湖相、河口三角洲相及溺谷相。

河床相冲积土层主要分布在河床地带，其次是阶地上，其断面如图 2.5 所示。河床相冲积土层在山区河流或河流上游，大多是粗大的石块、砾石和粗砂，而中下游或平原地区的沉积物逐渐变细。碎屑物质由于经过流水的长途搬运，相互磨蚀，因此颗粒磨圆度较好，没有巨大的漂砾，这与洪积层的砾石层有明显差别。山区河床冲积土层厚度不大，一般不超过 10m，但也有近百米的，而平原地区河床冲积土层，厚度则很大。

河漫滩相冲积土层是在洪水期河水漫溢河床两侧，携带碎屑物质堆积而成的，土粒较细，可以是粉土、粉质黏土或黏土，并常夹有淤泥或泥炭等软弱土层，覆盖于河床相冲积土层之上，形成常见的上细下粗的冲积土层"二元结构"。

牛轭湖相冲积土层是在废河道形成的牛轭湖中沉积形成的松软土，其颗粒很细，常含大量有机质，有时形成泥炭。

河口三角洲相冲积土层是在河流入海口或入湖口，所搬运的大量细小颗粒沉积下来，形成面积宽广而厚度极大的沉积物，这类沉积物通常是淤泥质土或典型淤泥，并具有特殊的交错层构造。

溺谷相冲积土层是一种特殊的河谷沉积物，比较大而深的山区河谷，经过地壳急剧下降，沉积厚层细粒的淤泥质黏土。

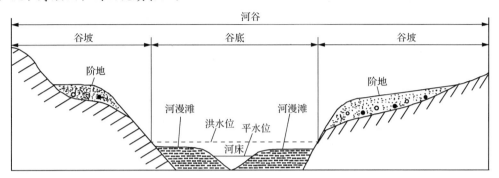

图 2.5 河床相冲积土层断面

总之，冲积土层随其形成条件不同，具有不同的工程地质特性。古河床相土的压缩性低，强度较高，是工业与民用建筑的良好地基，而现代河床堆积物的密实度较差，透水性强，若作为水工建筑物的地基则将引起坝下渗漏，饱水的砂土还可能由于振动而引起液化。河漫滩相冲积土层覆盖于河床相冲积土层之上，形成具有双层结构的冲积土体，常被作为建筑物的地基，但应注意其中的软弱土层夹层。牛轭湖相冲积土层是压缩性很高及承载力很低的软弱土，为不良的建筑物的天然地基。河口三角洲相冲积土层常常是饱和的软黏土，承载力低，压缩性高，若作为建筑物地基，则应慎重对待。但在河口三角洲相冲积土层的最上层，由于经过长期的压实和干燥，会形成所谓的硬壳层，承载力较下面的高，有时可用作低层建筑物的地基。溺谷相冲积土层厚而软弱，强度极低，压缩性很大，是最易出现不均匀沉降和地基破坏的一类土层。

5. 海洋沉积土层（Q^m）

海洋按海水深度及海底地形划分为滨海区（指海水高潮位时淹没，而低潮位时露出的地带）、浅海区（指大陆架，水深为 0~200m，宽度为 100~200km）、陆坡区（指大陆陡坡，即浅海区与深海区之间过渡的陡坡地带，水深为 200~1000m，宽度为 100~200km）及深海区（海洋底盘，水深超过 1000m），如图 2.6 所示。与上述海洋分区相应的四种海洋沉积土层如下。

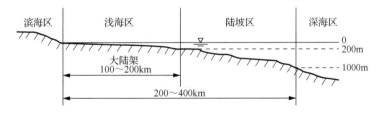

图 2.6 海洋按海水深度及海底地形划分

滨海沉积土层一般包括海岸带沉积层、海湾滩涂沉积层和潟湖相沉积层等。海岸带沉积层主要由卵石、圆砾和砂等粗碎屑物质组成，可能有黏性土夹层，具有基本水平或缓倾斜的层理构造，在砂层中常有波浪作用留下的痕迹。作为地基，其强度尚高，但透水性较大。黏性土夹层干时强度较高，但遇水软化后强度很低。由于海水大量含盐，因而使形成的黏土具有较大的膨胀性。在海湾地带，由于潮水涨落，由大江、大河流出的大量泥沙、细粒土，常在海湾地带内沉积下来，形成海湾滩涂沉积层，主要由黏粒土、粉粒土所组成，有时含夹砂层和贝壳之类海岸生物的淤泥黏土或淤泥质亚黏土。这种土孔隙比较大，含水量较高，低强度，高压缩性，渗透性小，灵敏度较大，是一种比较软弱的土层。在海湾地带，由于潮水的涨落，常出现海岸砂堤，把海湾封闭，形成湖泊，称为泻湖，逐渐形成由淤泥质土、海生动物残骸及有机质土组成的软弱土层，称为泻湖相沉积层。

浅海沉积土层主要有细颗粒砂土、黏性土、淤泥和生物化学沉积物（硅质和石灰质等）。离海岸越远，沉积物的颗粒越细。浅海沉积土层具有层理构造，砂土较滨海区更为疏松，压缩性高且不均匀。一般近代黏土质沉积物的密度小、含水量高，所以压缩性大、强度低。陆坡和深海沉积土层主要是有机质软泥，成分均一。

6. 湖泊沉积土层（Q^l）

湖泊沉积土层可分为湖边沉积土层和湖心沉积土层。湖泊如逐渐淤塞，则可演变成沼泽，形成沼泽沉积土层。

湖边沉积土层主要由湖浪冲蚀湖岸、破坏岸壁所形成的碎屑物质组成。近岸带沉积的多数是粗颗粒的卵石、圆砾和砂土，远岸带沉积的则是细颗粒的砂土和黏性土。湖边沉积土层具有明显的斜层理构造。作为地基时，近岸带有较高的承载力，远岸带则差些。

湖心沉积土层是由河流和湖流挟带的细小悬浮颗粒到达湖心后沉积形成的，主要是黏土和淤泥，常夹有细砂、粉砂薄层，称为带状黏土。这种黏土压缩性高，强度低。

沼泽沉积土层又称沼泽土，主要由含有半腐烂的植物残体（泥炭）组成。泥炭的特征如下。

① 含水量极高（可达百分之百），这是任何其他土类所没有的，因为其腐殖质是吸水能力极高的物质。

② 透水性很低。

③ 压缩性很高且不均匀，承载力很低。

因此，永久性建筑物不宜以泥炭作为地基。腐殖质含量低的泥炭，当其含水量稍低时，则有一定的承载力，但必须注意地基沉降问题。

7. 风积土层（Q^{eol}）

风积土层是指在干旱的气候条件下，岩石的风化物被风吹扬搬运，在有利的条件下堆积起来形成的一类土，最常见的是黄土和风成砂（沙漠、沙丘）。黄土是一种特殊的土，主要由粉土粒或砂粒组成，含可溶盐，土质均匀、质纯，孔隙比大，具有湿陷性。黄土在我国分布甚广，主要在华北、西北地区。其又分为两种，即次生黄土和厚生黄土，前者无湿陷性，后者有湿陷性，在工程上必须认真注意。风成砂是一种不稳定的土层。随着风的吹扬变迁，在其上进行工程建设，常需采取固砂措施。

8. 冰川沉积土层（Q^{gl}）

冰川沉积土层由冰川和冰川融化的冰下水搬运堆积而成，由巨大的块石、碎石、砂、粉土及黏土混合组成，一般分选性极差，无层理构造，但冰川沉积土层常具有斜层理构造，颗粒呈棱角状，巨大块石上常有冰川擦痕。

此外，还有冰湖沉积土层。冰川融解的水形成的湖泊，称为冰湖。冰湖里的沉积物主要以黏土颗粒为主，受季节性的影响，常形成粗细相间的黏性土沉积层，称为纹泥，性质比较软弱。

9. 近代特殊土层

人类活动的特殊堆积物，如人工填筑土层、工业废料堆、垃圾土、污染土等，称为近代特殊土层，又称杂填土。其主要特点是无规划堆积、成分复杂、性质各异、厚薄不均、规律性差，同一场地压缩性和强度差异明显，极易造成不均匀沉降，通常都需要进行地基处理。

思 考 题

1. 第四纪沉积物的基本特征是什么？
2. 残积土层、坡积土层、洪积土层和冲积土层各有什么特征？

2.2.2 土的三相组成

土是由固体颗粒及颗粒间孔隙中的水和气体组成的，是一个多相、分散、多孔的系统，一般为三相体系，即固相、液相与气相（图2.7），有时是二相的（干燥土或饱水土）。三相组成物质中，固体部分（土颗粒）一般由无机矿物组成，有时含少量有机质（腐殖质及动物残骸等），土颗粒构成土的骨架主体，是最稳定、变化最小的部分。液体部分实际上是化学溶液而不是纯水。从本质上讲，土的工程地质特性主要取决于组成土的土颗粒大小和矿物类型，即土的颗粒级配与矿物成分，水和气体一般是通过其起作用的。当然，土中液体部分对土的性质影响也较大，尤其是细粒土，土粒与水相互作用可形成一系列特殊的物理性质。

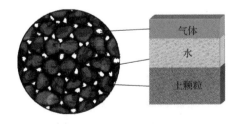

图 2.7　土的三相组成示意图

土的三相组成

1. 固体颗粒

1）土的颗粒级配

（1）粒组的划分。

自然界中土的颗粒大小十分不均匀，性质各异，对土的物理、力学性质有着重要的影响。若把土粒的体积化作当量球体，则可将土粒大小用直径（粒径）大小表示。根据土粒直径（d）可将土粒分成若干组，称为粒组。一般来说，同一粒组内的土具有相似的工程性质。对于粒组的划分，各个国家甚至一个国家的各个部门都有不同的规定。我国国家标准《土的工程分类标准》（GB/T 50145—2007）将土颗粒分成巨粒、粗粒、细粒三大粒组（表 2-13）。

表 2-13　粒组划分

粒组	颗粒名称		粒径 d 的范围/mm
巨粒	漂石（块石）		$d>200$
	卵石（碎石）		$60<d\leqslant 200$
粗粒	砾粒	粗砾	$20<d\leqslant 60$
		中砾	$5<d\leqslant 20$
		细砾	$2<d\leqslant 5$
	砂粒	粗砂	$0.5<d\leqslant 2$
		中砂	$0.25<d\leqslant 0.5$
		细砂	$0.075<d\leqslant 0.25$
细粒	粉粒		$0.005<d\leqslant 0.075$
	黏粒		$d\leqslant 0.005$

（2）颗粒级配的测定。

土的颗粒级配是指土中各粒组的相对含量，通常用各粒组占土粒总质量（干土质量）的百分数表示，它是通过土的颗粒分析试验测定的，在土的分类和评价土的工程性质时，常需测定土的颗粒级配。目前，颗粒分析的方法可分为筛分法和静水沉降法两大类。筛分法是将风干、分散的代表性土样通过一套筛孔直径与土中各粒组界限值相等的标准筛，称出经过充分过筛后留在各筛盘上的土粒质量，即可求得各粒组的相对百分含量。目前我国采用标准筛的最小孔径为 0.075mm（或 0.1mm），颗粒分析用的标准筛及振筛机如图 2.8 所示。而静水沉降法测定细粒土的颗粒级配的方法有虹吸比重瓶法、移液管法、比重计法。各种方法的仪器设备虽都有其自身特点，但它们的测试原理均建立在斯托克斯定律基础上。

图 2.8　颗粒分析用的标准筛及振筛机

（3）颗粒级配的表示方法。

为了使颗粒分析成果便于利用和容易看出规律性，需要把颗粒分析资料加以整理并用较好的方法表示出来。目前，常用的方法有表格法与图解法两种。

表格法是将分析资料（各粒组的百分含量或小于某粒径的累积百分含量）填在已制好的表格内。该方法可以很清楚地用数量说明各粒组的相对含量，可用于按颗粒级配给土分类命名，该法简单，内容具体，但对于大量土样之间的对比有一定的困难。

图解法有累积曲线、分布曲线和三角图法，目前在生产实际中应用最广泛的是累积曲线图。该方法是以土粒粒径为横坐标，以粒组的累积百分含量（小于某粒径土的百分含量）为纵坐标，在直角坐标系中将对应的点进行连线（光滑的曲线）。累积曲线图有自然数坐标系和半对数坐标系（横坐标为对数）两种，实际中一般以半对数坐标系表示，如图2.9所示。

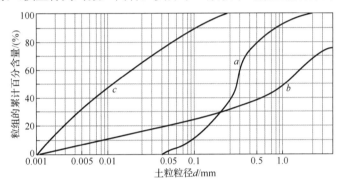

图 2.9　土的粒径级配累积曲线图

累积曲线图的用途很多，根据累积曲线图的形态，可以看出各粒组的分布规律，可以大致判断土的均匀程度与分选性。曲线平缓，说明土粒大小相差悬殊，土粒不均匀，分选性差，级配良好；曲线较陡，则说明土粒大小相差不多，土粒较均匀，分选性较好，级配不良。

根据累积曲线图可以确定土的有效粒径（d_{10}）、平均粒径（d_{50}）、限制粒径（d_{60}与d_{30}）和任一粒组的百分含量。有效粒径、平均粒径和限制粒径分别为非均粒土累积曲线上累积含量为10%、50%、60%和30%所对应的粒径。

利用土的有效粒径和限制粒径可以计算土的不均匀系数（C_u）和曲率系数（C_c）。不均匀系数（C_u）是土的限制粒径（d_{60}）和有效粒径（d_{10}）的比值，即

$$C_u = \frac{d_{60}}{d_{10}} \qquad (2.20)$$

C_u值越大，土粒越不均匀，累积曲线越平缓；反之，C_u值越小，则土粒越均匀，累积曲线越陡。工程实际中，将$C_u<5$的土视为级配不良的均粒土，而$C_u \geq 5$的土视为级配良好的非均粒土。

曲率系数（C_c）是土的限制粒径（d_{30}）的平方与有效粒径（d_{10}）和限制粒径（d_{60}）乘积的比值，即

$$C_c = \frac{d_{30}^2}{d_{10} d_{60}} \qquad (2.21)$$

工程中常用 C_c 值来说明累积曲线的弯曲情况或斜率是否连续，累积曲线斜率很大，即急倾斜状，表明某一粒组含量过于集中，其他粒组含量相对较少。经验表明，当级配连续时，$1 \leqslant C_c \leqslant 3$；当 $C_c<1$ 或 $C_c>3$ 时，均表示级配曲线不连续，这种土一般认为是级配不良的土。

研究土颗粒级配具有重要的工程意义。颗粒级配好坏直接影响地基承载力的高低。$C_u \geqslant 5$ 且 $1 \leqslant C_c \leqslant 3$ 的土为级配良好，不能同时满足上述两个条件的为级配不良。级配良好的土可获得较高的密实度，作为地基土则有较高的地基承载力。

2）土的矿物成分

土的矿物成分主要取决于母岩的成分及其所受的风化作用，不同的矿物成分对土的性质有着不同的影响，其中以细粒组的矿物成分尤为重要。漂石、卵石和圆砾的组成成分主要是岩石碎屑、母岩。砂粒多为单矿物、石英。粉粒多为难溶盐颗粒。黏粒多为次生矿物（易发生变化、反应），其颗粒形状及晶片构成方式起着决定作用。

黏粒主要由蒙脱石、伊利石和高岭石组成，蒙脱石矿物的组成结构不稳定，由其组成的土体有着较强的与水作用的能力，工程性质很不稳定。而高岭石矿物本身结构稳定，与水作用能力较弱，由其组成的土体也就结构较稳定，工程性质较好。

很细小的扁平矿物颗粒表面带有电荷，具有很强的与水作用能力，表面积越大，吸附能力越强。总之，土粒大小对土的性质起着决定性作用。

2．土中水

一般来说，地表以下的岩石和土中都含有水。水是三相土的重要组成部分，土中水的含量、水的流动状况，对土的工程性质（物理性质和力学性质）影响很大。

岩土层空隙中的水有各种不同的存在形式。首先可以划分出液态水、气态水和固态水三类。其次液态水再按其是否受固体颗粒吸引力影响分为结合水、重力水和毛细水三类。

（1）结合水。

被固体颗粒的分子引力和静电引力吸附在颗粒表面的一层膜状水，称为结合水。其中最接近固体颗粒表面的结合水称为强结合水（吸着水），其外层称为弱结合水（薄膜水）。结合水被束缚于固相表面，不能在自身重力影响下运动，如图2.10（a）所示。

（2）重力水。

距离固体颗粒表面很远的那部分水分子，重力对它的影响大于固体颗粒对它的吸引力，因而能在自身重力影响下自由运动，这部分水就是重力水，如图2.10（a）所示。

（3）毛细水。

受表面张力等的支持而自由充填在固体的微细孔隙和裂隙中的水，称为毛细水。就像将纸条一端插到水里，水即沿着纸的微细通道自由向上运动那样，如图2.10（b）所示。

（4）气态水。

以水蒸气形式和空气一起存在于岩土层空隙中的水，称为气态水。

（5）固态水。

当岩土层的温度低于0℃时，空隙中的液态水结冰，就变成固态水。

3．土中气体

土中气体按其所处的状态和结构特点可分为吸附于土粒表面的气体、溶解于水中的气体、四周为颗粒和水所封闭的气体（密闭气体）及自由气体。通常认为自由气体与大气连通，对土的性质无大影响。密闭气体的体积与压力有关，压力增加，则体积缩小；压力缩小，则体积膨胀。因此，密闭气体的存在增加了土的弹性，同时还可阻塞土中的渗流通道，减小土的渗透性。

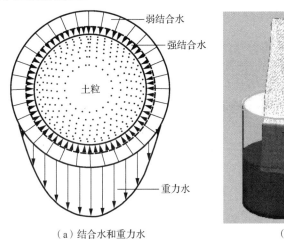
（a）结合水和重力水

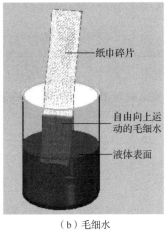
（b）毛细水

图 2.10 液态水示意图

2.2.3 土的结构

土的结构是指组成土的土粒大小、形状、表面特征，土粒间的联结关系和土粒的排列情况，其中包括颗粒或集合体间的距离、孔隙大小及其分布特点。土的结构是土的基本地质特征之一，也是决定土的工程性质变化趋势的内在依据。土的结构是在成土过程中逐渐形成的，不同类型的土，其结构是不同的，因而其工程性质也各异，土的结构与土的颗粒级配、矿物成分、颗粒形状及沉积条件有关。

根据土粒大小、形状、表面特征、相互排列和联结关系，一般把土的结构分为单粒结构、蜂窝结构和絮状结构，如图 2.11 所示。

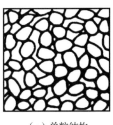
（a）单粒结构

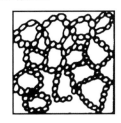
（b）蜂窝结构

（c）絮状结构

图 2.11 土的结构

（1）单粒结构由较粗大的土粒（如碎石、砂粒）组成，土粒间分子引力远小于土粒自重，土粒之间几乎没有相互联结作用。土粒排列有疏松及密实两种状态。密实状态时土的强度大,压缩性小,是良好的天然地基;疏松状态时空隙较大,土粒不稳定,不宜直接用作地基。

(2)蜂窝结构由粉粒串联而成,土粒间分子引力大于土粒自重,土粒下沉时停止在接触面而形成串联结构。

(3)絮状结构由黏粒集合体串联而成。

特别提示

具有蜂窝结构和絮状结构(合称为海绵结构)的土,其土粒间有较大的孔隙,结构不稳定,当天然结构被破坏后,土的压缩性增大而强度降低,故又称有结构性土。

2.2.4 土的物理性质指标

土的一些物理性质主要取决于组成土的固体颗粒。反映固体颗粒与孔隙中的水和气体这三相所占的体积和质(重)量的比例关系的指标称为土的三相比例指标,即土的物理性质指标。土的物理性质指标不仅可以描述土的物理性质和它所处的状态,而且在一定程度上可以反映土的力学性质。

1. 土的三相比例关系图

天然的土样,其三相的分布具有随机性。为了理论分析方便,可以人为地把土的三相集中起来,用三相比例关系图抽象地表示其构成,如图 2.12 所示。在三相比例关系图中,一侧表示三相组成的质量(m),另一侧表示三相组成的体积(V)。若忽略不计气体的质量 m_a,则土样的总质量可表示为

$$m = m_s + m_w \tag{2.22}$$

式中:m_s——土中所含土粒的质量,g;

m_w——土中所含水的质量,g。

土样的总体积可表示为

$$V = V_s + V_v = V_s + V_w + V_a \tag{2.23}$$

式中:V——土的总体积,m³;

V_s——土中所含土粒的体积,m³;

V_v——土中孔隙的体积,m³;

V_w——土中所含水的体积,m³;

V_a——土中所含气体的体积,m³。

由式(2.22)、式(2.23)和图 2.12 可知,在体积、质量这些量中,独立的量只有 V_s、V_w、V_a、m_s 和 m_w 这 5 个。但由于水的密度 ρ_w 是已知的,因此 $V_w = m_w / \rho_w$、$m_w = \rho_w V_w$,即上述 5 个量中真正独立的只有 4 个。

土的物理性质指标包括土的密度、重度、含水量、饱和度、孔隙比、孔隙率和土粒比重等。其中土的密度(或重度)、含水量和土粒比重 3 个基本指标可以在实验室直接测定,

称为实测指标，其他指标则称为导出指标或换算指标，它们可以根据 3 个实测指标计算而求出。

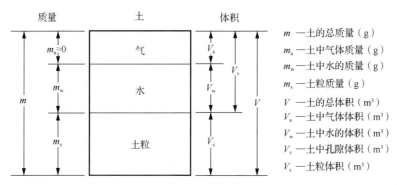

m —土的总质量（g）
m_a—土中气体质量（g）
m_w—土中水的质量（g）
m_s—土粒质量（g）
V —土的总体积（m³）
V_a—土中气体体积（m³）
V_w—土中水的体积（m³）
V_v—土中孔隙体积（m³）
V_s—土粒体积（m³）

图 2.12　土的三相比例关系图

2．实测指标

（1）土的密度（ρ）与重度（γ）。

土的密度定义为单位体积土的质量，用 ρ 表示，其单位为 kg/m³、g/cm³ 等，即

$$\rho = \frac{m}{V} \tag{2.24}$$

土的重度也称容重，是指单位体积土的重量，用 γ 表示，其单位为 kN/m³，即

$$\gamma = \frac{W}{V} \tag{2.25}$$

显然，土的重度与密度之间存在如下关系。

$$\gamma = \rho g \tag{2.26}$$

式中：g——重力加速度，取 9.8m/s²，也可以近似取 10 m/s²。

天然状态下，土的密度和重度的变化范围较大，密度 ρ 一般为 1.6～2.2g/cm³，重度 γ 一般为 16～22kN/m³。

（2）土的含水量（ω）。

土的含水量定义为土中水的质量与土粒质量之比，用 ω 表示，以百分数计，即

$$\omega = \frac{m_w}{m_s} \times 100\% \tag{2.27}$$

含水量是标志土的湿度的一个重要物理指标。土的含水量一般用烘干法测定。先称小块原状土样的湿土质量，然后置于烘箱内维持 100～105℃烘至恒重，再称干土质量，湿土、干土质量之差与干土质量的比值，就是土的含水量。

（3）土粒比重（G_s）。

土粒比重定义为土粒的质量与同体积 4℃时纯水的质量的比值，用 G_s 表示，即

$$G_s = \frac{m_s}{V_s \rho_{w1}} = \frac{\rho_s}{\rho_{w1}} \tag{2.28}$$

式中：ρ_{w1}——4℃纯水的密度，等于 1.0g/cm³；

　　　ρ_s——土粒的密度，即土粒单位体积的质量，g/cm³。

土粒比重与土粒密度是相对于土粒而言的,由于 $\rho_{w1} = 1.0\text{g/cm}^3$,因此二者在数值上相等。但比重没有量纲,土粒密度的单位为 g/cm^3。如用 γ_s 表示土粒重度,则它与土粒密度 ρ_s 之间存在如下关系。

$$\gamma_s = \rho_s g \tag{2.29}$$

3. 导出指标

由试验直接测到上述 3 个实测指标后,就可以推导出其他各个指标。

(1) 土的孔隙比(e)。

土的孔隙比定义为土中孔隙体积与土粒体积之比,用小数表示,即

$$e = \frac{V_v}{V_s} \tag{2.30}$$

土的孔隙比是一个重要的物理性质指标,可以用来评价天然土层的密实程度。

(2) 土的孔隙率(n)。

土的孔隙率定义为土中孔隙体积与土的总体积之比,即

$$n = \frac{V_v}{V} \times 100\% \tag{2.31}$$

土的孔隙率与孔隙比是表征土的密实程度的重要指标。数值越大,表明土中孔隙体积就越大,即土越疏松;反之,越密实。工程计算中经常使用孔隙比这一指标。

(3) 土的饱和度(S_r)。

土的饱和度定义为土中孔隙水的体积与孔隙体积之比,常用百分数计,即

$$S_r = \frac{V_w}{V_v} \times 100\% \tag{2.32}$$

饱和度反映土中孔隙被水充满的程度。对于饱和土,孔隙完全被水充满,$S_r = 100\%$;对于干土,孔隙中没有水,均为气体,则 $S_r = 0\%$。

(4) 土的干密度(ρ_d)与干重度(γ_d)。

土的干密度是指单位体积中土的固体颗粒的质量,即

$$\rho_d = \frac{m_s}{V} = \frac{m - m_w}{V} \tag{2.33}$$

与干密度相对应的是土的干重度,它是指单位体积内土粒的质量,即

$$\gamma_d = \frac{W_s}{V} = \frac{m_s g}{V} = \rho_d g \tag{2.34}$$

在工程上,常把土的干密度(或干重度)作为评定土的密实程度的标准,特别是用于控制填土工程的施工质量。

(5) 土的饱和密度(ρ_{sat})与饱和重度(γ_{sat})。

土的饱和密度是指土孔隙中完全充满水时单位体积土的质量,即

$$\rho_{sat} = \frac{m_s + V_v \rho_w}{V} \tag{2.35}$$

式中:ρ_w ——水的密度,取 1.0g/cm^3。

土在饱和状态下,单位体积土的重量称为土的饱和重度,即

$$\gamma_{sat} = \frac{W_s + V_v \gamma_w}{V} = \frac{(m_s + V_v \rho_w)g}{V} = \rho_{sat} g \qquad (2.36)$$

（6）土的浮密度（ρ'）与浮重度（γ'）。

位于地下水位以下的土，受到浮力作用，此时土中固体颗粒的质量扣除同体积固体颗粒排开水的质量与土样体积之比，称为土的浮密度，即

$$\rho' = \frac{m_s - V_s \rho_w}{V} \qquad (2.37)$$

与浮密度相对应，单位体积土中土粒的重量扣除浮力后所得的重量即为土的浮重度，即

$$\gamma' = \frac{W_s - V_s \gamma_w}{V} = \frac{(m_s - V_s \rho_w)g}{V} = \rho' g \qquad (2.38)$$

根据浮重度的定义可得

$$\gamma' = \frac{W_s - V_s \gamma_w}{V} = \frac{W_s - (V - V_v)\gamma_w}{V} = \frac{W_s + V_v \gamma_w - V \gamma_w}{V} = \gamma_{sat} - \gamma_w \qquad (2.39)$$

类似地浮密度为

$$\rho' = \rho_{sat} - \rho_w \qquad (2.40)$$

从上述两种土的密度或重度的定义可知，同一土样各种密度或重度在数值上有如下关系。

$$\rho_{sat} > \rho > \rho_d > \rho' \qquad (2.41)$$

$$\gamma_{sat} > \gamma > \gamma_d > \gamma' \qquad (2.42)$$

4．三相比例指标之间的换算

从上述 9 个土的物理性质指标的定义可以看出，只要根据所测的 3 个基本物理性质指标，由三相比例关系图均可推算出其他指标的换算公式。

土的三相比例指标换算示意图如图 2.13 所示，设 $\rho_w = \rho_{w1}$，令 $V_s = 1$，则 $V_v = e$，$V = 1 + e$，$m_s = \rho_s$，$m_w = \rho_s \omega$，$m = \rho_s(1 + \omega)$，根据各指标的定义有

$$\rho = \frac{m}{V} = \frac{\rho_s(1 + \omega)}{1 + e} \qquad (2.43)$$

$$\rho_d = \frac{m_s}{V} = \frac{\rho_s}{1 + e} = \frac{\rho}{1 + \omega} \qquad (2.44)$$

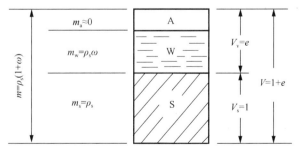

图 2.13　土的三相比例指标换算示意图

由式（2.44）得

$$e = \frac{\rho_s}{\rho_d} - 1 = \frac{G_s \rho_w}{\rho_d} - 1 = \frac{G_s \rho_w (1 + \omega)}{\rho} - 1 = \frac{\gamma_s (1 + \omega)}{\gamma} - 1 \qquad (2.45)$$

$$n = \frac{V_v}{V} = \frac{e}{1+e} \qquad (2.46)$$

$$\rho_{sat} = \frac{m_s + V_v \rho_w}{V} = \frac{(G_s + e)\rho_w}{1+e} \qquad (2.47)$$

$$\rho' = \frac{m_s - V_s \rho_w}{V} = \frac{\rho_s - \rho_w}{1+e} = \frac{(G_s - 1)\rho_w}{1+e} \qquad (2.48)$$

$$S_r = \frac{V_w}{V_v} = \frac{\omega \rho_s}{\rho_w e} = \frac{\omega G_s}{e} \qquad (2.49)$$

对于饱和土，S_r=100%，则 $e=\omega G_s$。

为了使用方便，将常用各指标之间的换算关系汇总列于表 2-14 中。

表 2-14 土的三相比例指标换算公式

名称	符号	三相比例表达式	常用换算公式
土粒比重	G_s	$G_s = \dfrac{m_s}{V_s \rho_{w1}}$	$G_s = \dfrac{S_r e}{\omega}$
含水量	ω	$\omega = \dfrac{m_w}{m_s} \times 100\%$	$\omega = \dfrac{S_r e}{G_s} \times 100\%$，$\omega = \dfrac{\gamma}{\gamma_d} - 1$
密度	ρ	$\rho = \dfrac{m}{V}$	$\rho = \rho_d (1+w)$，$\rho = \dfrac{G_s(1+\omega)\rho_w}{1+e}$
干密度	ρ_d	$\rho_d = \dfrac{m_s}{V}$	$\rho_d = \dfrac{\rho}{1+w}$
饱和密度	ρ_{sat}	$\rho_{sat} = \dfrac{m_s + V_v \rho_w}{V}$	$\rho_{sat} = \dfrac{(G_s + e)\rho_w}{1+e}$
浮密度	ρ'	$\rho' = \dfrac{m_s - V_s \rho_w}{V}$	$\rho' = \dfrac{(G_s - 1)\rho_w}{1+e}$，$\rho' = \rho_{sat} - \rho_w$
重度	γ	$\gamma = \dfrac{W}{V}$	$\gamma = \gamma_d(1+w)$，$\gamma = \dfrac{G_s(1+\omega)\gamma_w}{1+e}$
干重度	γ_d	$\gamma_d = \dfrac{W_s}{V}$	$\gamma_d = \dfrac{\gamma}{1+w}$
饱和重度	γ_{sat}	$\gamma_{sat} = \dfrac{W_s + V_v \gamma_w}{V}$	$\gamma_{sat} = \dfrac{(G_s + e)\gamma_w}{1+e}$
浮重度	γ'	$\gamma' = \dfrac{W_s - V_s \gamma_w}{V}$	$\gamma' = \dfrac{(G_s - 1)\gamma_w}{1+e}$，$\gamma' = \gamma_{sat} - \gamma_w$
孔隙比	e	$e = \dfrac{V_v}{V_s}$	$e = \dfrac{n}{1-n}$，$e = \dfrac{\gamma_s(1+\omega)}{\gamma} - 1 = \dfrac{\gamma_s}{\gamma_d} - 1$，$e = \dfrac{\omega G_s}{S_r}$
孔隙率	n	$n = \dfrac{V_v}{V} \times 100\%$	$n = \dfrac{e}{1+e}$，$n = 1 - \dfrac{\gamma_d}{\gamma_s}$
饱和度	S_r	$S_r = \dfrac{V_w}{V_v} \times 100\%$	$S_r = \dfrac{\omega G_s}{e}$

例题 2.1 已知土的试验指标为：重度 γ=16.7kN/m³，含水量 ω=12.9%，土粒的密度 ρ_s=2.67g/cm³，试求孔隙比 e、饱和度 S_r、孔隙率 n、干重度 γ_d 和饱和重度 γ_{sat} 等指标。

解：

（1）$e = \dfrac{\rho_s(1+\omega)}{\rho} - 1 = \dfrac{\rho_s(1+\omega)}{\gamma/g} - 1 = \dfrac{2.67 \times (1+0.129)}{1.67} - 1 = 0.805$；

（2）$S_r = \dfrac{\omega \rho_s}{e \rho_w} = \dfrac{0.129 \times 2.67}{0.805} = 43\%$；

（3）$n = \dfrac{e}{1+e} = \dfrac{0.805}{1+0.805} = 44.6\%$；

（4）$\gamma_d = \dfrac{\gamma}{1+\omega} = \dfrac{16.7}{1+0.129} = 14.8$（kN/m³）；

（5）$\gamma_{sat} = \rho_{sat} g = (\rho_d + n\rho_w)g = \left(\dfrac{\rho}{1+\omega} + n\right)g = \left(\dfrac{1.67}{1+0.129} + 0.446\right) \times 10 = 19.3$（kN/m³）。

在实际工程计算中一般是先导出相应的换算公式，然后直接用换算公式计算。

2.2.5 土的物理状态指标

土的物理状态，是指土的松密和软硬状态。对于无黏性土，是指土的松密程度；对于黏性土，是指土的软硬程度或称为黏性土的稠度。

1. 无黏性土的密实度

1）无黏性土密实度的工程意义

无黏性土一般指砂土或碎石类土。这两类土中的一般黏粒含量甚少，不具有可塑性，呈单粒结构，这两类土的物理状态主要取决于土的密实度。无黏性土呈密实状态时，强度较大，可作为良好的天然地基；呈松散状态时，则是不良地基。对于同一种无黏性土，当其孔隙比小于某一限度时，处于密实状态，随着孔隙比的增大，则处于中密、稍密直到松散状态。无黏性土的这种特性，是由它所具有的单粒结构决定的。

土的流砂与管涌

砂土的密实程度对其工程性质具有重要的影响，密实的砂土具有较高的强度和较低的压缩性，是良好的建筑物地基；松散的砂土，尤其是饱和的松散砂土不仅强度低，而且水稳定性差，容易产生流砂、液化等工程事故。

2）无黏性土的相对密实度指标

砂土密实度在一定程度上可根据天然孔隙比 e 的大小来评定。但对于级配相差较大的不同类土，天然孔隙比 e 则很难有效判断密实度的高低。

所以，砂土的密实程度并不完全取决于孔隙比，而在很大程度上还取决于土的级配情况。粒径级配不同的砂土即使具有相同的孔隙比，但由于颗粒大小不同，颗粒排列不同，因此所处的密实状态也会不同。为了同时考虑孔隙比和级配的影响，在计算时引入了砂土相对密实度 D_r 的概念，即

$$D_r = \dfrac{e_{max} - e}{e_{max} - e_{min}} \tag{2.50}$$

式中：e_{max}——无黏性土的最大孔隙比，即在最松散状态时的孔隙比；

e_{min}——无黏性土的最小孔隙比,即在最压密状态时的孔隙比;

e——无黏性土的天然孔隙比。

从式(2.50)可以看出,当砂土的天然孔隙比接近于最小孔隙比时,相对密实度 D_r 接近于 1,表明砂土接近于最密实的状态;而当天然孔隙比接近于最大孔隙比时,则表明砂土处于最松散的状态,其相对密实度接近于 0。根据砂土的相对密实度可以按表 2-15 将砂土划分为密实、中密和松散三种密实度。

表 2-15 砂土密实度划分标准

密实度	密实	中密	松散
相对密实度	1.00~0.67	0.67~0.33	0.33~0

2. 黏性土的稠度与可塑性

1)稠度

黏性土的物理状态常以稠度来表示。黏性土的标准稠度及其特征如表 2-16 所示。

表 2-16 黏性土的标准稠度及其特征

稠度状态		稠度的特征	标准温度或稠度界限
液体状	液流状	呈薄层流动	触变界限塑性上限 ω_L
	黏流状(触变状)	呈厚层流动	
塑体状	黏塑状	具有塑体的性质,并黏着其他物体	黏着界限塑性下限 ω_P
	稠塑状	具有塑体的性质,但不黏着其他物体	
固体状	半固态	失掉塑体性质,具有半固体性质	收缩界限 ω_S
	固态	具有固体性质	

土的物理状态指标测定

(1)黏性土的稠度。

黏性土的稠度是指黏性土随着含水量不同而表现出的不同物理状态特征,如固体状态、半固体状态、可塑状态、流动状态等。

(2)黏性土的可塑性。

黏性土的可塑性是指黏性土在一定的含水量范围内,在外力作用下,可以揉塑成任意形状而不产生裂纹,并当外力解除后仍能保持既得形状的性能。

(3)黏性土的稠度界限。

黏性土的稠度界限是指随着含水量的变化,黏性土由一种稠度状态转变为另一种稠度状态时,相应于转变点的含水量,也称界限含水率,习惯上称界限含水量。稠度界限(如液限、塑限等)(图 2.14),是黏性土的重要特性指标,它们对于黏性土的工程性质评价和分类等具有重要意义。

图 2.14 黏性土物理状态与含水量关系

(4) 黏性土的液限（ω_L）。

黏性土的液限是指黏性土由可塑状态过渡到流动状态时的界限含水量，是黏性土由可塑状态变为流动状态时所含水分的质量（m_L）与绝对干燥的黏土质量（m_s）的比值。

$$\omega_L = (m_L / m_s) \times 100\% \tag{2.51}$$

黏性土的液限常用锥式液限仪直接测定，即将调成均匀的浓糊状试样装满盛土杯后刮平杯口表面，置于液限仪的底座上，将 76g 重的圆锥体轻放在试样表面的中心，使其在自重作用下慢慢沉入试样，若圆锥体经 5s 后恰好沉入 10mm 深度，这时杯内土样的含水量就是液限值，其测定步骤如图 2.15 所示。

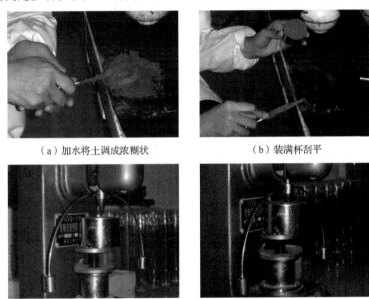

（a）加水将土调成浓糊状　　　　　（b）装满杯刮平

（c）将圆锥体置试样表面　　　　　（d）圆锥体自由下沉

图 2.15　黏性土的液限测定步骤

(5) 黏性土的塑限（ω_P）。

黏性土的塑限是指黏性土由可塑状态过渡到半固体状态时的界限含水量，是黏性土由可塑状态变为半固体状态时所含水分的质量（m_P）与绝对干燥的黏土质量（m_s）的比值。

$$\omega_P = (m_P / m_s) \times 100\% \tag{2.52}$$

黏性土的塑限一般采用搓条法测定，即用双手将天然湿度的土样搓成小圆球（球径小于 10mm），放在毛玻璃板上再用手掌慢慢搓滚成小土条，若土条搓到直径为 3mm 时恰好开始断裂，则此时断裂土条的含水量就是塑限值，其测定步骤如图 2.16 所示。

2）塑性指数与液性指数

(1) 黏性土的塑性指数（I_P）。

塑性指数是指液限（ω_L）和塑限（ω_P）的差值，用不带百分数符号的数值表示。

$$I_P = \omega_L - \omega_P \tag{2.53}$$

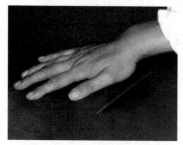
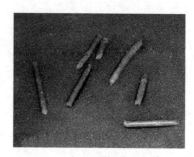

（a）搓滚土条　　　　　　　　（b）断裂土条

图 2.16　黏性土的塑限测定步骤

塑性指数表示土处在可塑状态的含水量变化范围。塑性指数越大，则黏土保持可塑状态时的含水量变化范围越大。塑性指数的大小与土中黏土颗粒和结合水含量有关，土中黏土颗粒含量越高，土的比表面和相应的结合水含量就越高，则 I_p 值越大。所以常用塑性指数作为黏性土分类的标准。

（2）黏性土的液性指数（I_L）。

液性指数是指黏性土的天然含水量（ω）和塑限（ω_P）的差值与塑性指数（I_p）之比，用小数表示。

$$I_L = (\omega - \omega_P)/I_P \qquad (2.54)$$

当土的天然含水量（ω）小于塑限（ω_P）值时，$I_L<0$，天然土处于坚硬状态；当土的天然含水量（ω）大于液限（ω_L）值时，$I_L>1$，天然土处于流动状态；当 $\omega_P<\omega<\omega_L$ 时，I_L 值在 0 和 1 之间，即 $0<I_L<1$，则天然土处于可塑状态。

因此，可以用液性指数 I_L 来表征黏性土所处的软硬状态。I_L 值越大，土质越软；反之，土质越硬。根据 I_L 将黏性土稠度状态分为五类，见表 2-17。

表 2-17　按液性指数划分黏性土稠度状态

液性指数 I_L	$I_L \leqslant 0$	$0<I_L \leqslant 0.25$	$0.25<I_L \leqslant 0.75$	$0.75<I_L \leqslant 1.00$	$I_L>1.00$
稠度状态	坚硬	硬塑	可塑	软塑	流塑

稠度状态能说明黏性土的强度与压缩性，处于坚硬与硬塑状态的土，土质较坚硬，强度较高且压缩性较低（变形量较小）；处于流塑与软塑状态的土，土质软弱且压缩性较高；处于可塑状态的土，其性质介于前二者之间。

例题 2.2　从某地基取原状土样，测得土的液限为 37.4%，塑限为 23.0%，天然含水量为 26.0%，问地基土处于何种状态？

解：

$$I_P = \omega_L - \omega_P = 0.374 - 0.23 = 0.144$$

$$I_L = (\omega - \omega_P)/I_P = (0.26 - 0.23)/0.144 = 0.21$$

因为 $0<I_L \leqslant 0.25$，所以该地基土处于硬塑状态。

3）影响黏性土可塑性的因素

黏性土可塑性大小取决于土的成分及孔隙水溶液的性质。土的成分包括矿物成分、有机质含量、土中的可溶盐类、粒度成分。孔隙水溶液的性质是指其化学成分及浓度。

（1）矿物成分。

① 土的矿物成分不同，其晶格构造各异，与水的结合程度不一样，如蒙脱石有较大的可塑性。

② 矿物成分决定着颗粒的形状与分散程度，只有片状结构的矿物被破坏后才表现出可塑性，如黑云母、绿泥石、高岭石等。

③ 矿物成分还影响着土的分散程度。

（2）有机质含量。

有机质含量对土的可塑性有明显的影响。有机质的分散度较高，颗粒较细，比表面积大，当有机质含量高时，液限值和塑限值均较高，表层土中一般含有有机质较多。

（3）土中的可溶盐类。

土中的可溶盐类溶于水后，改变了水溶液的离子成分和浓度，从而影响扩散层厚度的变化，导致土的可塑性增强或减弱。

土的粒度组成

（4）粒度成分。

粒度成分对黏性土可塑性的影响，主要取决于土中黏粒含量的多少。黏粒含量越多，分散程度越高，可塑性越大。

2.2.6 土的工程分类

从上述可知，土的颗粒组成是决定土的工程性质的一个主要因素，因为它决定了其与土中水的作用方式。因此我国工程上主要依据土的颗粒组成和颗粒形状进行分类，以便于研究其工程性质。我国《建筑地基基础设计规范》（GB 50007—2011）将岩土分为岩石、碎石土、砂土、粉土、黏性土和人工填土。工程中遇到的还有一些特殊土，如软土、红黏土、膨胀土和湿陷性黄土等，通常把它们与人工填土都归于特殊土一类中。

土的形成与工程分类

1. 岩石

在工程中，岩石的分类一般有如下两种方式。

（1）按风化程度分类。

① 强风化：岩石结构构造不清楚，岩体层理不清晰。

② 中风化：岩石结构构造及岩体层理清晰，较难挖掘。

③ 微风化：岩质新鲜，岩体层理清晰，难挖掘。

（2）按软硬程度分类。

① 软质岩石：如页岩、黏土岩等，其单轴抗压强度小于等于 30MPa。

② 硬质岩石：如花岗岩、闪长岩、石灰岩等，其单轴抗压强度大于 30MPa。

2. 碎石土

碎石土是指粒径大于 2mm 的颗粒质量超过总质量 50%的土，其分类见表 2-18，在工程上，其主要根据颗粒大小和颗粒形状进行分类。

表 2-18 碎石土分类

土的名称	颗粒形状	颗粒级配
漂石	以圆形及亚圆形为主	粒径大于 200mm 的颗粒质量超过总质量的 50%
块石	以棱角形为主	
卵石	以圆形及亚圆形为主	粒径大于 20mm 的颗粒质量超过总质量的 50%
碎石	以棱角形为主	
圆砾	以圆形及亚圆形为主	粒径大于 2mm 的颗粒质量超过总质量的 50%
角砾	以棱角形为主	

这类土主要采用重型圆锥动力触探试验指标来评判其工程性质。

3．砂土

砂土是指粒径大于 2mm 的颗粒质量不超过总质量 50%、粒径大于 0.075mm 的颗粒质量超过总质量 50%的土，其分类见表 2-19。

表 2-19 砂土分类

土的名称	颗粒级配
砾砂	粒径大于 2mm 的颗粒质量占总质量的 25%～50%
粗砂	粒径大于 0.5mm 的颗粒质量超过总质量的 50%
中砂	粒径大于 0.25mm 的颗粒质量超过总质量的 50%
细砂	粒径大于 0.075mm 的颗粒质量超过总质量的 85%
粉砂	粒径大于 0.075mm 的颗粒质量超过总质量的 50%

在工程上，这类土主要采用标准贯入试验锤击数 N 指标来评判其工程性质。

4．粉土

粉土是指颗粒直径介于砂土与黏性土之间，塑性指数 $I_P \leqslant 10$ 且粒径大于 0.075mm 的颗粒（粉粒）质量不超过总质量 50%的土。

5．黏性土

黏性土按塑性指数可分为粉质黏土和黏土，其分类见表 2-20。

表 2-20 黏性土分类

塑性指数 I_P	密实度
$10 < I_P \leqslant 17$	粉质黏土
$I_P > 17$	黏土

黏性土按沉积年代可分为老黏性土、一般黏性土和新近沉积黏性土。

6．特殊土

（1）软土。

软土分为淤泥和淤泥质土，淤泥的 $e \geqslant 1.5$ 且 $I_L \geqslant 1$，淤泥质土的 $1.0 \leqslant e < 1.5$ 且 $I_L \geqslant 1$。其特点是含水量高，压缩性大，强度低。

软土的特性与处治

(2) 人工填土。

人工填土按物质组成分为素填土、杂填土、冲填土；按年代分为老填土（5~10年）、新填土（小于5年）。

(3) 湿陷性黄土。

土体在一定压力下受水浸湿产生湿陷变形量并达到一定数值的土为湿陷性黄土，如西北黄土。

黄土的特性与处治

(4) 红黏土。

红黏土是分布于云南、贵州、广西等省区的一种红色高塑性黏性土，液限大于50%，上硬下软。

(5) 膨胀土。

膨胀土的黏粒成分主要由亲水性黏土矿物（蒙脱石和伊利石）所组成，其特点是吸水膨胀，失水收缩。

膨胀土的特性与处治

此外特殊土还包括多年冻土、混合土、盐渍土、污染土。

2.2.7 土的压实性

在工程建设中经常会遇到需要将土按一定要求进行堆填和密实的情况，如路堤、土坝、桥台、挡土墙、管道埋设、基础垫层及基坑回填等。填土经挖掘、搬运之后，原状结构被破坏，含水率发生变化，未经压实的填土强度低，压缩性大而且不均匀，遇水易发生塌陷、崩解等。为了改善土的这些工程性质，常采用压实的方法使土变得密实，提高承载力。在室内通常采用击实试验测定扰动土的压实性指标，即土的压实度（压实系数）。在现场通过夯打、碾压或振动达到工程填土所要求的压实度。

土的压实性

1. 击实（压实）试验及土的压实特性

击实试验是在室内研究土压实性的基本方法，分重型和轻型两种。它们分别适用于粒径不大于20mm的土和粒径小于5mm的黏性土。击实仪主要包括击实筒、击锤及导筒等。击锤质量分别为4.5kg和2.5kg，落高分别为457mm和305mm。试验时，将土样分层装入击实筒，每铺一层（共3~5层）均用击锤按规定的落距和击数锤击土样，达到规定击数后，测定被击实土样的含水率ω和干密度ρ_d，改变含水率重复上述试验（通常为5次），并将结果以含水率ω为横坐标，干密度ρ_d为纵坐标，绘制成一条曲线，该曲线即为击实曲线，如图2.17所示。击实曲线具有如下特征。

(1) 曲线具有峰值。峰值点所对应的纵坐标值为最大干密度ρ_{dmax}，对应的横坐标值为最优含水率，用ω_{oP}表示。最优含水率ω_{oP}是在一定击实（压实）功能下，使土最容易压实，并能达到最大干密度的含水率。工程中常按$\omega_{oP} = \omega_P + 2$（%）选择制备各土样含水率。

(2) 击实曲线的左段比右段的坡度陡。当含水率低于最优含水率时，干密度受含水率变化的影响较大。

(3) 击实曲线必然位于饱和曲线的左下方，不可能与饱和曲线有交点。这是因为当土的含水率接近或大于最优含水率时，孔隙中的气体越来越处于与大气不连通的状态，击实作用已不能将其排出土体之外，即击实土不可能被击实到完全饱和状态。

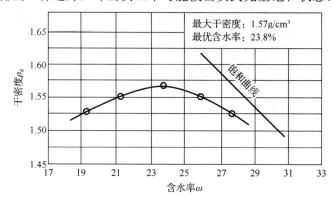

图 2.17　黏性土的击实曲线

2．影响压实效果的因素

影响土压实性的因素主要有含水率、压实功能和土的性质。

（1）含水率的影响。

含水率的大小对土的压实效果影响极大。含水率和压实功能对压实曲线的影响如图 2.18 所示，由图可知，在同一压实功能作用下，当土的含水率小于最优含水率时，随含水率增大，压实土干密度增大，而当土的含水率大于最优含水率时，随含水率增大，压实土干密度减小。其原因为，当土很干时，水处于强结合水状态，土粒之间摩擦力、黏结力都很大，土粒相对移动困难，因而不易被压实。随含水率的增加，水膜变厚，土粒间的作用力减小，彼此容易移动。当含水率超过最优含水率后，水所占据的体积增大，限制了颗粒的进一步接近。可见在一定压实功能下，含水率改变着土的压实效果。

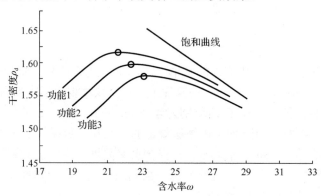

图 2.18　含水率和压实功能对压实曲线的影响

（2）压实功能的影响。

从同一种土样在不同的压实功能作用下所得到的压实曲线可见，随着压实功能的增大，压实曲线形态不变，但位置发生了向左上方的移动，即最大干密度 ρ_{dmax} 增大，而最优含水率 ω_{op} 却减小。图中曲线形态还表明，当土为偏干时，增加压实功能对提高干密度的影响较大，偏湿时则收效不大，故对偏湿的土企图用增大压实功能的办法提高它的密实度是不经济的。所以在压实工程中，土偏干时提高压实功能比偏湿时效果好。因此，若需把土压实到工程要求的干密度，则必须合理控制压实时的含水率，选用适合的压实功能，才能获得预期的效果。

（3）土的性质的影响。

土的粒度、级配、矿物成分等因素对压实效果都有影响。颗粒越粗的土其最大干密度越大，而最优含水率越小；颗粒级配越均匀，压实曲线的峰值范围就越宽广平缓。对于黏性土，压实效果与其黏土矿物成分含量有关。砂土也可用类似黏土的试验方法进行试验，稍湿的砂土击实效果不好，饱和砂土击实效果良好。

思 考 题

1. 什么是土的三相体系？土的相系组成对土的状态和性质有何影响？
2. 何谓土的颗粒级配？土的粒度成分累积曲线的纵坐标表示什么？不均匀系数 $C_u>10$ 反映土的什么性质？
3. 土的不均匀系数 C_u 及曲率系数 C_c 的定义是什么？如何从土的颗粒级配曲线形态、C_u 及 C_c 数值上评价土的工程性质？
4. 土的密度与重度的物理意义和单位有何区别？说明重度、饱和重度、浮重度和干重度之间的相互关系，并比较其数值的大小。
5. 土的三相比例指标有哪些？哪些可以直接测定？
6. 黏性土最主要的物理特征是什么？何谓塑限？何谓液限？如何测定？
7. 为什么要引用相对密实度的概念来评价砂土的密实度？为什么要引用液性指数的概念来评价黏性土的稠度状态？在实际应用中应注意哪些问题？
8. 某饱和土样含水量为 35%，密度为 $1.89g/cm^3$，试求其孔隙比、干重度和土粒相对密实度。
9. 已知一黏性土的 $I_L = -0.16$，$\omega_L = 37.5\%$，$I_p = 13.2$，试求其天然含水量。
10. 某地基土试验测得干重度为 $15.7kN/m^3$，含水量为 19.3%，土粒相对密实度为 2.71，液限为 28.3%，塑限为 16.7%。试求：（1）该土的孔隙比、孔隙率和饱和度；（2）该土的塑性指数、液性指数，并确定土的名称及状态。

任务 2.3 工程地质勘察

2.3.1 工程地质勘察概述

工程地质勘察是为查明工程建筑场区的工程地质条件而进行的综合性地质调查勘探工作。工程地质勘察的任务是：查明各类工程建筑场区的工程地质条件；预测在工程建筑作用下可能出现的工程地质条件的变化及其影响；预测可能发生的工程地质问题；选定最佳建筑场地和提出为克服不良工程地质条件应采取的工程措施；为保证工程的合理规划、设计，顺利施工和正常使用提供可靠的地质资料。

2.3.2 工程地质勘察的阶段与内容

一般在工程的不同设计阶段，要求进行相应的工程地质勘察工作叫作工程地质勘察阶段，通常有四个勘察阶段：可行性研究勘察阶段、初步勘察阶段、详细勘察阶段、施工勘察阶段。在每一个勘察阶段，都有其明确的任务、应解决的问题、重点工作内容和相应的工作方法等。

2.3.3 工程地质勘察方法

工程地质勘察方法主要有工程地质测绘、工程地质勘探、工程地质测试和工程地质长期观测等。

1. 工程地质测绘

工程地质测绘是工程地质勘察中的最基本方法，也是最先进行的综合性基础工作。它运用地质学原理，通过野外地质调查，对有可能选择的拟建场地区域内的地层岩性、地质构造、地貌条件、水文地质、地质灾害、建筑材料等进行观察和描述，将所观察到的地质信息要素按要求的比例填绘在地形图和有关图表上，并对拟建场地区域内的工程地质条件做出初步评价，为后续布置勘探、试验和长期观测打下基础。工程地质测绘贯穿于整个勘察工作的始终，只是随着勘察阶段的不同，要求测绘的范围、内容、精度不同而已。

1）工程地质测绘的范围

工程地质测绘的范围应根据工程建设类型、规模，并考虑工程地质条件的复杂程度等综合确定。一般，工程跨越地段越多、规模越大、工程地质条件越复杂，测绘范围就相对越广。例如在丘陵和山区修筑高速公路，因其线路穿山越岭、跨江过河，工程地质测绘范围就比水库、大坝选址的工程地质测绘范围要广阔。

2）工程地质测绘的内容

（1）地层岩性。

查明测区范围内地表地层（岩层）的性质、厚度、分布变化规律，并确定其地质年代、成因类型、风化程度及工程地质特性等。

（2）地质构造。

研究测区范围内各种构造形迹的产状、分布、形态、规模及其结构面的物理、力学性质，明确各类构造岩的工程地质特性，并分析其对地貌形态、水文地质条件、岩石风化等方面的影响，以及构造活动，尤其是地震活动情况。

（3）地貌条件。

调查地表形态的外部特征，如高低起伏、坡度陡缓和空间分布等，进而从地质学和地理学的观点分析地表形态形成的地质原因和年代，及其在地质历史中不断演变的过程和将来发展的趋势。研究地貌条件对工程建设总体布局的影响。

（4）水文地质。

调查地下水资源的类型、埋藏条件、渗透性。分析水的物理性质、化学成分、动态变化。研究水文条件对工程建设和使用期间的影响。

（5）地质灾害。

调查测区内边坡稳定状况，查明滑坡、崩塌、泥石流、岩溶等地质灾害分布的具体位置、规模及发育规律，并分析其对工程结构的影响。

（6）建筑材料。

在建筑场地或线路附近寻找可以利用的石料、砂料、土料等天然建筑材料，查明其分布位置、大致数量和质量、开采运输条件等。

知识延伸

工程地质勘察的方法和技术见右侧二维码。

工程地质勘察的方法和技术

2．工程地质勘探

工程地质勘探是在工程地质测绘的基础上，为了详细查明地表以下的工程地质问题，取得地下深部岩层的工程地质资料而进行的勘察工作。常用的工程地质勘探手段有简易勘探、钻孔勘探和地球物理勘探。

1）简易勘探

简易勘探就是对地表及其以下浅部局部岩层直接开挖，以便直接观察岩层的天然状态以及各地层之间的接触关系，并取出原状结构岩土样品进行测试、研究其工程地质特性的勘探方法。根据开挖体空间形状的不同，其分为坑探、槽探、井探和硐探。

（1）坑探。

坑探是指用锹镐或机械来挖掘在空间上三个方向的尺寸相近的坑洞的一种明挖勘探方法。坑探的深度一般为 1～2m，适于不含水或含水量较少的较稳固的地表浅层，主要用来查明地表覆盖层的性质和采取原状土样。

（2）槽探。

槽探是指在地表挖掘呈长条形的沟槽，进行地质观察和描述的明挖勘探方法。探槽常呈上口宽、下口窄、两壁倾斜形状，其宽度一般为 0.6～1m，深度一般小于 3m，长度则视情况确定。槽探主要用于追索地质构造线、断层、断裂破碎带宽度、地层分界线、岩脉宽度及其延伸方向，探查残积层、坡积层的厚度和岩石性质及采取试样等。

（3）井探。

井探是指勘探挖掘空间的平面长度方向和宽度方向尺寸相近，而其深度方向尺寸大于长度和宽度的一种挖探方法。井探用于了解覆盖层厚度及性质、构造线、岩石破碎情况、岩溶、滑坡等。探井的深度一般都为 3～20m，其断面形状有方形（边长 1m 或 1.5m）、矩形（长 2m、宽 1m）和圆形（直径一般为 0.6～1.25m）。

（4）硐探。

硐探是指在指定标高的指定方向开挖地下硐室的一种勘探方法，多用于了解地下一定深处的地质情况和取样，如查明坝址两岸和坝底地质结构等。

2) 钻孔勘探

钻孔勘探简称钻探，是利用钻探机械从地面向地下钻进直径小而深度大的圆形钻孔，通过采集孔内岩芯进行观察、研究和测量钻入岩层的物理性质来探明深部岩层的工程地质特征，补充和验证地面测绘资料的勘探方法。

直接用来完成钻探或钻井工程的一切机电设备统称钻探设备，如图 2.19 所示，包括钻机、泥浆（水）泵、动力机和钻塔，以及钻头、各种钻具和附属设备。如果将钻探设备装在载重汽车或拖车上，则为车装式钻机，简称汽车钻，常用于建筑场地的工程地质勘察。

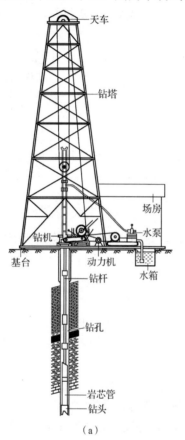 

（a） （b）

图 2.19　钻探设备

钻孔（井眼）的施工过程称为钻进工程，其作业工序是通过钻具底部的钻头破碎岩石而逐渐加深孔身的。通常根据不同的岩石条件和不同的钻进目的，采用不同的方法和技术措施破碎孔底岩石，即采用不同的钻进方法。常用的钻进方法有冲击钻进、回转钻进及冲击回转钻进等。

(1) 冲击钻进。

冲击钻进是利用钻头冲击力破碎岩石的一种钻进方法，即用钻具底部的圆环状钻头向下冲击，破碎钻孔底部的岩石。钻进时将钻具提升到一定高度，利用钻具自重，迅猛放落，钻具在下落时产生的冲击力，会冲击钻孔底部的岩石，使岩石破碎而进一步加深钻孔。冲击钻进只适用于垂直孔（井），钻进深度一般不超过 200m。冲击钻进可分人工冲击钻进和机械冲击钻进。人工冲击钻进适用于黄土、黏性土和砂土等疏松覆盖层的钻进。机械冲击钻进适用于砾石、卵石层和基岩等硬岩的钻进。冲击钻进一般难以取得完整岩芯。

(2) 回转钻进。

回转钻进是利用钻头回转破碎孔底岩石的一种钻进方法。回转钻进的回转力是由地面的钻机带动钻杆旋转传给钻头的。钻进时，钻头受轴向压力同时接受回转力矩而压入、压碎、切削、研磨岩石，使岩石破碎。破碎下来的岩粉、岩屑由循环洗井介质（清水、泥浆等）携带到地表。回转钻进所使用的钻头有硬质合金钻头、钻粒钻头、金刚石钻头、刮刀钻头、牙轮钻头和螺旋钻头（杆）等。其中硬质合金钻头、钻粒钻头、金刚石钻头统称取芯钻头，呈环形，适用于岩芯钻探（环形钻探），钻头对孔底的岩石做环形切削、研磨，由循环冲洗介质带出岩粉，环形中心保留柱状岩芯，适时提取岩芯。而刮刀钻头、牙轮钻头称为不取芯钻头，钻头对孔底的岩石做全面切削、研磨，用循环冲洗介质带出岩粉，连续钻进不提钻。螺旋钻头（杆）形如麻花，适用于黏性土等软土层钻进，下钻时将螺旋钻头旋入土层，提钻时带出扰动土样。通常固体矿产钻探多采用取芯钻头，油气钻探多用不取芯钻头，工程勘察常用螺旋钻头（杆）。

(3) 冲击回转钻进。

冲击回转钻进是一种在回转钻进的同时加入冲击作用的钻进方法。

3) 地球物理勘探

地球物理勘探简称物探，是利用专门仪器来探测地壳表层各种地质体的物理场（电场、磁场、重力场、辐射场、弹性波的应力场等），通过测得的物理场特性和差异来判明地下各种地质现象，获得某些物理性质参数的一种勘探方法。由于地下物质（岩石或矿体等）的物理性质（密度、磁性、电性、弹性、放射性等）存在差异，从而引起相应的地球物理场的局部变化，因此通过测量这些物理场的分布和变化特性，结合已知的地质资料进行分析研究，就可以推断和解释地下岩石性质、地质构造和矿产分布情况。

物探的方法主要有重力勘探、磁法勘探、电法勘探、地震勘探、放射性勘探等，其中最普遍使用的是电法勘探与地震勘探。在初期的工程地质勘察中，常用电法勘探与地震勘探方法来查明勘察区地下地质的初步情况，以及查明地下管线、洞穴等的具体位置。

(1) 电法勘探。

电法勘探是根据岩土体电学性质（如导电性、极化性、导磁性和介电性）的差异，勘查地下工程地质情况的一种物探方法。按照使用电场的性质，电法勘探分为人工电场法和自然电场法两类，其中人工电场法又分为直流电场法和交流电场法。工程地质物探多使用人工电场法，即人工对地质体施加电场（用直流电源通过导线经供电电极向地下供电建立电场），通过电测仪测定地下各种地质体的电阻率大小及其变化，再经过专门解释，探明地层岩性、地质构造、覆盖层厚度、含水层分布和深度、古河道、主导充水裂隙方向、岩溶发育程度等工程地质相关资料。

(2) 地震勘探。

地震勘探是利用人工激发的地震波在弹性不同的地层内传播规律来探测地下地质现象的一种物探方法。在地面某处利用爆炸或敲击激发的地震波向地下传播时，遇到不同弹性的地层分界面就会产生反射或折射波返回地面，用专门的仪器可以记录这些波。根据记录得到的波的传播时间、传播速度、传播距离、振动形状等进行专门计算或仪器处理，能够较准确地测定地层分界面的深度和形态，判断地层岩性、地质构造及其他工程地质问题（如岩土体的动弹性模量、动剪切模量和泊松比等动力参数）。地震勘探直接利用地下岩石的固有特性，如密度、弹性等，较其他物探方法准确，且能探测地表以下很深处，因此地震勘探方法可用于了解地下深部地质结构，如基岩面、覆盖层厚度、风化壳、断层带等地质情况。

3．工程地质测试

工程地质测试也称岩土测试，是在工程地质勘探的基础上，为了进一步研究勘探区内岩土的工程地质性质而进行的试验和测定。工程地质测试有原位测试和室内测试之分。原位测试是在现场岩土体中对不脱离母体的"试件"进行的试验和测定，而室内测试则是将从野外或钻孔取用的试样送到实验室进行的试验和测定。原位测试是在现场条件下直接测定岩土的性质，避免了岩土样在取样、运输及室内试验准备过程中被扰动，因而所得的指标参数，更接近于岩土体的天然状态，一般在重大工程中采用。室内测试的方法比较成熟，所取试样体积小，与自然条件有一定的差异，因而成果不够准确，但能满足一般工程的要求。

原位测试主要有三大任务：一是进行岩土体（地基土）的力学性质和承载力强度试验，二是进行水文地质试验，三是进行地基及基础工程试验。岩土体（地基土）的力学性质和承载力强度试验主要有静力荷载试验、静力触探试验、标准贯入试验、十字板剪切试验等；水文地质试验主要有渗水试验、压水试验和抽水试验等；地基及基础工程试验主要有不良地基灌浆补强试验和桩基础承载力试验等。室内测试主要测定岩土体（地基土）的物理性质指标（密度、界限含水量、含水率、饱和度、孔隙度、孔隙比等）和力学性质指标（压缩变形参数、抗剪强度、抗压强度）等，其内容见前述，此处只介绍4种常用原位测试方法，即静力荷载试验、静力触探试验、标准贯入试验、十字板剪切试验。

1）静力荷载试验

静力荷载试验是研究在静力荷载下岩土体变形性质的一种原位测试方法，主要用于确定地基土的允许承载力和变形模量，研究地基变形范围和应力分布规律等，如图 2.20 所示。试验方法是在现场试坑或钻孔内放一荷载板，在其上依次分级加压（p），测得各级压力下土体的最终沉降值（s），直到荷载板周围的土体有明显的侧向挤出或发生裂纹，即土体已达到极限状态为止。

静力荷载试验的主要成果为在一定压力下的时间沉降曲线（s-t 曲线）和荷载沉降曲线（p-s 曲线）。根据试验过程中每一级压力（p）和相应沉降值（s）绘出的 p-s 曲线，通常可分为三段，反映了土体的三种应力状态或地基土变形性状，如图 2.21 所示。

第 I 段为直线段，p-s 呈线性关系，反映随着荷载（压力）增加，土体稳定压密的应力状态。一般把该直线段的终点所对应的压力 p_{cr} 称为临塑压力（比例界限压力）。

第 II 段为曲线段，p-s 呈非线性关系，曲线斜率 ds/dp 随着荷载增加而增大，反映土体在压密的过程中附加有剪切移动或塑性变形的应力状态。

第III段为陡降段，荷载 p 增加很小，但沉降量 s 却急剧增大，反映土体应力已达到极限状态,土体已剪切破坏。一般把该陡降段的起点所对应的压力 p_u 称为极限压力。

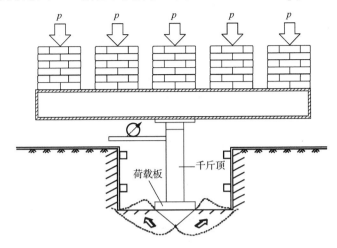

图 2.20　现场静力荷载试验示意图

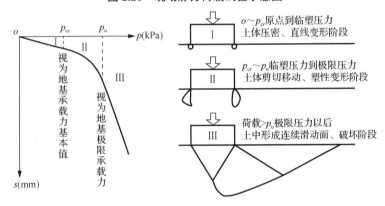

图 2.21　$p\text{-}s$ 曲线

显然,当建筑物基底附加压力$\leqslant p_{cr}$时,地基土的强度是完全保证的,且建筑物的沉降量也较小。当建筑物基底附加压力$>p_{cr}$且$<p_u$时,地基土体不会发生整体破坏,但建筑物的沉降量很大。如果建筑物基底附加压力$\geqslant p_u$时,地基土体就会发生剪切破坏。

因此,根据 $p\text{-}s$ 曲线所反映的地基土变形性状,可以确定地基承载力基本值。对于黏性土、粉土地基,当 $p\text{-}s$ 曲线上有明显的直线段时,可直接取临塑压力 p_{cr} 作为地基承载力基本值 f_0,即 $p_{cr}=f_0$,取极限压力 p_u 作为地基极限承载力 f_u。

2)静力触探试验

静力触探试验是工程地质勘察特别是软土勘察中较为常用的一种原位测试方法,如图 2.22 所示。静力触探的仪器设备包括探杆、带有电测传感器的探头、压入主机、数据采集记录仪等,常将全部仪器设备组装在汽车上,制造成静力触探车,也有轻便、实用的静力触探仪。静力触探试验是用压入装置,以 20mm/s 的匀速静力,将探头压入被试验的土层,用电阻应变仪测量出不同深度土层的贯入阻力等,以确定地基土的物理、力学性质及划分土类。静力触探试验适用于软土、黏性土、粉土、砂土和含少量碎石的土。

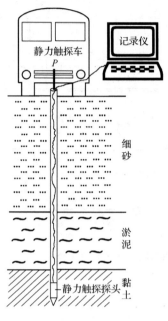

图 2.22 静力触探试验

按传感器的功能,静力触探分为常规的静力触探(单桥探头、双桥探头)和孔压静力触探。单桥探头测定的是比贯入阻力(p_s),p_s=总贯入阻力 p/探头锥尖底面积 A。双桥探头测定的是锥尖阻力(q_c)和侧壁摩阻力(f_s)。孔压静力触探试验是在单桥探头或双桥探头上增加能测量贯入土中时的孔隙水压力(u,简称孔压)的传感器元件,测定其贯入阻力及孔隙水压力。

目前国际上广泛使用标准规格的双桥探头和孔压静力触探试验,而我国有些地方还习惯使用传统的单桥探头,虽然近 20 多年来双桥探头在工程勘察中大量使用,但一些技术指标与国际标准还存在一定差距,孔压静力触探技术还有待推广应用。

静力触探试验的主要成果有,比贯入阻力-深度(p_s-h)关系曲线,锥尖阻力与深度(q_c-h)和侧壁摩阻力与深度(f_s-h)关系曲线(图 2.23),摩阻比与深度(R_f-h)关系曲线。摩阻比 $R_f=(f_s/q_c)\times100\%$。

根据目前的研究与经验,静力触探试验成果可以用来划分土层,评定地基土的强度和变形参数,以及地基承载力等。例如,《铁路工程地质原位测试规程》(TB 10018—2018)提出用双桥探头测定的锥尖阻力 q_c 和摩阻比 R_f 进行土的分类(图 2.24)。

3)标准贯入试验

标准贯入试验是用 63.5kg 的穿心重锤,以 76cm 的落距反复提起和自动脱钩落下,锤击一定尺寸的圆筒形贯入器,将其贯(打)入土中,测定每贯入 30cm 厚土层所需的锤击数(N),以此确定该深度土层性质和承载力的一种动力触探方法,如图 2.25 所示。

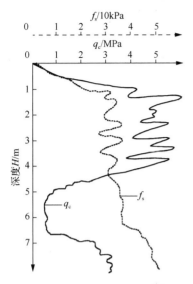

图 2.23 锥尖阻力与深度和侧壁摩阻力与深度关系曲线示意图

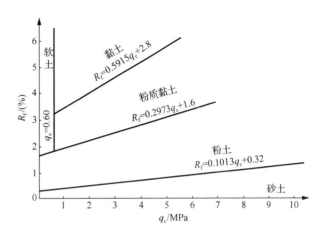

图 2.24 双桥探头参数判别土类

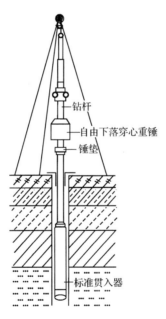

图 2.25 标准贯入试验

标准贯入试验常在钻孔中进行,既可在钻孔全深度范围内等间距进行,也可仅在砂土、粉土等土层范围内等间距进行。先用钻具钻至试验土层以上 15cm 处,清除残土,将贯入器竖直贯(打)入土中 15cm 后,开始记录每打入 10cm 的锤击数,累计贯入土中 30cm 的锤击数,即为标贯击数 N 或 $N_{63.5}$ 值。如遇到硬土层,累计锤击数 n 已达 50 击,而贯入深度未达 30cm 时,应终止试验,记录 50 击的实际贯入 Δs,按公式($N=30n/\Delta s$,即 $N=30×50/\Delta s$)换算成贯入 30cm 的锤击数 N。然后旋转钻杆提起贯入器,取出贯入器中的土样进行鉴定、描述、记录并测量其长度。

标准贯入试验的主要成果有，标贯击数与深度（N-H）关系曲线和标贯孔工程地质柱状图（图 2.26）。

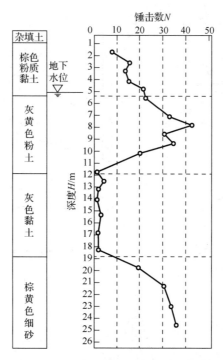

图 2.26　标贯击数与深度关系曲线和标贯孔工程地质柱状图

标准贯入试验成果可以用来判断土的密实度和稠度、估算土的强度与变形指标、判别砂土液化、确定地基承载力、划分土层等。

例如，根据标贯击数 N 可将砂土划分为密实（$N>30$）、中密（$15<N\leqslant30$）、稍密（$10<N\leqslant15$）和松散（$N\leqslant10$）四类，可将黏性土划分为坚硬（$N>30$）、很硬（$15<N\leqslant30$）、硬（$8<N\leqslant15$）、中等（$4<N\leqslant8$）、软（$2<N\leqslant4$）、极软（$N\leqslant2$）六类。

砂土液化是指饱和疏松砂土受到振动时因孔隙水压力骤增而发生液化的现象。对于饱和的砂土和粉土，当初判为可能液化或需要考虑液化影响时，可采用标准贯入试验锤击数（N）进一步确定其地震液化的可能性及液化等级。根据现行《建筑抗震设计规范（2016 年版）》（GB 50011—2010），当饱和砂土或粉土实测标贯击数 N 小于式（2.55）确定的临界值 N_{cr} 时，应判为液化土。

$$N_{cr} = N_0 \beta [\ln(0.6 d_s + 1.5) - 0.1 d_w]\sqrt{3/\rho_c} \tag{2.55}$$

式中：N_{cr}——饱和土液化临界标贯击数；

　　　N_0——饱和土液化判别的标贯击数基准值，可按表 2-21 采用；

　　　d_s——饱和土标准贯入点深度，m；

　　　d_w——地下水位深度，m；

　　　ρ_c——饱和土的黏粒含量百分率，当 ρ_c(%)<3 时，取 ρ_c=3；

　　　β——调整系数，设计地震第一组取 0.80，第二组取 0.95，第三组取 1.05。

表 2-21 饱和土液化判别的标贯击数基准值

设计基本地震加速度（g）	0.10	0.15	0.20	0.30	0.40
饱和土液化判别的标贯击数基准值	7	10	12	16	19

对存在液化土层的地基，应探明各液化土层的深度和厚度，按式（2.56）计算每个钻孔的液化指数，并按表 2-22 综合划分地基的液化等级。

$$I_{lE} = \sum_{i=1}^{n}\left(1-\frac{N_i}{N_{\text{cri}}}\right)d_i w_i \tag{2.56}$$

式中：I_{lE}——液化指数；

n——在判别深度范围内每一个钻孔标准贯入试验点的总数；

N_i、N_{cri}——分别为 i 点标贯击数的实测值和临界值（当实测值大于临界值时应取临界值；当只需要判别 15m 范围以内的液化时，15m 以下的实测值可按临界值采用）；

d_i——i 点所代表的土层厚度（m），可采用与该标准贯入试验点相邻的上、下两标准贯入试验点深度差的一半，但上界不高于地下水位深度，下界不深于液化深度；

w_i——i 土层单位土层厚度的层位影响权函数值（m^{-1}），当该层中点深度不大于 5m 时采用 10，等于 20m 时采用 0，5~20m 时按线性内插法取值。

表 2-22 液化等级与液化指数的对应关系

液化等级	轻微	中等	严重
液化指数 I_{lE}	$0<I_{lE}\leqslant 6$	$6<I_{lE}\leqslant 18$	$I_{lE}>18$

标贯击数 N 值，可对砂土、粉土、黏性土的物理状态，土的强度、变形参数、地基承载力、单桩承载力，砂土和粉土的液化，成桩的可能性等做出评价。应用 N 值时是否修正和如何修正，应根据建立统计关系时的具体情况确定。

4）十字板剪切试验

十字板剪切试验是采用十字板剪切仪，在现场测定饱和软黏土的抗剪强度的一种原位测试方法。其基本原理是施加一定的扭转力矩，将土体剪切破坏，测定土体对抵抗扭剪的最大力矩，并假定土体的内摩擦角等于零（$\varphi=0$），通过换算、计算得到土体的抗剪强度值。机械式十字板剪切仪主要由十字板头、加荷传力装置（轴杆、转盘、导轮等）和测力装置（钢环、百分表等）三部分组成。其中十字板头由厚度为 3mm 的长方形钢板以横截面呈十字形焊接在轴杆上构成。

试验时将十字板头压入被测试的土层中，或将十字板头装在钻杆前端压入打好的钻孔底以下 0.75m 左右的被测试土层中（图 2.27），然后缓慢匀速摇动手柄旋转[大约以 10s/rad 或 10s/（°）的速度转动]，每转记录钢环变形的百分表读数一次，直到读数不再增加或开始减小（即土体已经被剪切破坏）为止。试验一般要求在 3~10min 内把土体剪切破坏，以免在剪切过程中产生的孔隙压力消散。

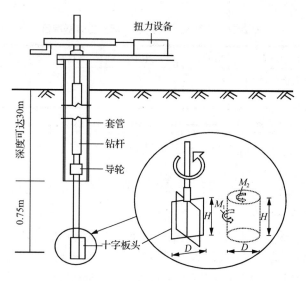

图 2.27　十字板剪切试验示意图

设十字板的高度为 H（m），宽度为 D（m），则当转动插入土层中的十字板头时，在土层中产生的破坏状态接近于一个高度为 H（m）、转动直径为 D（m）的圆柱体。假定该圆柱体的圆柱面和上、下两个端面上的各点强度都相等，则饱和黏土的不排水抗剪强度 C_u 为

$$C_u = \frac{2M}{\pi D^2 H(1+D/3H)} \tag{2.57}$$

式中：M——土体破坏时的抵抗力矩，kN·m；
$\quad\quad D$——圆柱体的直径，对于软黏土，其相当于十字板的宽度，m；
$\quad\quad H$——圆柱体的高度，对于软黏土，其相当于十字板的高度，m。

因此，土体破坏时所产生的抵抗力矩 M 为

$$M = M_1 + M_2 \tag{2.58}$$

$$M_1 = C_u \pi D H \frac{1}{2} D \tag{2.59}$$

$$M_2 = 2C_u \times \frac{1}{4}\pi D^2 \times \frac{2}{3} \times \frac{1}{2}D \tag{2.60}$$

式中：M_1——圆柱体的圆柱面所产生的抵抗力矩，kN·m；
$\quad\quad M_2$——圆柱体上、下两个端面所产生的抵抗力矩，kN·m；
$\quad\quad C_u$——饱和黏土的不排水抗剪强度，kPa。

4．工程地质长期观测

工程地质长期观测是指在工程勘察、施工阶段以至完工以后，对某些工程地质条件和某些工程地质问题进行长期观测，以了解其随时间变化的规律及发展趋势，从而验证、预测、评价其对工程建筑和地质环境的影响。工程地质长期观测的内容有地下水动态（水位、水量、水质），各种物理地质现象，如滑坡动态、斜坡岩土体变形、水库坍岸、地基沉降速度及各部分沉降差异，以及建筑物变形等。观测时间为定期或不定期，其间隔和长短，视

观测内容需要和变化特点而定。

思 考 题

1. 简述工程岩土勘察的目的。
2. 简述工程岩土勘察的阶段。
3. 静力触探分为几种？静力触探试验的主要成果有哪些？
4. 如何根据双桥探头测定的锥尖阻力（q_c）曲线大致判别土的性质和类型？
5. 标贯击数 N 值是如何得到的？如何根据 N 值大致确定地基承载力？

任务 2.4 工程地质勘察要点

2.4.1　工业与民用建筑工程的勘察要点

工业建筑是指供工业生产使用的建筑物，包括专供生产使用的各种车间、厂房、电站、水塔、烟囱和栈桥等。民用建筑是居民住宅建筑和公共事业建筑的总称。居民住宅建筑是指供居民生活起居使用的建筑物，如住宅、宿舍等。公共事业建筑是指供人们进行社会公共活动的非生产性建筑物，如办公楼、图书馆、学校、医院、影剧院、体育馆、展览馆、大会堂、车站等。

工业与民用建筑工程的地质问题主要有地基稳定性问题、地下水的侵蚀性问题、建筑物的合理配置问题、地基的施工条件问题等。

工业与民用建筑工程的地质勘察一般是分阶段进行的，即分为可行性研究勘察阶段、初步勘察阶段、详细勘察阶段和施工勘察阶段。当建筑场地的工程地质条件简单，工程规模不大且无特殊要求时，上述勘察阶段可适当简化或合并进行。

1. 可行性研究勘察阶段

可行性研究勘察阶段主要进行现场踏勘，搜集区域地质、地形地貌、地震、矿产资源和文物古迹及当地和邻近地区工程建筑经验，或必要的工程地质测绘和勘探工作。根据地层构造、岩土性质、地质灾害等工程地质条件，对拟建场地的适宜性做出评价，以优选场址。一般情况下，拟建建筑场地应避开下列地段。

（1）地质灾害发育且对场地稳定性有直接危害或潜在威胁的地段。
（2）地基土性质严重不良的地段。
（3）对建筑物抗震有危险的地段。
（4）洪水或地下水对建筑场地有严重不良影响的地段。
（5）地下有未开采的有价值矿藏的地段或未稳定的地下采空区。

2. 初步勘察阶段

初步勘察阶段的任务主要是对场地内建筑地段的稳定性做出评价,为建筑物的基础类型及不利地质条件的防治措施等提供可靠的工程地质资料,其勘察要点如下。

(1) 查明场地的地形地貌、地层构造、岩土性质、地下水埋藏条件等。

(2) 查明地质灾害的发育、危害程度及其成因和分布范围。

(3) 查明地基土的成因类型、工程地质性质、淤泥等软弱土层的埋藏、分布范围。

(4) 了解水文地质情况,分析其对建筑物混凝土基础的侵蚀性。

(5) 对抗震设防烈度大于 6 度的场地,应判定场地和地基的地震效应。

初步勘察通常要求进行工程地质测绘和钻探。根据场地工程地质条件的复杂程度,结合建筑物的种类,确定勘察等级及钻孔间距和钻孔深度,见表 2-23。

表 2-23 勘察等级及钻孔间距和钻孔深度

勘察等级	钻孔间距/m		钻孔深度/m	
	勘探线距	勘探点距	一般性勘探孔	控制性勘探孔
一级	50~100	30~50	≥15	≥30
二级	75~150	40~100	10~15	15~30
三级	150~300	75~200	6~10	10~20

3. 详细勘察阶段

详细勘察阶段的任务主要是,针对不同建筑物或建筑群提供详细的工程地质勘察资料和设计所需的可靠岩土技术参数;对建筑地基土做出岩土工程分析评价,对基础设计、地基处理、地质灾害的防治等具体方案做出论证和建议,其勘察要点如下。

(1) 详细查明组成地基土的各层岩土的类别、结构、厚度、工程特性等。

(2) 评价和计算地基的稳定性和承载力。

(3) 对需要进行沉降计算的建筑物,提供地基变形参数,预测建筑物的沉降与倾斜。

(4) 预测建筑物在施工和使用过程中可能发生的工程地质问题,并提出防治建议。

详细勘察阶段的钻孔间距根据工程地质勘察等级确定,一级勘察孔距 10~15m,二级勘察孔距 15~30m,三级勘察孔距 30~50m。钻孔深度自基础底面算起,勘探孔深度应能控制地基主要受力层,当基础底面宽度不大于 5m 时,勘探孔的深度对条形基础不应小于基础底面宽度的 3 倍,对单独柱基不应小于 1.5 倍,且不应小于 5m。当有大面积地面堆载或软弱下卧层时,应适当加深控制性勘探孔的深度。在上述规定深度内遇基岩或厚层碎石土等稳定地层时,勘探孔深度可根据情况进行调整。

4. 施工勘察阶段

对工程地质条件复杂的或有特殊施工要求的重大建筑物地基,当基槽开挖后,地质情况与原勘察资料严重不符而可能影响工程质量时,应配合设计和施工部门进行补充性的施工阶段地质勘察工作。

2.4.2 高层与超高层建筑工程的勘察要点

我国现行行业标准《高层建筑混凝土结构技术规程》（JGJ 3—2010）规定，10层及10层以上或房屋高度大于28m的住宅建筑和房屋高度大于24m的其他高层民用建筑为高层建筑。

高层与超高层建筑工程的地质问题主要有地基承载力问题、变形和倾斜问题、基础选型问题、深基坑开挖和环境问题、抗震设计问题等。

高层与超高层建筑的基础传递荷载大，且一般高层与超高层建筑都设有裙楼，因此其地基附加应力分布更加趋于不均匀。故高层与超高层建筑一般都采用深基础，但这又导致地基变形的影响范围和深度加大，给工程地质勘察工作提出了更高的要求。

高层与超高层建筑工程的地质勘察一般是在城市详细规划的基础上进行的。其勘察工作常分初步勘察和详细勘察两个阶段进行。

1．初步勘察阶段

初步勘察阶段的工作任务主要是，对高层与超高层建筑场地的适宜性和地基稳定性做出明确结论，为确定高层与超高层建筑物的规模、平面造型、地下室层数及基础类型等提供可靠的地质资料。

首先，收集和利用城市规划中已有的气候（风向和风力）、工程地质和水文地质等资料，其次，着重研究地质环境中的地震及地基中是否存在软弱土层和其他不稳定因素。最后，在地震烈度较高地区，必须查明地基中可能液化土层的埋深及分布情况，并提供有关抗震设计所需的参数。初步勘察阶段需要进行少量钻探，钻孔间距小于30m，确保每一幢单独高层或超高层建筑的地基都有钻孔控制。

2．详细勘察阶段

详细勘察阶段的工作任务主要是，为高层与超高层建筑基础设计和施工方案提供准确的定量指标和计算参数。

详细勘察阶段需进行大量的钻探和室内试验，并进行大型现场原位测试，应适当布置一些坑槽和浅井。

我国现行行业标准《高层建筑岩土工程勘察标准》（JGJ/T 72—2017）规定，对勘察等级为甲级的高层建筑，当基础宽度超过30m时，应在中心点或电梯井、核心筒部位布设勘探点。单幢高层建筑的勘探点数量，对勘察等级为甲级及其以上的不应少于5个，乙级不应少于4个。控制性勘探点的数量，对勘察等级为甲级及其以上的不应少于3个，乙级不应少于2个。相邻的高层建筑，钻孔可相互共用。箱形基础勘探孔的间距，一般根据地层的变化和建筑物的具体要求而定，通常为15～30m，孔深从箱形基础底面算起。若遇基岩、硬土或软土时，孔深可适当减小或增大。桩基础勘探孔的间距，一般根据桩端持力层顶板起伏情况而定。当其起伏不大时，孔距为12～24m；否则，应适当加密，甚至按每桩1孔布置。

高层与超高层建筑对抗震、抗风等有较高要求，故在室内试验中，除对地基土进行常规物理力学试验外，还要进行必要的前期固结压力试验、反复加卸荷载的固结试验、三轴试验等。

在高层与超高层建筑基础的关键部位，一般需要进行现场原位试验，如静力荷载试验、静力触探试验、标准贯入试验、十字板剪切试验、回弹测试和基底接触反力测试等，以校核室内试验的成果。采用箱形基础时还要测定地基土中地下水位以下至设计箱形基础底面附近各土层的渗透系数。采用桩基础时需做压桩试验，确定其抗压承载力和沉降。对重要的高层与超高层建筑，还须进行基础沉降、建筑物整体倾斜等长期观测。

2.4.3 道路工程的勘察要点

道路是陆地上绵延长度极大的线形构筑物。一般意义上的道路是指公路和铁路。道路结构由三类构筑物所组成：第一类为路基，包括路堤和路堑；第二类为桥隧，如桥梁、隧道、涵洞等；第三类为防护构筑物，如明洞、挡土墙、护坡、排水盲沟等。在不同的道路中，各类构筑物的比例不同，主要取决于路线所经地区的工程地质条件。

路基是道路的主体构筑物。道路的工程地质问题主要是路基工程地质问题。在平原地区比较简单，路基工程地质问题较少。但在丘陵和山区，尤其是在地形起伏较大的山区修建道路时，往往需要通过高填或深挖才能满足线路最大纵向坡度的要求。因此，路基的主要工程地质问题是路基边坡稳定性问题、路基基底稳定性问题、路基土冻害问题及天然构筑材料问题等。

道路工程地质勘察工作常分为可行性研究勘察阶段、初步勘察阶段、详细勘察阶段和施工勘察阶段。当工程地质条件简单且路线长度不大时，勘察阶段可适当简化或合并。

1. 可行性研究勘察阶段

可行性研究勘察阶段的工作任务主要是，按照规划指定道路起讫点及所经地区修建道路的可能性，选出几个较好的线路方案；重点了解在线路两侧垂直方向 3～5km 宽度范围内是否存在可能会影响道路稳定、安全的不良工程地质条件。勘察方法是以调查为主，收集和利用拟建路段已有的地理、地形地貌、地质、地震、水文、气象等资料进行分析研究，必要时进行适当的工程地质勘察工作。其勘察要点如下。

（1）了解各路线走廊或通道的地形地貌、地层岩性、地质构造、水文地质条件、地震动参数、不良地质和特殊性岩土的类型、分布及发育规律。

（2）初步查明沿线水库、矿区的分布情况及其与路线的关系。

（3）对控制路线方案的越岭地段、区域性断裂通过的峡谷、区域性储水构造，初步查明其地层岩性、地质构造、水文地质条件及潜在不良地质的类型、规模、发育情况。

（4）初步查明筑路材料的分布、开采、运输条件及工程用水的水质、水源情况。

（5）评价各路线走廊或通道的工程地质条件，分析存在的工程地质问题。

2. 初步勘察阶段

初步勘察阶段是在可行性研究方案的基础上，确定出一条经济合理、技术可行的线路，一般是在可行性研究路线方案宽度 500m 范围内进行较大比例尺的补充测绘工作，分析评价工程地质对道路安全稳定、施工条件和营运养护的长期影响，合理选定路线方案。其勘察要点如下。

（1）查明道路沿线地形地貌的成因、类型、分布、形态和地表植被情况。

（2）查明地层岩性、地质构造、岩石的风化程度、边坡的岩体类型和结构类型，以及层理面、节理面、断裂面、软弱夹层等结构面的产状、规模、倾向情况。

（3）查明覆盖层的厚度、土质类型、密实度、含水状态和物理力学性质。

（4）查明路线两侧不良地质与特殊性岩土的成因类型、性质和分布范围。

（5）地下水和地表水发育情况及腐蚀性评价。

初步勘察阶段采用钻探与简易勘探、原位测试相结合的勘察方法。工程地质条件简单时，每千米不得少于 2 个勘探点；工程地质条件复杂时，应增加勘探点数量。我国现行行业标准《公路工程地质勘察规范》（JTG C20—2011）对软土路基初步勘察阶段勘探点间距要求见表 2-24。

表 2-24 软土路基初步勘察阶段勘探点间距要求

场地类别	公路等级	钻探点间距/m	静力触探每千米点数
简单场地	二级及二级以上	1000～700	3～4
	二级以下	1500～1000	2
复杂场地	二级及二级以上	700～500	3～5
	二级以下	1000～700	3

3．详细勘察阶段

详细勘察阶段的主要工作任务是，在已经确定的线路上，以钻探与简易勘探、原位测试相结合的勘察方法，详细查明沿线的地质构造、岩土类别、土的物理、力学性质、基岩风化情况、地下水埋深和变化规律、地表水活动情况；详细查明沿线不良地质与特殊性岩土分布范围及其工程特性；分析路基基底的稳定性，提供填方路段土石料的强度指标、变形参数及边坡坡度允许值；提出对已确定存在不稳定的斜坡路堤要采取的处理方案，对地层可能滑动的岩土界面进行测试并掌握其各种物理、力学性质指标，重点是抗剪、抗滑指标，以满足工程施工图设计和施工的要求。《公路工程地质勘察规范》（JTG C20—2011）对软土路基详细勘察阶段勘探点间距要求见表 2-25。

表 2-25 软土路基详细勘察阶段勘探点间距要求

场地类别	公路等级	钻探点间距/m	静力触探每千米点数
简单场地	二级及二级以上	500～700	3～4
	二级以下	700～1000	2～3
复杂场地	二级及二级以上	300～500	4～6
	二级以下	500～1000	3～4

4．施工勘察阶段

对地形地貌单元变化较大、不良地质与特殊性岩土发育的道路工程地段，当基槽开挖

后，发现地质情况与原勘察资料有较大变化并可能影响路基及边坡稳定性时，应配合设计和施工部门进行补充性的施工阶段地质勘察工作。

2.4.4 桥梁工程的勘察要点

桥梁是道路工程中的重要组成部分，也是道路选线时考虑的重要因素之一。桥梁工程的特点是通过桥墩和桥台把桥梁上的荷载，如桥梁本身自重、车辆和行人荷载，传递到地基中去。桥梁工程一般都建造在沟谷和江河湖海上，由于这些地区本身工程地质条件就比较复杂，加之桥墩和桥台的基础需要深挖埋设，因此使问题更为复杂。

桥梁的主要工程地质问题集中于桥墩和桥台，包括桥墩和桥台地基稳定性、桥台的偏心受压、桥墩和桥台地基基础的冲刷问题等。

桥梁工程地质勘察一般包括两大内容：一是对各个比较方案进行调查，选择地质条件比较好的桥位；二是对选定的桥位进行详细的工程地质勘察，为桥梁及其附属工程的设计和施工提供地质资料。勘察工作常分为可行性研究勘察阶段、初步勘察阶段、详细勘察阶段和施工勘察阶段，对于工程地质条件简单且工程规模不大的中小桥梁，上述勘察阶段可适当简化或合并。

1．可行性研究勘察阶段

可行性研究勘察阶段的工作任务是，查明各条线路方案桥址的工程地质条件，对建桥适宜性和稳定性做出结论性评价，为选择最优方案、初步论证桥梁基础类型和施工方法提供必要的工程地质资料。勘察方法以调查为主，收集和利用拟建桥梁已有的地理、地形地貌、地质、地震、水文、气象等资料进行分析研究，对于特大型桥梁或特殊结构桥梁宜进行适当的工程地质钻探工作，初步查明桥位区地层岩性、地质构造，河床及岸坡的稳定性，不良地质和特殊性岩土的类型、性质、分布范围及发育规律。

2．初步勘察阶段

初步勘察阶段的工作任务是，初步查明地层分布、构造、岩土物理学性质、水文等工程地质条件，为论证桥梁基础类型和施工方法提供必要的工程地质资料。其勘察要点如下。

（1）查明河谷的地质及地貌特征，覆盖层的性质、结构和厚度，基岩的地质构造、性质和埋藏深度。

（2）确定桥梁基础范围内的基岩类型，获取其强度指标和变形参数。

（3）阐明桥址区内第四纪沉积物及基岩中含水层状况、水头高及地下水的侵蚀性，并进行抽水试验、研究岩石的渗透性。

（4）论述滑坡及岸边冲刷对桥址区内岸坡稳定性的影响，查明河床下岩溶发育情况及区域地震基本烈度等问题。

勘察方法以钻探、原位测试为主，辅以必要的现场地质调绘、简易勘探和物探工作。初步勘察阶段特大桥、大桥和中桥的钻孔数量可按表 2-26 确定，小桥的钻孔数量每座不宜少于 1 个，深水、大跨桥梁基础及锚碇基础的钻孔数量应根据实际地质情况及基础工程方案确定。

表 2-26　初步勘察阶段桥位钻孔数量表

桥梁类型	工程地质条件简单	工程地质条件复杂
中桥	2～3	3～4
大桥	3～5	5～7
特大桥	≥5	≥7

勘探深度应符合以下要求。

(1) 基础置于覆盖层内时，勘探深度应至持力层或桩端以下不小于 3m；在此深度内遇有软弱层发育时，应穿过软弱层至坚硬土层内不小于 1m。

(2) 覆盖层较薄，下伏基岩风化层不厚时，对于较坚硬岩或坚硬岩，钻孔钻入微风化基岩内不宜小于 3m；极软岩、软岩或较软岩，钻入未风化基岩内不宜小于 5m。

(3) 覆盖层较薄，下伏基岩风化层较厚时，对于较坚硬岩或坚硬岩，钻孔钻入中风化基岩内不宜小于 3m；极软岩、软岩或较软岩，钻入未风化基岩内不宜小于 5m。

(4) 地层变化复杂的桥位，应布置加深控制性钻孔，探明桥位地质情况。

3. 详细勘察阶段

详细勘察阶段的工作任务是在选定桥址后，进行详细勘探，勘察方法以钻探为主，为桥墩和桥台施工图设计提供所需要的工程地质参数。其勘察要点如下。

(1) 探明桥墩和桥台地基的覆盖层及基岩风化层的厚度、岩体的风化与构造破碎程度、软弱夹层情况和地下水状态；测试岩土的物理、力学性质，提供地基的基本承载力等，为最终确定桥墩和桥台地基基础埋置深度提供地质依据。

(2) 提供地基附加应力分布线计算深度内各类岩石的强度指标和变形参数，提出地基承载力参考值。

(3) 查明水文地质条件对桥墩和桥台地基基础稳定性的影响。

(4) 查明各种不良地质作用或地质灾害对桥梁施工过程和成桥后的不利影响，并提出预防和处理措施的建议。

详细勘察阶段桥梁墩、台的勘探钻孔应根据地质条件，按图 2.28 在基础的周边或中心布置。当有特殊性岩土、不良地质或基础设计施工需进一步探明地质情况时，可在轮廓线外围布孔，或与原位测试、物探结合进行综合勘探。

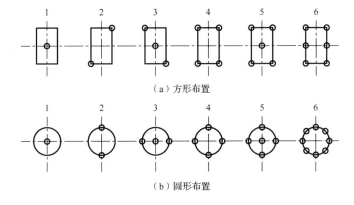

图 2.28　详细勘察阶段桥梁墩、台的勘探钻孔布置示意图

工程地质条件简单的桥位，每个墩、台宜布置1个钻孔；工程地质条件较复杂的桥位，每个墩、台的钻孔数量不得少于1个。遇有断裂带、软弱夹层等不良地质或工程地质条件复杂时，应结合现场地质条件及基础工程设计要求确定每个墩、台的钻孔数量。

钻孔深度应根据基础类型和地基的地质条件确定，对于天然地基或浅基础，钻孔钻入持力层以下的深度不得小于3m；对于桩基、沉井、锚碇基础，钻孔钻入持力层以下的深度不得小于5m。持力层下有软弱地层分布时，钻孔深度应加深。

4．施工勘察阶段

对不良地质与特殊性岩土发育（如滑坡、岩溶、采空区、断裂构造等）的桥址区，桥梁基础施工过程中发现地质情况变化较大并可能影响桥梁墩、台基础稳定性时，应配合设计和施工部门进行补充性的施工阶段地质勘察工作。

2.4.5 航道工程的勘察要点

航道是指在内河、湖泊、港湾等水域内供船舶及排筏安全航行的通道，是水运工程的基础设施，按形成原因分为天然航道和人工航道（运河）。航道工程是开拓航道和改善航道航行条件的工程，常包括以下几个方面：①航道疏浚；②航道整治，如山区航道整治、平原航道整治、河口航道整治；③渠化工程及其他通航建筑物；④径流调节，利用在浅滩上游建造的水库调节流量，以满足水库下游航道水深的要求；⑤绞滩；⑥开挖运河。在河流上兴建航道工程时，应统筹兼顾航运与防洪、灌溉、水力发电等方面的利益，进行综合治理与开发，以谋求国民经济的最大效益。在选定航道工程措施时，应根据河流的自然特点，进行技术经济比较后确定。

平原区航道工程的主要地质问题是堤岸边坡稳定性问题，而在丘陵和山区的航道工程涉及的工程地质问题较多，主要工程地质问题除堤岸边坡稳定性外，还有堤坝、通航建筑物（如船闸）基底稳定性问题、渗流稳定性问题及天然构筑材料问题等。

航道工程地质勘察工作常分为可行性研究阶段、初步设计阶段、施工图设计阶段。当航道等级不高且工程地质条件简单时，上述勘察阶段可适当简化或合并。

1．可行性研究阶段

可行性研究阶段的工程地质勘察，主要配合设计选线，进行多方案比选，从经济性、实用性、安全性进行投资估算，控制工程的投资额度。因此需要选择适当的勘察方法和确定工作量，查明航道沿线的工程地质、水文地质条件及主要不良地质问题。对于影响方案取舍的重大工程地质问题，应进行专门的调查、勘察和试验研究工作，并采用同等的工作深度，进行各个线位方案的工程地质、水文地质条件的比选，从地质角度考虑，提出选线的最佳方案。其勘察要点如下。

（1）调查了解各地貌单元、地质构造、岩土层分布及其成因类型、形成时代、产状要素、物理力学性质。

（2）调查地下水类型、含水层的性质，承压含水层的厚度、透水性、承压水头以及顶板和底板的位置，各含水层和地表水体的层间水力联系。

（3）调查不良地质作用、特殊性岩土及其特性，并做出初步评价。

(4) 初步评价开挖边坡、护岸稳定性,并提出边坡坡率建议值。

可行性研究阶段宜采用钻探、坑探、槽探、原位测试或物探等综合勘察方法。根据我国现行行业标准《水运工程岩土勘察规范》(JTS 133—2013),勘探线、勘探点布置按表2-27确定,并结合钻探、坑探、槽探进行水文地质简易观测,工程需要时可进行专门水文地质试验。

表 2-27 可行性研究阶段勘探线、勘探点布置表

工程类别		勘探线间距或勘探线条数	勘探点间距
炸礁		50~150m	100~150m
整治筑坝工程、护滩和航道浅区		1 条	200~500m,且锁坝不少于2个,导堤不少于4个
运河工程	地质条件复杂	1 条	500~1000m
	地质条件简单	1 条	1000~2000m
护岸		1 条	1000~2000m

2. 初步设计阶段

初步设计阶段的工程地质勘察,是在可行性研究阶段方案比选的基础上,在经过审查而确定的线路方案上继续进行深化的地质勘察工作,其主要任务是提出岩土的物理性质、力学性质指标、水理性质指标,为运河航道的开挖、疏浚设计提供各种岩土参数,并对各种勘察手段和方法所得的成果进行相互验证,确保工程经济性、合理性和安全性。同时还应重点查明航道沿线工程地质、水文地质条件和不良地质问题,为运河航道开挖、工程段岸坡防护、堤防工程地基处理和施工方案设计提供地质依据。

常规勘察工作应包括下列内容。

(1) 查明各地貌单元的形态、岩土类别、成因、时代、性质及其分布规律;查明与工程建设有关的地质构造及其发育特征,重点查明断裂、岩层产状、节理裂隙的分布及其特征。

(2) 查明不良地质作用的类型、分布范围或边界条件、发育程度和形成原因,论证对航道工程建筑物稳定性、开挖边坡稳定性的影响程度,并提出防治措施的建议。

(3) 查明地下水类型、含水层性质、补给与排泄条件、水位变化幅度;查明承压含水层厚度、透水性、承压水头以及顶板和底板位置,各含水层和地表水体的层间水力联系;查明透水层、相对隔水层的分布和特性;必要时,需查明与场地外水域相通的地基透水层及各土层的孔隙水压力。

(4) 分析评价地基、岸坡或边坡稳定性,提出基础形式、基础持力层和地基处理的建议。

(5) 对抗震设防烈度大于或等于6度的地区,涉及建筑物或坡体稳定性方面的工程,进行场地和地基地震效应的岩土工程勘察。

初步设计阶段工程地质勘察采用工程地质调查、测绘、勘探、原位测试和室内试验相结合的方法进行。勘察工作的范围应为已确定的工程实施范围或工程建筑物场地及其影响区。勘探线和勘探点宜在比例尺为1:1000或1:2000的地形图上布置。勘探线和勘探点

的间距，应根据工程要求、地貌特征、岩土分布、不良地质作用发育情况等确定。初步设计阶段勘探线、勘探点的布置可按表 2-28 确定。

表 2-28 初步设计阶段勘探线、勘探点布置表

工程类别		勘探线、勘探点布置方法	勘探线距或条数		勘探点距或点数	
			地质条件简单	地质条件复杂	地质条件简单	地质条件复杂
炸礁	陆上炸礁	平行礁石长轴线方向布置	50～100m		50～100m	
	水下炸礁	根据礁石具体分布状况布置	根据礁石具体分布状况确定，地形起伏大者线距不大于50m		根据礁石顶面形状和有无覆盖层确定，复杂者间距25～50m	
整治筑坝和护滩、护底、航道浅区	丁坝、顺坝、护滩、护底、锁坝	平行长轴线方向的纵向布置及垂直长轴线方向的横向布置	每道1条纵向勘探线和若干条横向勘探线		纵向100～300m且不少于2个，横向每条不少于2个	
	导堤		每道1条纵向勘探线和若干条横向勘探线		纵向100～300m，横向每条不少于3个	
	航道浅区	—	1条纵向勘探线及适当的横向勘探线		纵向不大于500m，当地质条件复杂时，横向1～2个	
运河开挖		平行岸线的纵向布置及垂直岸线的横向布置	纵向1～2条勘探线，横向若干条		纵向点距200～500m，横向每条3个	
护岸	斜坡式	平行岸线的纵向布置及垂直岸线的横向布置	纵向1条勘探线，横向若干条		纵向点距200～500m，横向每条2个，坡顶坡脚各1个	
	直立式和混合式	沿护岸纵向布置	1条	2条	100～300m	50～100m
		垂直岸线方向布置	200～1000m	100～200m	20～50m	不大于20m
大型航道标志	塔型标	塔基处呈等边三角形	—		3个，遇基岩时1～2个	
	大型标牌	在两只牌脚处布置	—		各1个	

注：1. 勘察对象中的丁坝、顺坝、护滩、护底，坝体长度大于500m取大值或适当增加。
  2. 锁坝坝体高大者取大值。
  3. 四级及以下航道工程和小窜沟上的锁坝工程勘探线、勘探点间距可适当放宽。
  4. 斜坡式护岸，在岩土层地质结构复杂和近岸有凼沟地段，适当增加勘探点。

3. 施工图设计阶段

施工图设计阶段勘察应在初步设计阶段勘察的基础上进一步查明场地的工程地质、水文地质条件，对工程场地做出岩土工程评价，提供施工图设计、施工所需的岩土参数，满足施工图设计、施工及不良地质作用防治的需要。

新线运河开挖工程施工图设计阶段勘察勘探线应在前阶段勘察的基础上，针对工程地

质条件复杂的区段沿运河的两侧加密布置，勘探点间距可按表 2-29 确定。

表 2-29　新线运河开挖工程施工图设计阶段勘探点布置要求

地质条件复杂程度	工程地质条件	勘探点间距
复杂	地形有起伏，地貌单元较多，岩土性质有变化	50～150m
简单	地形平坦，地貌单一，岩土性质单一	100～300m

思 考 题

党的二十大报告中指出，要"培养大批卓越工程师，善于解决复杂工程问题"，作为未来的工程师，请作以下思考。

1. 高层与超高层建筑的工程地质问题主要有哪些？
2. 试述道路工程地质勘察的主要任务。
3. 试分析桥梁工程勘察中的主要岩土工程地质问题及勘察内容。

任务 2.5　工程地质勘察报告的编写要点

工程地质勘察报告是工程地质勘察的最终成果，是建筑地基基础设计和施工的重要依据。报告是否正确反映工程地质条件和岩土工程特点，关系到工程设计和建筑施工能否安全可靠、措施得当、经济合理。当然，不同的工程项目，不同的勘察阶段，报告反映的内容和侧重有所不同，有关规范、规程对报告的编写也有相应的要求。工程地质勘察报告书内一般包括工程地质条件和工程地质问题的论述、分析、评价、结论和建议。报告除文字部分外，还包括插图、附图、附表及照片等。

1. 报告的编制程序

一项勘察任务在完成现场放点、测量、钻探、取样、原位测试、现场地质编录和实验室测试等前期工作的基础上，即转入资料整理工作，并着手编写勘察报告。工程地质勘察报告编写工作应遵循一定的程序，才能前后照应，顺利进行；否则，常会出现现场地质编录与试验资料的矛盾、图表间的矛盾、文图间的矛盾，改动起来费时费力，影响效率和质量。报告通常的编制程序如下。

（1）外业和试验资料的汇集、检查和统计。此项工作应于外业结束后即进行。应先检查各项资料是否齐全，特别是试验资料是否齐全，同时可编制勘探点测量成果表、勘察工作量统计表和勘探点（钻孔）平面位置图。

（2）对照原位测试和土工试验资料，校正现场地质编录。这是一项很重要的工作，但往往被忽视，从而出现野外定名与试验资料相矛盾，鉴定砂土的状态与试验资料和原位测试相矛盾。产生诸如此类矛盾的原因较多，或由于野外分层深度和定名不准确，或试验资料不准确，应找出原因，并修改校正，使野外对岩土的定名及状态鉴定与试验资料和原位测试数据相吻合。

(3) 编绘钻孔工程地质综合柱状图。

(4) 划分岩土地质层，编制分层统计表，进行数理统计。地基岩土的分层恰当与否，直接关系到评价的正确性和准确性。因此，此项工作首先须按地质年代、成因类型、岩性、状态、风化程度、物理力学特征来综合考虑，正确地划分每一个单元的岩土分层。其次编制分层统计表，包括各岩土层的分布状态和埋藏条件统计表，以及原位测试和试验测试的物理力学统计表等。最后，进行分层试验资料的数理统计，查算分层承载力。

(5) 编绘工程地质剖面图和其他专门图件。

(6) 编写文字报告。

按以上顺序进行工作可减少重复，提高效率，避免差错，保证质量。在较大的勘察场地或地质地貌条件比较复杂的场地，应分区进行勘察评价。

2．报告论述的主要内容

报告应叙述工程项目、地点、类型、规模、荷载、拟采用的基础形式；工程勘察的发包单位、承包单位；勘察任务和技术要求；勘察场地的位置、形状、大小；钻孔的布置原则，孔位和孔口标高的测量方法及引测点；施工机具、仪器设备和钻探、取样及原位测试方法；勘察的起止时间；完成的工作量和质量评述；勘察工作所依据的主要规范、规程；其他需要说明的问题。报告应附勘探点（钻孔）平面位置图、勘探点测量成果表和勘察工作量统计表。倘若勘察工作量少，可只附图而省去表。一个完整的工程地质勘察报告，由下面几部分组成。

1）地质地貌概况

地质地貌决定了一个建筑工地的场地条件和地基岩土条件，应从以下三个方面加以论述。

(1) 地质结构。

地质结构主要阐述的内容是：地层（岩石）岩性、厚度；构造形迹，勘察场地所在的构造部位；岩层中节理、裂隙发育情况和风化、破碎程度。由于勘察场地大多地处平原，应划分第四纪的成因类型，论述其分布埋藏条件、土层性质和厚度变化。

(2) 地貌。

地貌包括勘察场地的地貌部位、主要形态、次一级地貌单元划分。如果场地小且地貌简单，应着重论述地形的平整程度、相对高差。

(3) 不良地质现象。

不良地质现象包括勘察场地及其周围的滑坡、崩塌、塌陷、潜蚀、冲沟、地裂缝等。若在碳酸盐岩类分布区，则要叙述岩溶的发育及分布、埋藏情况；若勘察场地较大，地质地貌条件较复杂，或不良地质现象发育，报告中应附地质地貌图或不良地质现象分布图；若场地小且地质地貌条件简单又无不良地质现象，则在勘探点（钻孔）平面位置图上加地质地貌界线即可。当然，倘若地质地貌单一，则可免绘界线。

2）地基岩土分层及其物理、力学性质

这一部分是工程地质勘察报告着重论述的问题，是进行工程地质评价的基础。下面介绍分层原则、分层编号方法和分层叙述的内容。

(1) 分层原则。

土层按地质时代、成因类型、岩性、状态和物理、力学性质划分；岩层按岩性、风化程度、物理、力学性质划分。厚度小、分布局限的可作夹层处理，厚度小而反复出现的可作互层处理。

（2）分层编号方法。

分层编号方法常见的有三种：第一种，从上至下连续编号，即①、②、③…层，这种方法一目了然，但在分层太多而有的层位分布不连续时，编号太多显得冗繁；第二种，土层、岩层分别连续编号，如土层Ⅰ-1、Ⅰ-2、Ⅰ-3…，岩层Ⅱ-1、Ⅱ-2、Ⅱ-3…；第三种，按土、石大类和土层成因类型分别编号。如某工程：地填土1；冲积黏土2-1，冲积粉质黏土2-2，冲积细砂2-3；残积可塑状粉质黏土3-1，残积硬塑状粉质黏土3-2；强风化花岗岩4-1，中风化花岗岩4-2，微风化花岗岩4-3。第二、三种编号方法有了分类的概念，但由于是复合编号，故而在报告中叙述有所不便。目前，大多数分层采用第一种方法，并已逐步地加以完善。总之，地基岩土分层编号、编排方法应根据勘察的实际情况，以简单明了、叙述方便为原则。此外，详细勘察和初步勘察，在同一场地的分层和编号应尽量一致，以便参照对比。

（3）分层叙述的内容。

对每一层岩土，要叙述如下的内容。

① 分布：通常有"普遍""较普遍""广泛""较广泛""局限""仅见于"等用语。对于分布较普遍和较广泛的层位，要说明缺失的孔段；对于分布局限的层位，则要说明其分布的孔段。

② 埋藏条件：包括层顶埋藏深度、标高、厚度。如场地较大，分层埋深和厚度变化较大，则应指出埋深和厚度最大、最小的孔段。

③ 岩性和状态：土层要叙述颜色、成分、饱和度、稠度、密实度、分选性等；岩层要叙述颜色、矿物成分、结构、构造、节理、裂隙发育情况、风化程度、岩芯完整程度；裂隙发育情况要描述裂隙的产状、密度、张闭性质、充填情况；岩芯完整程度，除应区分完整、较完整、较破碎、破碎和极破碎外，还应描述岩芯的形状，即区分出长柱状、短柱状、饼状、碎块状等。

④ 取样和试验数据应叙述取样个数、主要物理性质、力学性质指标。尽量列表表示土工试验结果，文中可只叙述决定土层力学强度的主要指标，如填土的压缩模量、淤泥和淤泥质土的天然含水量、黏性土的孔隙比和液性指数、粉土的孔隙比和含水量、红黏土的含水比和液塑比。对叙述的每一物理性质、力学性质指标，应有区间值、一般值、平均值，最好还有最小平均值、最大平均值，以便设计部门选用。

⑤ 原位测试情况：包括试验类别、次数和主要数据，也应叙述其区间值、一般值、平均值和经数理统计后的修正值。

⑥ 承载力：据土工试验资料和原位测试资料分别查算承载力标准值，然后综合判定，提供承载力标准值的建议值。

3）地下水简述

地下水是决定场地工程地质条件的重要因素。报告中必须论及：地下水类型，含水层分布状况、埋深、岩性、厚度、静止水位、降深、涌水量、地下水流向、水力坡度；含水层间和含水层与附近地表水体的水力联系；地下水的补给和排泄条件，水位季节变化，含水层渗透系数，以及地下水对混凝土的侵蚀性等。对于小场地或水文地质条件简单的勘察场地，论述的内容可以简化。有的内容，如水位季节变化，并非在较短的工程勘察期间能够查明,可通过调查访问和搜集区域水文资料获得。地下水对混凝土的侵蚀性,要结合场地的地质环境,根据水质分析资料判定。应列出据以判定的主要水质指标,即 pH、HCO_3^-、SO_4^{2-}、侵蚀 CO_2 的分析结果。

4) 场地稳定性

场地稳定性评价主要是选址和初步勘察阶段的任务,应从以下几个方面加以论述。

(1) 场地所处的地质构造部位,有无活动断层通过,附近有无发震断层。

(2) 地震基本烈度、地震动峰值加速度。

(3) 场地所在地貌部位,地形平缓程度,是否临江河湖海,或临近陡崖深谷。

(4) 场地及其附近有无不良地质现象,其发展趋势如何。

(5) 地层产状,节理、裂隙产状,地基土中有无软弱层或可液化砂土。

(6) 地下水对基础有无不良影响。报告对场地稳定性做出评价的同时,应对不良地质作用的防治,增强建筑物稳定性方面的措施提供建议。

5) 其他专门要求论述的问题

对于设计部门提出的一些专门问题,报告应予以论述,如饱和砂土的震动液化、基坑排水量计算、动力机器基础地基刚度的测定、桩基承载力计算、软弱地基处理、不良地质现象的防治,等等。

6) 结论与建议

结论是工程地质勘察报告的精华,它不是前文已论述的重复归纳,而是简明扼要的评价和建议,一般包括以下几点。

(1) 对场地条件和地基岩土条件的评价。

(2) 结合建筑物的类型及荷载要求,论述各层地基岩土作为基础持力层的可能性和适宜性。

(3) 选择持力层,建议基础形式和埋深。若采用桩基础,应建议桩型、桩径、桩长、桩周土摩擦力和桩端土承载力标准值。

(4) 地下水对基础施工的影响和防护措施。

(5) 基础施工中应注意的有关问题。

(6) 建筑是否做抗震设防。

(7) 其他需要专门说明的问题。

以上 7 个方面的内容,并非所有的勘察报告都要面面俱到,一一罗列。由于场地和地基岩土的差异、建筑类型的不同和勘察精度的高低,不同项目的工程地质勘察报告反映的侧重点当然有所不同。一般来说,上列地质地貌概况,地基岩土分层及其物理、力学性质,地下水简述和结论与建议四项,是每个勘察报告必须叙述的内容。总之,要根据勘察项目的实际情况,尽量做到报告内容齐全、重点突出、条理通顺、文字简练、论据充实、结论明确、简明扼要、合理适用。

思 考 题

试根据某工程相关勘测资料,编写工程地质勘察报告。

项目 3　土的压缩性与基础沉降

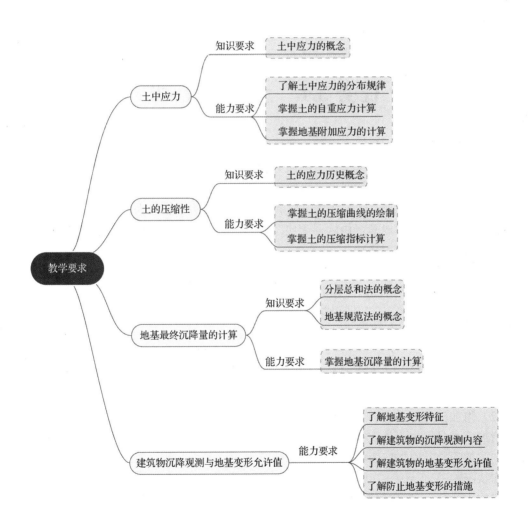

本项目主要讲述土层中应力的分布规律及计算方法；土的压缩变形规律及指标计算；基础沉降的计算方法、观测方法与地基变形允许值。

在建筑物荷载作用下地基土产生应力和变形，从而引起建筑物基础下沉的现象，称为基础沉降。基础沉降，特别是不均匀沉降，是关系各类建筑上部结构的正常使用及稳定和安全的至关重要的问题。建筑物基础的沉降或沉降差过大，会引起建筑倾斜、歪曲，墙体开裂，梁板断裂，甚至出现建筑倒塌。挡水土坝的沉降过大，就会降低设计坝高的高程，降低拦洪蓄水的功能，而坝基的不均匀沉降往往又会引起土坝裂缝，导致集中渗流，危及土坝的安全。公路的路堤沉降或沉降差过大，必然导致路基路面的不均匀变形，使路面不平整，甚至开裂，影响车辆安全行驶。因此，为了保证建筑物的正常使用，防止上部结构变形和破坏，必须对建筑物基础可能产生的沉降及沉降差进行估算，检验设计建筑物的沉降和沉降差是否控制在建筑物容许范围之内，以保证结构的安全与稳定。

任务 3.1　土　中　应　力

建筑物修建前地基中早已存在着来自土体自重的自重应力，修建后的建筑物荷载也通过基础底面传递给地基，使地基原有的应力状态发生变化，在附加各应力的分力作用下地基土产生了竖向、侧向和剪切变形，导致各点的竖向和侧向产生位移。

大多数建筑物是建造在土层上的，这种支承建筑物的土层称为地基。由天然土层直接支承建筑物的称为天然地基，由软弱土层经加固后支承建筑物的称为人工地基，而与地基相接触的建筑物底部称为基础。

地基受荷载以后将产生应力和变形，这给建筑物带来两个工程问题，即土体稳定问题和变形问题。如果地基内部所产生的应力在土的强度所允许的范围内，那么土体是稳定的；反之，土体就要发生破坏，并能引起整个地基产生滑动而失去稳定，从而导致建筑物倾倒。地基中的应力，可以分为自重应力和附加应力两种。

（1）自重应力。

自重应力是指由土体本身有效重力产生的应力。一般而言，土体在自重作用下，经过漫长的地质历史已压缩稳定，不再发生变形（新沉积土或近期人工填土除外）。

（2）附加应力。

附加应力是指由于外荷载在地基内部引起的应力。附加应力是使地基失去稳定和产生变形的主要原因。附加应力的大小，除与计算点的位置有关外，还取决于基底压力的大小和分布状况。

真实土的应力-应变关系是非常复杂的，目前在计算地基中的附加应力时，常把土当成线弹性体，即假定其应力与应变呈线性关系，服从广义胡克定律，从而可直接应用弹性理论得出应力解析。

弹性理论要求受力体是连续介质，而土是由三相物质组成的碎散颗粒集合体，不是连续介质，为此我们假设土体是连续体，从平均应力的概念出发，用一般材料力学的方法来定义土中的应力。

项目 3 土的压缩性与基础沉降

3.1.1 土的自重应力计算

自重应力是指在未修建建筑物之前，地基中由于土体本身有效重力而产生的应力。所谓有效重力是指土颗粒之间接触点传递的应力，本节所讨论的自重应力都是有效自重应力，后述内容的有效自重应力均简称自重应力。研究地基自重应力的目的是确定土体的初始应力状态。在计算土中自重应力时，假定天然土体在水平方向及地面以下都是无限大的，所以在任一竖直面和水平面上都无剪应力存在。也就是说，土体在自重作用下无侧向变形和剪切变形，只会发生竖向变形。

1. 竖向自重应力的计算

以天然地面任一点为坐标原点 O，坐标轴 z 竖直向下为正，设均质土的天然重度为 γ，故地基中任意深度 z 处的竖向自重应力 σ_{sz} 就等于单位面积上的土柱重量。若在 z 深度内土的天然重度不发生变化，那么，该处土的自重应力为

$$\sigma_{sz} = \frac{G}{A} = \frac{\gamma A z}{A} = \gamma z = \gamma h \tag{3.1}$$

式中：σ_{sz}——天然地面以下 z 深度处土的自重应力，kPa；

G——面积 A 上高为 h（$h=z$）的土柱自重，kN；

A——土柱的底面积，m^2。

由式（3.1）可知，均质土的自重应力与深度 z 成正比，即 σ_{sz} 随深度呈直线分布（图3.1），而沿水平面则呈均匀分布。

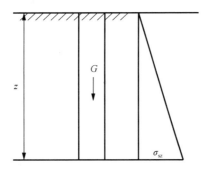

图 3.1 均质土中竖向自重应力

对于成层的地基土，各层天然土层具有不同的重度，所以需要分层来计算。第一层土下边界（即第二层土顶面）处的自重应力为

$$\sigma_{sz1} = \gamma_1 h_1 \tag{3.2}$$

式中：σ_{sz1}——第一层土下边界处的自重应力，kPa；

γ_1、h_1——第一层土的重度和厚度。

在第二层土交界面处的自重应力为

$$\sigma_{sz2} = \frac{G_1 + G_2}{A} = \gamma_1 h_1 + \gamma_2 h_2 \tag{3.3}$$

式中：σ_{sz2}——第二层土下边界处的自重应力，kPa；

γ_2、h_2——第二层土的重度和厚度。

同理,第 n 层土中任一点处的自重应力公式可以写为

$$\sigma_{szn} = \gamma_1 h_1 + \gamma_2 h_2 + \cdots + \gamma_n h_n = \sum_{i=1}^{n} \gamma_i h_i \tag{3.4}$$

式中:γ_n——第 n 层土的重度;

h_n——第 n 层土(从地面起算)中所计算应力的那一点到该层土顶面的距离。

应当指出,在求地下水位以下土的自重应力时,对地下水位以下的土应将有效重度代入式(3.4)进行计算。

图 3.2 所示是按照式(3.4)的计算结果绘出的成层地基土自重应力分布图,该图又称土的自重应力分布曲线。

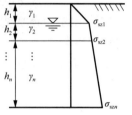

图 3.2　成层地基土自重应力分布图

2. 基底压力的计算

建筑物荷载通过基础传递给地基的压力称为基底压力,又称地基反力。基底压力的大小和分布状况,将对地基内部的附加应力产生直接的影响。基底压力是作用于基础底面上的荷载效应。它与荷载的大小、分布、基础的刚度、基础的埋置深度及地基土的性质等多种因素有关。

1)基底压力的分布规律

要精确确定基底压力数值大小与分布形态是十分困难的。首先基础与地基不是同一种材料,不是一个整体,两者的刚度相差很大,变形不能协调。其次,基底压力还与基础的刚度、平面形状、尺寸大小和埋置深度,作用在基础上的荷载性质、大小和分布情况及地基土的性质等众多因素有关。

柔性基础(如土堤、土坝、路基及薄板基础)的刚度很小,好比放在地上的柔软薄膜,在垂直荷载作用下没有抵抗弯曲变形的能力,基础随着地基一起变形,因此柔性基础的基底应力分布情况与其上荷载分布情况一样,当中心受压时,基底应力分布为均匀分布,如图 3.3 所示。

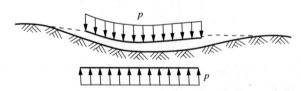

图 3.3　柔性基础基底压力分布

刚性基础(如整体基础、桥墩、桥台)本身的刚度远远超过地基的刚度。地基与基础的变形必须协调一致,在中心荷载作用下,由于基底各点的竖向变形值相同,因此基底压力的分布不是均匀的。理论和实测结果证明,中心受压时刚性基础的基底压力分布为马鞍形,随着上部荷载的增大,位于基础边缘部分的土将先产生塑性变形,边缘处基底压力不再增大,而中间部分基底压力将继续增加,压力图形逐渐转变为抛物线形;当荷载接近地

基的破坏荷载时，压力图形由抛物线形转变为中部突出的钟形（图3.4）。

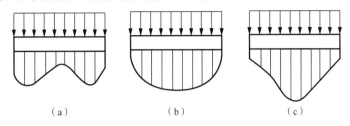

图 3.4　刚性基础基底压力分布

2）基底压力的简化计算

（1）竖直中心荷载作用下的基底压力。

当竖直中心荷载作用于基础中轴线时，基底压力呈均匀分布（图 3.5），其值按下式计算。

对于矩形基础：

$$p = \frac{p_z}{A} = \frac{F+G}{A} \tag{3.5}$$

式中：p——基底压力，kPa；

p_z——作用于基础底面的竖直荷载，kN；

F——上部结构荷载设计值，kN；

A——基底面积，m²（$A=bl$，b 和 l 分别为矩形基础的宽度和长度，m）；

G——基础自重设计值和基础台阶上回填土重力之和，kN（$G=blD\bar{\gamma}$，$\bar{\gamma}$ 为基础材料和回填土平均重度，一般取 $\bar{\gamma}=20\text{kN/m}^3$，$D$ 为基础埋置深度，m）。

对于条形基础，在长度方向上取 1m 计算。

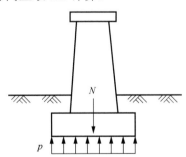

图 3.5　竖直中心荷载作用下基底压力的分布情况

（2）偏心荷载作用下的基底压力。

矩形基础受偏心荷载作用时，基底压力可按材料力学偏心受压柱计算。如果基础只受单向偏心荷载作用，设计时通常把基础长边方向与偏心方向一致，基底两端的压力为

$$p_{\min}^{\max} = \frac{P}{A}\left(1 \pm \frac{6e}{b}\right) = \frac{F+G}{A}\left(1 \pm \frac{6e}{b}\right) = \frac{F+G}{bl} \pm \frac{M}{W} \tag{3.6}$$

式中：$p_{\min}^{\max}$——基底两端的最大、最小压力，kPa；

e——偏心距，m；

M——作用在基底形心上的力矩，$M=(F+G)e$，kN·m；

W——基础底面的抵抗矩，$W=b^2l/6$，m³。

按式（3.6）计算，基底压力分布有下列三种情况。

① 当 $e<b/6$ 时，$p_{min}>0$，基底压力为梯形分布 [图 3.6（a）]。

② 当 $e=b/6$ 时，$p_{min}=0$，基底压力按三角形分布 [图 3.6（b）]。

③ 当 $e>b/6$ 时，$p_{min}<0$，表示基础底面与地基之间一部分出现拉应力。但实际上，在地基与基础之间不可能存在拉应力。因此基础底面下的压力将重新分布 [图 3.6（c）]。这时，可根据力的平衡原理确定基础底面的受压宽度和应力大小。

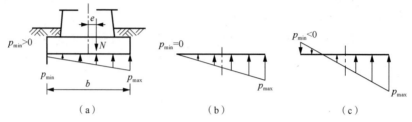

p—沿基础长度方向 1m 内相应的荷载值（kN/m）

图 3.6 偏心荷载作用下基底压力分布的几种情况

3. 基础附加应力

建筑物在建造前，地基中早已存在自重应力。如果基础砌筑在天然地面上，那么全部基底压力就是新增加于地基表面的基底附加压力。一般天然土层在自重作用下的变形早已结束，因此只有基底附加压力才能引起地基的附加应力和变形。

实际上，一般浅基础总是埋置在天然地面下一定深度处，该处原有的自重应力由于基坑开挖而卸除。因此，由建筑物建造后的基底压力中扣除基底标高处原有的土中自重应力后，才是基底平面处新增加于地基表面的基底附加压力。基底平均附加压力值 p_0 按下式计算。

$$p_0 = p - \gamma D \tag{3.7}$$

式中：p——基础底面总的压应力，kPa；

γ——基础埋深范围内土的重度，kN/m³；

D——基础埋置深度，m。

3.1.2 地基附加应力的计算

由前述所知地基的变形主要是由地基中的附加应力所引起的，在求解地基中的附加应力时，一般假定地基土是连续、均匀、各向同性的完全弹性体，然后根据弹性理论的基本公式进行计算。

1. 竖向集中荷载作用下地基中的附加应力——布辛涅斯克公式

当有竖向集中荷载 p 作用于均匀的、各向同性的半无限弹性体表面时，在弹性体内任一点 $M(x,y,z)$ 的应力可用弹性理论求解得出（图 3.7），其中竖向附加应力 σ_z 为

$$\sigma_z = \frac{3pz^3}{2\pi R^5} = \frac{3p}{2\pi z^2} \cdot \frac{1}{\left[1+\left(\frac{r}{z}\right)^2\right]^{5/2}} \tag{3.8a}$$

式中：p——作用在坐标原点 O 点的竖向集中荷载；

z——M 点的深度；

r——M 点与集中荷载作用线之间的距离，$r = \sqrt{x^2 + y^2}$；

R——M 点与坐标原点的距离，$R = \sqrt{x^2 + y^2 + z^2}$。

为了计算方便通常把上式改写为

$$\sigma_z = \alpha \frac{p}{z^2} \tag{3.8b}$$

式中：α——竖向附加应力系数，$\alpha = \dfrac{3}{2\pi\left[1+\left(\dfrac{r}{z}\right)^2\right]^{5/2}}$，其数值可按 r/z 值，由表 3-1 查得。

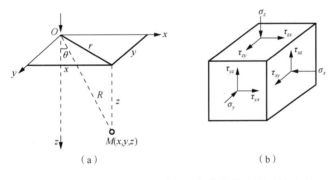

图 3.7 半无限弹性体表面受竖向集中荷载作用时的应力

表 3-1 集中荷载下竖向附加应力系数 α

r/z	α	r/z	α	r/z	α	r/z	α	r/z	α
0.00	0.4775	0.50	0.2733	1.00	0.0844	1.50	0.0251	2.50	0.0034
0.05	0.4745	0.55	0.2466	1.05	0.0744	1.60	0.0200	2.60	0.0029
0.10	0.4657	0.60	0.2214	1.10	0.0658	1.70	0.0160	2.70	0.0024
0.15	0.4516	0.65	0.1998	1.15	0.0581	1.80	0.0129	2.80	0.0021
0.20	0.4329	0.70	0.1762	1.20	0.0513	1.90	0.0105	2.90	0.0017
0.25	0.4103	0.75	0.1565	1.25	0.0454	2.00	0.0085	3.00	0.0015
0.30	0.3849	0.80	0.1386	1.30	0.0402	2.10	0.0070	3.50	0.0007
0.35	0.3577	0.85	0.1226	1.35	0.0357	2.20	0.0058	4.00	0.0004
0.40	0.3294	0.90	0.1083	1.40	0.0317	2.30	0.0048	4.50	0.0002
0.45	0.3011	0.95	0.0956	1.45	0.0282	2.40	0.0040	5.00	0.0001

例题 3.1 在地面作用一集中荷载 p=200kN，试确定以下内容。

（1）在地基中 z=2m 的水平面上，水平距离 r=0、1m、2m、3m、4m 处各点的 σ_z 值，并绘出分布图。

（2）在地基中 r=0 的竖直线上，距地面 z=0、1m、2m、3m、4m 处各点的 σ_z 值，并绘出分布图。

（3）取 σ_z=20kPa、10kPa、4kPa、2kPa，反算在地基中 z=2m 的水平面上的 r 值和在 r=0 的竖直线上的 z 值，并绘出相应于该四个应力值的 σ_z 等值线图。

解：（1）在地基中 z=2m 的水平面上，指定点的竖向附加应力 σ_z 的计算数据见表 3-2，σ_z 的分布图如图 3.8 所示。

（2）在地基中 r=0 的竖直线上，指定点的竖向附加应力 σ_z 的计算数据见表 3-3，σ_z 分布图如图 3.9 所示。

（3）当指定竖向附加应力 σ_z 时，在 z=2m 的水平面上的 r 值和在 r=0 的竖直线上的 z 值的计算数据，见表 3-4，σ_z 的等值线图如图 3.10 所示。

表 3-2 例题 3.1 表-1

z/m	r/m	r/z	α	σ_z/kPa
2	0	0	0.4775	23.8
2	1	0.5	0.2733	13.7
2	2	1.0	0.0844	4.2
2	3	1.5	0.0251	1.2
2	4	2.0	0.0085	0.4

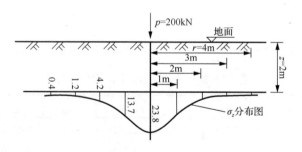

图 3.8 例题 3.1 图-1

表 3-3 例题 3.1 表-2

z/m	r/m	r/z	α	σ_z/kPa
0	0	0	0.4775	∞
1	0	0	0.4775	95.5
2	0	0	0.4775	23.8
3	0	0	0.4775	10.6
4	0	0	0.4775	6.0

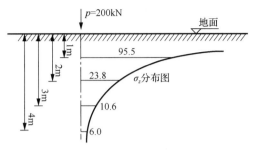

图3.9 例题3.1图-2

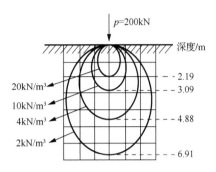

图3.10 例题3.1图-3

表3-4 例题3.1表-3

σ_z/kPa	在 $z=2$m 的水平面上的 r 值				在 $r=0$ 的竖直线上的 z 值			
	z/m	α	r/z	r/m	r/m	r/z	α	z/m
20	2	0.4000	0.27	0.54	0	0	0.4775	2.19
10	2	0.2000	0.65	1.30	0	0	0.4775	3.09
4	2	0.0800	1.02	2.04	0	0	0.4775	4.88
2	2	0.0400	1.30	2.60	0	0	0.4775	6.91

由上例计算结果可归纳出集中荷载作用下附加应力的分布规律如下。

① 在地面下同一深度处，该水平面上的附加应力不同，沿竖直方向集中力作用线上的附加应力最大，向两边则逐渐减小。

② 离地表越深，应力分布范围越大，在同一竖直线上的附加应力随深度的增加而减小。

为了更清楚、直接地表示地基中附加应力的分布规律，假定地基土粒是由无数直径相同的小圆柱所组成，按平面问题考虑。地基中附加应力的分布图如图3.11所示，当地表受一个集中力 $p=1$ 作用时，第一层1个小柱受力为 p，第二层2个小柱各受力为 $p/2$，第三层3个小柱受力，两边小柱各受力为 $p/4$，中间小柱受力为 $2p/4$。依次类推，可见力传递越深，受力的小柱越多，每个小柱所受的力就越小。

将最下边一排小柱的受力大小按比例画出，如图3.11所示底部的曲线。

在实际工程应用中，当基底形状不规则或荷载分布较复杂时，可将基底划分为若干个小面积，把小面积上的荷载当成集中力，然后利用式（3.8）计算附加应力。

2．矩形基础承受竖直均布荷载作用时地基中的附加应力

任何建筑物都通过一定尺寸的基础把荷载传给地基。基础的形状和基础底面上的压力分布各不相同，但都可以利用前述集中荷载引起的应力计算方法和弹性体中的应力叠加原理计算地基内任意点的附加应力。建筑物柱下基础通常是矩形基础。以下讨论矩形面积上各类分布荷载在地基中引起的附加应力计算。

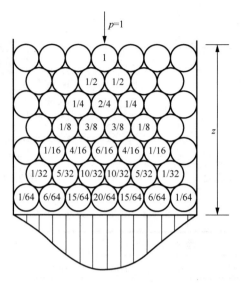

图 3.11 地基中附加应力的分布图

假设地基矩形面积宽度为 b，长度为 l。角点下的附加应力是指图 3.12 中矩形荷载面的四个角点下任意深度处的附加应力。只要深度 z 一样，则四个角点下的附加应力 σ_z 都相同。将坐标原点取在角点 O 上，在荷载面积内任取微分面积 $dA=dxdy$，并将其上作用的荷载以集中力 dP 代替，则 $dP=P_0 dA=P_0 dxdy$。利用式（3.9）即可求出该集中力在角点 O 以下深度 z 处 M 点所引起的竖向附加应力 $d\sigma_z$，即

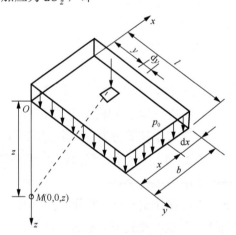

图 3.12 矩形基础承受竖直均布荷载作用时角点下的附加应力

$$d\sigma_z = \frac{3dp}{2\pi} \cdot \frac{z^3}{R^5} dxdy = \frac{3p}{2\pi} \cdot \frac{z^3}{(x^2+y^2+z^2)^{5/2}} dxdy \tag{3.9}$$

将式（3.9）沿整个矩形面积积分，即可得出矩形面积上均布荷载 p 在 M 点引起的附加应力 σ_z，即

项目 3　土的压缩性与基础沉降

$$\sigma_z = \int_0^L \int_0^B \frac{3p}{2\pi} \cdot \frac{z^3}{(x^2+y^2+z^2)^{5/2}} \mathrm{d}x\mathrm{d}y$$

$$= \frac{p}{2\pi}\left[\arctan\frac{m}{n\sqrt{1+m^2+n^2}} + \frac{mn}{\sqrt{1+m^2+n^2}}\left(\frac{1}{m^2+n^2}+\frac{1}{1+n^2}\right)\right] \quad (3.10)$$

式中：$m=\dfrac{l}{b}$，$n=\dfrac{z}{b}$，l 为矩形的长边，b 为矩形的短边。

令

$$\alpha_c = \frac{1}{2\pi}\left[\arctan\frac{m}{n\sqrt{1+m^2+n^2}} + \frac{mn}{\sqrt{1+m^2+n^2}}\left(\frac{1}{m^2+n^2}+\frac{1}{1+n^2}\right)\right] \quad (3.11)$$

则 $\sigma_z = \alpha_c p_0$

式中：α_c——矩形基础承受竖直均布荷载作用时角点下的附加应力分布系数，可从表 3-5 中查得。

表 3-5　矩形基础承受竖直均布荷载作用时角点下的附加应力分布系数 α_c

$n=z/b$	$m=l/b$										
	1.0	1.2	1.4	1.6	1.8	2.0	3.0	4.0	5.0	6.0	10.0
0.0	0.2500	0.2500	0.2500	0.2500	0.2500	0.2500	0.2500	0.2500	0.2500	0.2500	0.2500
0.2	0.2486	0.2489	0.2490	0.2491	0.2491	0.2491	0.2492	0.2492	0.2492	0.2492	0.2492
0.4	0.2401	0.2420	0.2429	0.2434	0.2437	0.2439	0.2442	0.2443	0.2443	0.2443	0.2443
0.6	0.2229	0.2275	0.2300	0.2321	0.2324	0.2329	0.2339	0.2341	0.2342	0.2342	0.2342
0.8	0.1999	0.2075	0.2120	0.2147	0.2165	0.2176	0.2196	0.2200	0.2202	0.2202	0.2202
1.0	0.1752	0.1851	0.1911	0.1955	0.1981	0.1999	0.2034	0.2042	0.2044	0.2045	0.2046
1.2	0.1516	0.1626	0.1705	0.1758	0.1793	0.1818	0.1870	0.1882	0.1885	0.1887	0.1888
1.4	0.1308	0.1423	0.1508	0.1569	0.1613	0.1644	0.1712	0.1730	0.1735	0.1738	0.1740
1.6	0.1123	0.1241	0.1329	0.1436	0.1445	0.1482	0.1567	0.1590	0.1598	0.1601	0.1604
1.8	0.0969	0.1083	0.1172	0.1241	0.1294	0.1334	0.1434	0.1463	0.1474	0.1478	0.1482
2.0	0.0840	0.0947	0.1034	0.1103	0.1158	0.1202	0.1314	0.1350	0.1363	0.1368	0.1374
2.2	0.0732	0.0832	0.0917	0.0984	0.1039	0.1084	0.1205	0.1248	0.1264	0.1271	0.1277
2.4	0.0642	0.0734	0.0812	0.0879	0.0934	0.0979	0.1108	0.1156	0.1175	0.1184	0.1192
2.6	0.0566	0.0651	0.0725	0.0788	0.0842	0.0887	0.1020	0.1073	0.1095	0.1106	0.1116
2.8	0.0502	0.0580	0.0649	0.0709	0.0761	0.0805	0.0942	0.0999	0.1024	0.1036	0.1048
3.0	0.0447	0.0519	0.0583	0.0640	0.0690	0.0732	0.0870	0.0931	0.0959	0.0973	0.0987
3.2	0.0401	0.0467	0.0526	0.0580	0.0627	0.0668	0.0806	0.0870	0.0900	0.0916	0.0933
3.4	0.0361	0.0421	0.0477	0.0527	0.0571	0.0611	0.0747	0.0814	0.0847	0.0864	0.0882
3.6	0.0326	0.0382	0.0433	0.0480	0.0523	0.0561	0.0694	0.0763	0.0799	0.0816	0.0837
3.8	0.0296	0.0348	0.0395	0.0439	0.0479	0.0516	0.0645	0.0717	0.0753	0.0773	0.0796
4.0	0.0270	0.0318	0.0362	0.0403	0.0441	0.0474	0.0603	0.0674	0.0712	0.0733	0.0758
4.2	0.0247	0.0291	0.0333	0.0371	0.0407	0.0439	0.0563	0.0634	0.0674	0.0696	0.0724
4.4	0.0227	0.0268	0.0306	0.0343	0.0376	0.0407	0.0527	0.0597	0.0639	0.0662	0.0696
4.6	0.0209	0.0247	0.0283	0.0317	0.0348	0.0378	0.0493	0.0564	0.0606	0.0630	0.0663

续表

$n=z/b$	$m=l/b$									
	1.0	1.2	1.4	1.6	1.8	2.0	3.0	4.0	5.0	6.0	10.0
4.8	0.0193	0.0229	0.0262	0.0294	0.0324	0.0352	0.0463	0.0533	0.0576	0.0601	0.0635
5.0	0.0179	0.0212	0.0243	0.0274	0.0302	0.0328	0.0435	0.0504	0.0547	0.0573	0.0610
6.0	0.0127	0.0151	0.0174	0.0196	0.0218	0.0233	0.0325	0.0388	0.0431	0.0460	0.0506
7.0	0.0094	0.0112	0.0130	0.0147	0.0164	0.0180	0.0251	0.0306	0.0346	0.0376	0.0428
8.0	0.0073	0.0087	0.0101	0.0114	0.0127	0.0140	0.0198	0.0246	0.0283	0.0311	0.0367
9.0	0.0058	0.0069	0.0080	0.0091	0.0102	0.0112	0.0161	0.0202	0.0235	0.0262	0.0319
10.0	0.0047	0.0056	0.0065	0.0074	0.0083	0.0092	0.0132	0.0167	0.0198	0.0222	0.0280

对于基底范围以内或以外任意点的附加应力，可以利用式（3.10）并按叠加原理进行计算，这种方法称为"角点法"。

角点法的应用可以分下列四种情况（计算点在 M' 点以下任意深度 z 处）。

① M' 点在荷载面内 [图 3.13（a）]。

$$\sigma_z = (\alpha_{cI} + \alpha_{cII} + \alpha_{cIII} + \alpha_{cIV})p_0$$

② M' 点在荷载面边缘 [图 3.13（b）]。

$$\sigma_z = (\alpha_{cI} + \alpha_{cII})p_0$$

③ M' 点在荷载面边缘外侧 [图 3.13（c）]。

$$\sigma_z = (\alpha_{c1} + \alpha_{c2} + \alpha_{c3} - \alpha_{c4})p_0$$

④ M' 点在荷载面角点外侧 [图 3.13（d）]。

$$\sigma_z = (\alpha_{c1} - \alpha_{c2} - \alpha_{c3} + \alpha_{c4})p_0$$

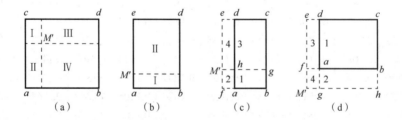

图 3.13 以角点法计算矩形基础均布荷载作用下的附加应力

注意：在应用角点法计算每一块矩形面积的 α_c 值时，b 恒为短边，l 恒为长边。

例题 3.2 在矩形基础上有均布荷载 $p=100\text{kPa}$，荷载面积为 2m^2（$2\text{m}\times1\text{m}$），如图 3.14 所示，求荷载面积上角点 A、边点 E、中心点 O 及荷载面积外 F 点和 G 点等各点下 $z=1\text{m}$ 深度处的附加应力，并利用计算结果说明附加应力的扩散规律。

解：（1）A 点下的附加应力。A 点是矩形 $ABCD$ 的角点，且 $m=l/b=2$，$n=z/b=1$，查

表 3-5 得 α_c=0.1999，故

$$\sigma_{zA} = \alpha_c p = 0.1999 \times 100 = 20 \text{(kPa)}$$

（2）E 点下的附加应力。通过 E 点将矩形面积划分为两个相等的矩形 $EADI$ 和 $EBCI$。求 E 点下的附加应力，可以转换为求 $EADI$ 的角点附加应力系数 α_c。$m=l/b=1$，$n=z/b=1$，查表 3-5 得 α_c=0.1752，故

$$\sigma_{zE} = 2\alpha_c p = 2 \times 0.1752 \times 100 = 35 \text{(kPa)}$$

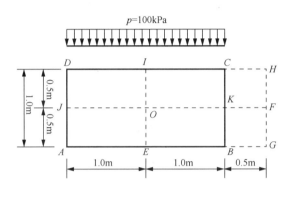

图 3.14　例题 3.2 图

（3）O 点下的附加应力。通过 O 点将矩形面积分为四个相等的矩形 $OEAJ$、$OJDI$、$OICK$ 和 $OKBE$。求 O 点下的附加应力可以转换为求 $OEAJ$ 的角点附加应力系数 α_c。$m=l/b=1/0.5=2$，$n=z/b=1/0.5=2$，查表 3-5 得 α_c=0.1202，故

$$\sigma_{zO} = 4\alpha_c P = 4 \times 0.1202 \times 100 = 48.08 \text{(kPa)}$$

（4）F 点下的附加应力。过 F 点做矩形 $FGAJ$、$FJDH$、$FGBK$ 和 $FKCH$。假设 α_{cI} 为矩形 $FGAJ$ 和 $FJDH$ 的角点附加应力系数，α_{cII} 为矩形 $FGBK$ 和 $FKCH$ 的角点附加应力系数。

求 α_{cI}：$m=l/b=2.5/0.5=5$，$n=z/b=1/0.5=2$，查表 3-5 得 α_{cI}=0.1363。

求 α_{cII}：$m=l/b=0.5/0.5=1$，$n=z/b=1/0.5=2$，查表 3-5 得 α_{cII}=0.0840。

故

$$\sigma_{zF} = 2(\alpha_{cI} - \alpha_{cII})p = 2 \times (0.1363 - 0.0840) \times 100 = 10.46 \text{(kPa)}$$

（5）G 点下的附加应力。通过 G 点做矩形 $GADH$ 和 $GBCH$ 分别求出其角点附加应力系数 α_{cI} 和 α_{cII}。

求 α_{cI}：$m=l/b=2.5/1=2.5$，$n=z/b=1/1=1$，查表 3-5 得 α_{cI}=0.2016。

求 α_{cII}：$m=l/b=1/0.5=2$，$n=z/b=1/0.5=2$，查表 3-5 得 α_{cII}=0.1202。

故

$$\sigma_{zG} = (\alpha_{cI} - \alpha_{cII})p = (0.2016 - 0.1202) \times 100 = 8.14 \text{(kPa)}$$

3. 矩形面积承受竖直三角形分布荷载作用时的附加应力

矩形面积承受竖直三角形分布荷载作用时角点的附加应力如图 3.15 所示。设竖向荷载在矩形面积上沿 x 轴方向呈三角形分布，而沿 y 轴方向均匀分布，荷载的最大值为 p_0，取荷载零值边的角点为坐标原点。

由该矩形面积竖直三角形分布荷载引起的附加应力 σ_z 为

$$\sigma_z = \frac{3}{2\pi} \int_0^b \int_0^l \frac{x p_0 z^3}{b(x^2+y^2+z^2)^{5/2}} \mathrm{d}x \mathrm{d}y = \frac{p}{2\pi} \tag{3.12}$$

由此可得受荷载面积角点 1 下深度 z 处的 M 点的附加应力 σ_z 为

$$\sigma_z = \alpha_{c1} p_0 \tag{3.13}$$

式中：

$$\alpha_{c1} = \frac{nm}{2\pi}\left[\frac{1}{\sqrt{m^2+n^2}} - \frac{m^2}{(1+m^2)\sqrt{1+m^2+n^2}}\right]$$

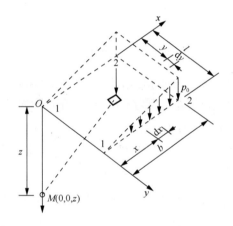

图 3.15 矩形面积承受竖直三角形分布荷载作用时角点的附加应力

同理可得受荷载面积角点 2 下深度 z 处的 M_2 点的附加应力 σ_z 为

$$\sigma_z = \alpha_{c2} \cdot p_0 \tag{3.14}$$

式中：

$$\alpha_{c2} = \frac{1}{2\pi}\left[\frac{\pi}{2} + \frac{nm(1+2m^2+n^2)}{\sqrt{n^2+m^2(1+m^2)}\sqrt{1+m^2+n^2}} - \frac{nm}{\sqrt{m^2+n^2}} - \arctan\frac{m\sqrt{1+m^2+n^2}}{n}\right]$$

α_{c1} 为三角形荷载零值角点下的附加应力系数；α_{c2} 为三角形荷载最大值角点下的附加应力系数，可由表 3-6 查得。

表 3-6 矩形面积上竖直三角形分布载荷作用下的附加应力系数 α_{c1}、α_{c2}

$n=z/b$	$m=l/b$ 0.2 1点	0.2 2点	0.4 1点	0.4 2点	0.6 1点	0.6 2点	0.8 1点	0.8 2点	1.0 1点	1.0 2点	1.2 1点	1.2 2点	1.4 1点	1.4 2点	1.6 1点	1.6 2点
0.0	0.0000	0.2500	0.0000	0.2500	0.0000	0.2500	0.0000	0.2500	0.0000	0.2500	0.0000	0.2500	0.0000	0.2500	0.0000	0.2500
0.2	0.0223	0.1821	0.0280	0.2115	0.0296	0.2165	0.0301	0.2178	0.0304	0.2182	0.0305	0.2184	0.0305	0.2185	0.0306	0.2185
0.4	0.0269	0.1094	0.0420	0.1604	0.0487	0.1781	0.0517	0.1844	0.0531	0.1870	0.0539	0.1881	0.0543	0.1886	0.0545	0.1889
0.6	0.0259	0.0700	0.0448	0.1165	0.0560	0.1405	0.0621	0.1520	0.0654	0.1575	0.0673	0.1602	0.0684	0.1616	0.0690	0.1625
0.8	0.0232	0.0480	0.0421	0.0853	0.0553	0.1093	0.0637	0.1232	0.0688	0.1311	0.0720	0.1355	0.0739	0.1381	0.0751	0.1396
1.0	0.0201	0.0346	0.0375	0.0638	0.0508	0.0805	0.0602	0.0996	0.0666	0.1086	0.0708	0.1143	0.0735	0.1176	0.0753	0.1202
1.2	0.0171	0.0260	0.0324	0.0491	0.0450	0.0673	0.0546	0.0807	0.0615	0.0901	0.0664	0.0962	0.0698	0.1007	0.0721	0.1037
1.4	0.0145	0.0202	0.0278	0.0386	0.0392	0.0540	0.0483	0.0661	0.0554	0.0751	0.0606	0.0817	0.0644	0.0864	0.0672	0.0897
1.6	0.0123	0.0160	0.0238	0.0310	0.0339	0.0440	0.0424	0.0547	0.0492	0.0628	0.0545	0.0696	0.0586	0.0743	0.0616	0.0780
1.8	0.0105	0.0130	0.0204	0.0254	0.0294	0.0363	0.0371	0.0457	0.0435	0.0534	0.0487	0.0596	0.0528	0.0644	0.0560	0.0681
2.0	0.0090	0.0108	0.0176	0.0211	0.0255	0.0304	0.0324	0.0387	0.0384	0.0456	0.0434	0.0513	0.0474	0.0560	0.0507	0.0596
2.5	0.0063	0.0072	0.0125	0.0140	0.0183	0.0205	0.0236	0.0265	0.0284	0.0318	0.0326	0.0365	0.0362	0.0405	0.0393	0.0440
3.0	0.0046	0.0051	0.0092	0.0100	0.0135	0.0148	0.0176	0.0192	0.0214	0.0233	0.0249	0.0270	0.0280	0.0303	0.0307	0.0333
5.0	0.0018	0.0019	0.0036	0.0038	0.0054	0.0056	0.0071	0.0074	0.0088	0.0091	0.0104	0.0108	0.0120	0.0123	0.0135	0.0139
7.0	0.0009	0.0010	0.0019	0.0019	0.0028	0.0029	0.0038	0.0038	0.0047	0.0047	0.0056	0.0056	0.0064	0.0066	0.0073	0.0074
10.0	0.0005	0.0004	0.0009	0.0010	0.0014	0.0014	0.0019	0.0019	0.0023	0.0024	0.0028	0.0028	0.0033	0.0032	0.0037	0.0037

续表

$n=z/b$	$m=l/b$														
	1.8		2.0		3.0		4.0		6.0		8.0		10.0	
	1点	2点	1点	2点	1点	2点	1点	2点	1点	2点	1点	2点	1点	2点
0.0	0.0000	0.2500	0.0000	0.2500	0.0000	0.2500	0.0000	0.2500	0.0000	0.2500	0.0000	0.2500	0.0000	0.2500
0.2	0.0306	0.2185	0.0306	0.2185	0.0306	0.2186	0.0306	0.2186	0.0306	0.2186	0.0306	0.2186	0.0306	0.2186
0.4	0.0546	0.1891	0.0547	0.1892	0.0548	0.1894	0.0549	0.1894	0.0549	0.1894	0.0549	0.1894	0.0549	0.1894
0.6	0.0694	0.1630	0.0696	0.1633	0.0701	0.1638	0.0702	0.1639	0.0702	0.1640	0.0702	0.1640	0.0702	0.1640
0.8	0.0759	0.1405	0.0764	0.1412	0.0773	0.1423	0.0776	0.1424	0.0776	0.1426	0.0776	0.1426	0.0776	0.1426
1.0	0.0766	0.1215	0.0774	0.1225	0.0790	0.1244	0.0794	0.1248	0.0795	0.1250	0.0796	0.1250	0.0796	0.1250
1.2	0.0738	0.1055	0.0749	0.1069	0.0774	0.1096	0.0779	0.1103	0.0782	0.1105	0.0783	0.1105	0.0783	0.1105
1.4	0.0692	0.0921	0.0707	0.0937	0.0739	0.0973	0.0748	0.0986	0.0752	0.0986	0.0752	0.0987	0.0753	0.0987
1.6	0.0639	0.0806	0.0656	0.0826	0.0697	0.0870	0.0708	0.0882	0.0714	0.0887	0.0715	0.0888	0.0715	0.0889
1.8	0.0585	0.0709	0.0604	0.0730	0.0652	0.0782	0.0666	0.0797	0.0673	0.0805	0.0675	0.0806	0.0675	0.0808
2.0	0.0533	0.0625	0.0553	0.0649	0.0607	0.0707	0.0624	0.0726	0.0634	0.0734	0.0636	0.0736	0.0636	0.0738
2.5	0.0419	0.0469	0.0440	0.0491	0.0504	0.0559	0.0529	0.0585	0.0543	0.0601	0.0547	0.0604	0.0548	0.0605
3.0	0.0331	0.0359	0.0352	0.0380	0.0419	0.0451	0.0449	0.0482	0.0469	0.0504	0.0474	0.0509	0.0476	0.0511
5.0	0.0148	0.0154	0.0161	0.0167	0.0214	0.0221	0.0248	0.0256	0.0253	0.0290	0.0296	0.0303	0.0301	0.0309
7.0	0.0081	0.0083	0.0089	0.0091	0.0124	0.0126	0.0152	0.0154	0.0186	0.0190	0.0204	0.0207	0.0212	0.0216
10.0	0.0041	0.0042	0.0046	0.0046	0.0066	0.0066	0.0084	0.0083	0.0111	0.0111	0.0123	0.0130	0.0139	0.0141

4. 条形荷载作用下的附加应力

条形荷载是指承载面积宽度为 b，长度 l 为无穷大，且荷载沿长度不变（沿宽度 b 可任意变化）的荷载，在条形荷载作用下，地基内附加应力仅为坐标 x、z 的函数，而与坐标 y 无关。这种问题，在工程上称为平面问题。

图 3.16 所示为条形均布荷载作用下 M 点的附加应力，当荷载强度 p_0 均匀分布时，土中任意点 M 上的竖向正应力为

$$\sigma_z = \frac{p_0}{\pi}\left[\left(\arctan\frac{1-2n}{2m} + \arctan\frac{1+2n}{2m}\right) - \frac{4m(4n^2-4m^2-1)}{(4n^2+4m^2-1)+16m^2}\right] = \alpha_s p_0 \quad (3.15)$$

式中：n——计算点距离荷载分布图形中轴线的距离 x 与荷载宽度 b 的比值，$n=x/b$；

m——计算点的深度 z 与荷载宽度 b 的比值，$m=z/b$；

α_s——条形均布荷载作用下的附加应力系数，查表 3-7。

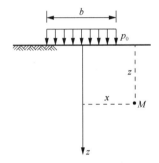

图 3.16 条形均布荷载作用下 M 点的附加应力

表 3-7 条形均布荷载作用下的附加应力系数 α_s

$m=z/b$	$n=x/b$				
	0.00	0.25	0.50	1.00	2.00
0.00	1.00	1.00	0.50	0.00	0.00
0.25	0.96	0.90	0.50	0.02	0.00
0.50	0.82	0.74	0.48	0.08	0.00
0.75	0.67	0.61	0.45	0.15	0.02
1.00	0.55	0.51	0.41	0.19	0.03
1.50	0.40	0.38	0.33	0.21	0.06
2.00	0.31	0.31	0.28	0.20	0.08
3.00	0.21	0.21	0.20	0.17	0.10
4.00	0.16	0.16	0.15	0.14	0.10
5.00	0.13	0.13	0.12	0.12	0.09

当条形荷载沿作用面积宽度方向呈三角形分布，而沿长度方向不变时（图 3.17），地基中任意点 $M(x, z)$ 的附加应力计算公式为

$$\sigma_z^s = \frac{p_0^s}{\pi}\left[n\left(\arctan\frac{n}{m}+\arctan\frac{n-1}{m}\right)-\frac{m(n-1)}{(n-1)^2+m^2}\right]=\alpha_t^s p_0^s \qquad (3.16)$$

式中：n——计算点到荷载强度零点的水平距离 x 与荷载宽度 b 的比值，$n=x/b$；

m——计算点的深度 z 与荷载宽度 b 的比值，$m=z/b$；

α_t^s——三角形分布荷载作用下的附加应力系数，查表3-8。

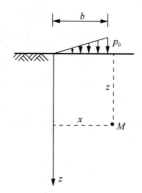

图 3.17　条形三角形分布荷载作用下 M 点的附加应力

表 3-8　三角形分布荷载作用下的附加应力系数 α_t^s

$m=z/b$	$n=x/b$						
	−1.00	−0.50	0.00	0.50	1.00	1.50	2.00
0.00	0.000	0.000	0.000	0.500	0.500	0.000	0.000
0.25	0.000	0.001	0.075	0.480	0.424	0.015	0.003
0.50	0.003	0.023	0.127	0.410	0.353	0.056	0.017
0.75	0.016	0.042	0.153	0.335	0.293	0.108	0.024
1.00	0.025	0.061	0.159	0.275	0.241	0.129	0.045
1.50	0.048	0.096	0.145	0.200	0.185	0.124	0.062
2.00	0.061	0.092	0.127	0.155	0.153	0.108	0.069
3.00	0.064	0.080	0.096	0.104	0.104	0.090	0.071
4.00	0.060	0.067	0.075	0.085	0.075	0.073	0.060
5.00	0.052	0.057	0.059	0.063	0.065	0.061	0.051

5. 圆形荷载作用下的附加应力

设圆形荷载面积的半径为 r_0，作用于地基表面上的竖向均布荷载为 p_0，如以圆形荷载面积的中心点为坐标原点（图 3.18），并在荷载面积上选取微元面积 $dA=rd\theta dr$，以集中力 $p_0 dA$ 代替微元面积上的分布荷载，运用式（3.17）积分得

$$\sigma_z = \frac{3p_0 z^3}{2\pi}\int_0^r\int_0^{2\pi}\frac{r}{(r^2+z^2)^{r/2}}d\theta dr = p_0\left[1-\left(\frac{z^2}{z^2+r_0^2}\right)^{3/2}\right]=\alpha_0 p_0 \qquad (3.17)$$

式中：α_0——圆形均布荷载作用下的附加应力系数，其值根据 z/r_0 由表 3-9 查得。

项目 3 土的压缩性与基础沉降

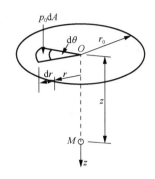

图 3.18 圆形均布荷载下的附加应力

表 3-9 圆形均布荷载作用下的附加应力系数 α_0

z/r	l/r					
	0.0	0.4	0.8	1.2	1.6	2.0
0.0	1.000	1.000	1.000	0.000	0.000	0.000
0.2	0.993	0.987	0.890	0.077	0.005	0.001
0.4	0.949	0.922	0.712	0.181	0.026	0.006
0.6	0.864	0.813	0.591	0.224	0.056	0.016
0.8	0.756	0.699	0.504	0.237	0.083	0.029
1.2	0.646	0.593	0.434	0.235	0.102	0.042
1.4	0.461	0.425	0.329	0.212	0.118	0.062
1.8	0.332	0.311	0.254	0.182	0.118	0.072
2.2	0.246	0.233	0.198	0.153	0.109	0.074
2.6	0.187	0.179	0.158	0.129	0.098	0.071
3.0	0.146	0.141	0.127	0.108	0.087	0.067
3.8	0.096	0.093	0.087	0.078	0.067	0.055
4.6	0.067	0.066	0.063	0.058	0.052	0.045
5.0	0.057	0.056	0.054	0.050	0.046	0.041
6.0	0.040	0.040	0.039	0.037	0.034	0.031

思 考 题

1．研究土中应力的目的是什么？
2．什么是土的自重应力和附加应力？它们沿深度的分布特点是什么？
3．地下水位变化对自重应力有何影响？
4．对水下土层，计算自重应力时如何采用它的重度？
5．基底压力分布与哪些因素有关？中心受压基础和偏心受压基础在实际计算中采用怎样的分布图形及简化计算方法？
6．基底压力和基底附加压力有何区别？如何计算基底附加压力？

7. 甲、乙两个基础，基底附加压力相同，若甲基础底面尺寸大于乙基础，那么在同一深度处两者的附加压力有何不同？

8. 在矩形面积荷载作用下，如何利用角点法求土中任意点的附加应力？

任务 3.2　土的压缩性

土的压缩性是指土在压力作用下体积压缩变小的性能。土是由固体颗粒（土粒）、液体（水）、气体组成的，土的压缩性可能是由于以下三点原因造成的。

（1）土粒本身的压缩变形。

（2）孔隙中不同形态的水和气体的压缩变形。

（3）孔隙中水和气体有一部分被挤出，土的颗粒相互靠拢，使孔隙体积减小。

大量试验资料表明，一般情况下，建筑物在自重应力（100～600kPa）作用下，土中固体颗粒的压缩量极小；水通常被认为是不可压缩的；气体的压缩性较强。自然界中土一般处于开放状态，孔隙中的水和气体在压力作用下不是被压缩的，而是被挤出的。

综上所述，目前研究土的压缩变形都假设：土粒和水本身的微小变形可忽略不计，土的压缩变形主要是孔隙中的水和气体被排出，土粒相互移动靠拢，致使土的孔隙体积减小而引起的。压缩变形的速度与水和气体的排出速度有关。

对于饱和土来说，孔隙中充满着水，土的压缩主要是由于孔隙中的水被挤出，引起孔隙体积减小，饱和土的压缩过程与排水过程一致，压缩时含水量逐渐减小。饱和砂土的孔隙较大，透水性强，在压力作用下孔隙中的水很快被排出，压缩很快完成，但砂土的孔隙总体积小，其压缩量也较小。饱和黏性土的孔隙较小但数量较多，透水性弱，在压力作用下孔隙中的水不可能被很快排出，土的压缩常需要相当长的时间，其压缩量也较大。

对于非饱和土来说，土在压缩过程中，首先是气体外逸，气体完全排出前，孔隙中水尚未充满全部孔隙，此时含水量基本不变，而饱和度逐渐变化；当气体完全排出，土的饱和度达到饱和后，其压缩性与饱和土一样。

为了了解建筑物沉降与时间的关系、基础的沉降达到稳定所需的时间以及地基的强度和稳定性，必须研究土的压缩变形量和压缩过程，即研究压力与孔隙体积的变化关系及孔隙体积随时间变化的情况。工程实际中，土的压缩变形可能在不同条件下进行，如有时受压体只能发生垂直方向变化，基本上不能向侧面膨胀（较深基础的建筑物的地基土压缩），称作无侧胀压缩或有侧限压缩；又如有时受压土周围基本上没有限制，受压过程除垂直方向变形外，还将发生侧向的膨胀变形（较浅基础的建筑物的地基土压缩），称作有侧胀压缩或无侧限压缩。各种土在不同条件下的压缩特性有较大差异，必须借助不同试验方法进行研究，目前常用室内压缩试验来研究土的压缩性，有时还采用现场载荷试验。

3.2.1 土的压缩曲线与压缩性指标

1. 压缩试验

室内压缩试验是用侧限压缩仪（又称固结仪，侧限是指土样不能产生侧向变形）来进行。侧限压缩仪的构造如图 3.19 所示。

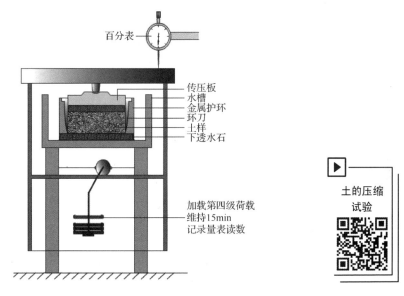

图 3.19　侧限压缩仪的构造

用环刀切取原状土，置于圆形压缩容器的金属护环内，并在土样的上下各垫放一块透水石，然后通过传压板施加压力，使土样产生竖向变形。在常规的试验中，一般按 50kPa、100kPa、200kPa、300kPa、400kPa 5 级施加荷载，并分别在每级压力作用下，按一定的时间间隔，记录土样的竖向变形，直到在该级压力作用下变形稳定，然后，再加下一级压力。

为了通过压缩试验作出压缩曲线，试验时根据每一级压力下的稳定变形量，计算出与各级压力相对应的稳定孔隙比。若试验前试样的横截面面积为 A，土样的原始高度为 h_0，原始孔隙比为 e_0，当施加压力 p_1 后，土样的压缩量为 Δh_1，土样高度由 h_0 减至 h_1，即 $h_1 = h_0 - \Delta h_1$，相应的孔隙比由 e_0 减至 e_1。由于土样压缩时不可能发生侧向变形，故压缩前后土样的横截面面积不变。压缩过程中土粒体积也是不变的，因此加压前土粒体积等于加压后土粒体积，即

$$\frac{Ah_0}{1+e_0} = \frac{A}{1+e_1}(h_0 - \Delta h_1)$$

$$e_1 = e_0 - \frac{\Delta h_1}{h_0}(1+e_0)$$
（3.18）

同理，各级压力 p_i 作用下，土样压缩稳定后相应的孔隙比 e_i 为

$$e_i = e_0 - \frac{\Delta h_i}{h_0}(1 + e_0) \tag{3.19}$$

式中：e_0 与 h_0 值已知，Δh_i 可由位移传感器测得。

2．压缩曲线

求得各级压力作用下的孔隙比后（一般为 3~5 级荷载），以纵坐标表示孔隙比，以横坐标表示压力，便可根据压缩试验成果，绘制孔隙比 e 与压力 p 的关系曲线，该曲线称为压缩曲线，如图 3.20 所示。压缩曲线的形状与土的成分、结构、状态以及受力情况有关。若压缩曲线较陡，说明压力增加时，孔隙比减小得多，土易变形，土的压缩性相对较高；若曲线是平缓的，则说明土不易变形，土的压缩性相对较低。因此，压缩曲线的坡度可以形象地说明土的压缩性高低。

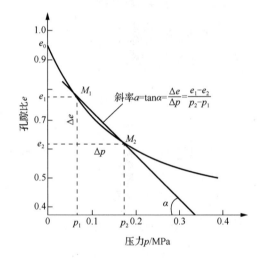

图 3.20　压缩曲线

3．压缩性指标

1）压缩系数 a

在压缩曲线上，当压力的变化范围不大时，可将压缩曲线上一小段曲线近似地用直线来代替，则有

$$a = \tan\alpha = \frac{\Delta e}{\Delta p} = \frac{e_1 - e_2}{p_2 - p_1} \tag{3.20}$$

式（3.20）表明：在压力变化范围不大时，孔隙比的变化值（减小值）与压力的变化值（增加值）成正比。以上为土的压缩定律。孔隙比的变化值与压力的变化值的比值称为压缩系数，用符号 a 表示，单位为 MPa^{-1}。

压缩系数是表示土的压缩性大小的主要指标，其值越大，表明在某压力变化范围内孔隙比减少得越多，压缩性就越高。在工程中常以 $p_1 = 0.1MPa$、$p_2 = 0.2MPa$ 对应的压缩系数 a_{1-2} 作为判断土的压缩性的标准。不同土的压缩系数如表 3-10 所示。

表 3-10 不同土的压缩系数

土的类型	压缩系数/MPa^{-1}
低压缩性土	$a_{1-2} < 0.1$
中压缩性土	$0.1 \leqslant a_{1-2} < 0.5$
高压缩性土	$a_{1-2} \geqslant 0.5$

2）压缩指数 C_c

目前还常用压缩指数 C_c 来进行压缩性评价，进行地基变形量计算。通过压缩试验求得不同压力下的孔隙比 e，以纵坐标表示孔隙比，以横坐标表示压力的对数，绘制土的 e-$\log p$ 曲线（图 3.21）。在一定压力 p 值之下，土的 e-$\log p$ 曲线是直线，用该段直线的斜率作为土的压缩指数 C_c（无量纲量）。

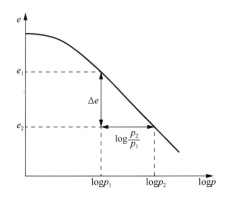

图 3.21 土的 e-$\log p$ 曲线

$$C_c = \frac{e_1 - e_2}{\log p_2 - \log p_1} = \frac{\Delta e}{\log \dfrac{p_2}{p_1}} = \frac{\Delta e}{\log \dfrac{p_1 + \Delta p}{p_1}} \tag{3.21}$$

试验证明，土的 e-$\log p$ 曲线在很大范围内是一条直线，故压缩指数 C_c 是比较稳定的数值，不像压缩系数 a 是随压力变化范围不同而变化的。一般黏性土的 C_c 多数为 0.1～1.0。C_c 越大，土的压缩性越高。

对于正常固结的黏性土，压缩系数和压缩指数之间，存在如下关系。

$$C_c = \frac{a(p_2 - p_1)}{\log p_2 - \log p_1} \text{ 或 } a = \frac{C_c}{p_2 - p_1} \log \frac{p_2}{p_1} \tag{3.22}$$

3）压缩模量 E_s

压缩试验除求得压缩系数 a 和压缩指数 C_c 外，还可求得另一个常用的压缩性指标——压缩模量 E_s（单位为 MPa 或 kPa）。E_s 是指土在有侧限压缩条件下，受压时的压应力 σ_z 与相应的应变 ε_z 之间的比值，即

$$E_s = \frac{\sigma_z}{\varepsilon_z} \tag{3.23}$$

因为

$$\sigma_z = p_2 - p_1, \quad \varepsilon_z = \frac{\Delta h_1}{h_0} = \frac{e_1 - e_2}{1 + e_1}$$

故压缩模量 E_s 与压缩系数 a 的关系为

$$E_s = \frac{p_2 - p_1}{e_1 - e_2}(1 + e_1) = \frac{1 + e_1}{a} \tag{3.24}$$

式中：a——压力从 p_1 增加至 p_2 时，土的压缩系数；

e_1——压力为 p_1 时，土的孔隙比。

土的压缩模量 E_s 越小，土的压缩性越高。

4）变形模量 E_0

土的变形模量是指土在无侧限压缩条件下，压应力与相应的压缩应变的比值，单位是 MPa，它是通过现场载荷试验求得的压缩性指标，能较真实地反映天然土层的变形特性。但载荷试验设备笨重，试验历时长和费用多，且目前深层土的载荷试验在技术应用上存在困难，故土的变形模量常根据室内三轴压缩试验的应力-应变关系曲线来确定，或根据压缩模量的资料来估算。

在土的压密变形阶段，假设土为弹性材料，可根据材料力学理论，推导出变形模量 E_0 与压缩模量 E_s 之间的关系，即

$$E_0 = E_s\left(1 - \frac{2\mu^2}{1-\mu}\right) \tag{3.25}$$

$$\beta = 1 - \frac{2\mu^2}{1-\mu}$$

$$E_0 = \beta E_s \tag{3.26}$$

式中：μ——土的侧膨胀系数（泊松比）。

必须指出，式（3.26）只是变形模量 E_0 与压缩模量 E_s 之间的理论关系。实际上，由于现场载荷试验测定 E_0 与室内压缩试验测定 E_s，各有无法考虑到的因素，使得式（3.26）不能准确反映 E_0 与 E_s 之间的实际关系。比如，室内压缩试验的土样容易受到较大的扰动；现场载荷试验与室内压缩试验的加荷速率不一样；μ 值不易精确确定；等等。根据统计资料，E_0 经常是 E_s 的几倍，一般来说，土越坚硬倍数越大，而软土的这两个值就比较接近。

3.2.2 土的应力历史

1. 土的固结状态

天然沉积的原状土在漫长的地质历史年代中，有的是在很早以前形成的，有的是近代（近一万年以来）沉积的（如海相或河湖相）。一般来说，沉积时间较长的土层相对埋藏深，上覆压力大，经历固结时间长，故土层比较密实，压缩性较低；沉积时间较短的土层一般埋藏浅，上覆压力较小，经历固结时间较短，故土层比较疏松，压缩性较高。这种土层在地质历史过程中受过的最大固结压力（包括自重和外荷载），称为前期固结压力，以 p_c 表

示。天然土层通过对 p_c 与土的自重应力 σ_s 的大小进行对比,可将土分为以下三种固结状态。

(1) $p_c = \sigma_s$,此时土称为正常固结土,表征土层在地质历史上所受过的最大固结压力与现今的自重应力相等,土层处于正常固结状态。

(2) $p_c > \sigma_s$,此时土称为超固结土,表征土层曾经受过的最大固结压力比现今的自重应力要大,土层处于超固结状态。

(3) $p_c < \sigma_s$,此时土称为欠固结土,表征土层的固结程度尚未达到现有自重压力条件下的最终固结状态,处于欠固结状态。

前期固结压力是反映土层的原始应力状态的一个指标。在工程实际中,通常用超固结比来定量地表征天然土的固结状态,即

$$\text{OCR} = \frac{p_c}{\sigma_s} \tag{3.27}$$

式中:OCR——土的超固结比。

若 OCR=1,此时土属正常固结土;若 OCR>1,此时土属超固结土;若 OCR<1,此时土属欠固结土。

2. 土的前期固结压力

为了判断天然土层的固结状态及应力历史对地基变形的影响,需要确定土的前期固结压力,比较常用的是卡萨格兰德法(由卡萨格兰德提出)(图 3.22),其步骤如下。

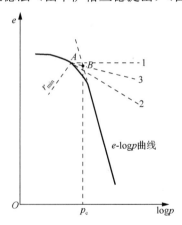

图 3.22 卡萨格兰德法

(1) 取原状土做室内压缩试验,绘出 $e\text{-}\log p$ 曲线。

(2) 在 $e\text{-}\log p$ 曲线的转折点处,找出曲线上最小曲率半径的点 A,过点 A 作该曲线的切线 $A2$ 和平行于横坐标的水平线 $A1$。

(3) 作 $\angle 1A2$ 的分角线 $A3$,延长 $e\text{-}\log p$ 曲线后段的直线段,与 $A3$ 相交于点 B;则点 B 所对应的压力即为该原状土的前期固结压力 p_c。

但使用卡萨格兰德法确定土的前期固结压力时应注意,若试验时采用的压缩稳定标准不同,或绘制 $e\text{-}\log p$ 曲线时横纵坐标采用的比例不同,又或者对曲线上最小曲率半径的点 A 定得不准,都将影响 p_c 值的确定。因此,如何能确定比较符合实际的前期固结压力,尚需进一步研究。

思 考 题

1. 何谓压缩曲线？它是怎样获得的？
2. 压缩系数的物理意义是什么？怎样用压缩系数判别土的压缩性？
3. 同一种土的压缩系数是否为常数？其大小与什么有关？
4. 什么是压缩模量？压缩模量与压缩系数有何关系？
5. 变形模量与压缩模量有何不同？

任务 3.3　地基最终沉降量的计算

地基沉降量的计算

地基最终沉降量是指地基在建筑物附加荷载作用下，变形稳定后的沉降量。最终沉降量对土木工程的设计、施工具有重要意义。计算地基最终沉降量的方法有很多，本节主要介绍两种常用的方法：分层总和法和地基规范法。

3.3.1　分层总和法

分层总和法是在地基沉降计算范围内将地基划分为若干分层，分别计算出各层的沉降量，进而求其总和的方法。

1．基本假定

分层总和法计算地基沉降量有下列假定。

（1）荷载作用下，地基只发生竖向压缩变形，不发生侧向膨胀变形。这样就可以采用有侧限压缩条件下的压缩性指标计算地基的沉降量。

（2）由于第一条假定使计算出的沉降量偏小，为弥补这一缺陷，采用基底中心点下的附加应力计算地基最终沉降量。

2．基本原理

分层总和法只考虑地基的竖向压缩变形，没有考虑侧向膨胀变形，地基的变形同室内压缩试验中的情况基本一致，属一维压缩问题。地基最终沉降量可用室内压缩试验确定的参数（e_i、E_s、a）进行计算，根据式（2.2）有

$$e_2 = e_1 - (1+e_1)\frac{s}{h}$$

变换后得

$$s = \frac{e_1 - e_2}{1+e_1}h \tag{3.28a}$$

或
$$s = \frac{a}{1+e_1}\sigma_z \cdot h \tag{3.28b}$$

式中：s——地基最终沉降量，mm；

e_1——地基受荷前（自重应力作用下）的孔隙比；

e_2——地基受荷（自重应力与附加应力共同作用下）沉降稳定后的孔隙比；

h——土层的厚度。

计算沉降量时，在地基可能受荷变形的范围内，根据土的特性、应力状态，以及地下水位情况，对地基进行分层。然后按式（3.28）计算各分层的沉降量 s_i，最后将各分层的沉降量加起来，即为地基的最终沉降量，即

$$s = \sum_{i=1}^{n} s_i \tag{3.29}$$

分层总和法计算地基最终沉降量如图 3.23 所示。

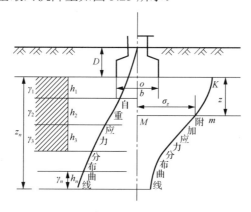

图 3.23 分层总和法计算地基最终沉降量

3．计算步骤

1）沉降量计算分层

为了减少沉降量计算误差，在确定分层界面时，一般要求每层厚度 h_i 不大于 $0.4b$（b 为基础底面宽度）或 1m。压缩性不同的天然土层、地下水等均为分界面。每层土厚度可以相等，也可以不相等，由于基础底面附近的附加应力变化较大，所以基础底面附近的分层厚度宜小一些，使各层的附加应力分布曲线可以用直线代替。

2）绘制土的自重应力分布曲线

计算各层土分界面处的自重应力，进而绘制土的自重应力分布曲线。自重应力从地面开始计算，如图 3.23 所示。

3）绘制土的附加应力分布曲线

计算各层土分界面处的附加应力，并绘制土的附加应力分布曲线。附加应力从基础底面开始计算。基础底面以下某深度 z 处的附加应力 σ_{zi} 为

$$\sigma_{zi} = K_i(p - \gamma D) \tag{3.30}$$

式中：K_i——计算点的附加应力系数；

D——基础埋置深度。

4）确定沉降计算深度 z_n（受压层深度）

从图 3.23 可以看出，附加应力随深度递减，自重应力随深度递增，到了一定深度之后，附加应力相对于该处原有的自重应力已经很小，引起的压缩变形可以忽略不计，因此沉降算到此深度即可。在实际工程计算中，可以采用基础底面下某一深度作为沉降计算深度 z_n，该深度以下土层的地基沉降将可以忽略不计。一般取附加应力与自重应力的比值为 0.2（一般土）或 0.1（软土）的深度（即压缩层厚度）处作为沉降计算深度的界限。在受压层范围内，如某一深度以下都是压缩性很小的岩土层，如密实的碎石土或粗砂、砾砂、基岩等，则受压层只计算到这些地层的顶面即可。

5）计算各层土的沉降量

每一分层的平均自重应力 p_1 为

$$p_1 = \sigma_{si} = \sum_{i=1}^{n} \gamma_i z_i + \gamma D \quad (3.31)$$

施加荷载后，每一分层的平均实受应力 p_2 等于自重应力与附加应力之和，即

$$p_2 = \sigma_{si} + \sigma_{zi} = \sum_{i=1}^{n} \gamma_i z_i + \gamma D + K_i(p - \gamma D) \quad (3.32)$$

求得 p_1 与 p_2 之后，分别在压缩曲线（图 3.20）上查得相应的孔隙比 e_{1i} 与 e_{2i}，那么第 i 层的沉降量为

$$s_i = \frac{e_{1i} - e_{2i}}{1 + e_{1i}} h_i \quad (3.33)$$

或者在确定每一分层的平均附加应力 σ_{zi} 与平均压缩模量之后，用式（3.34）计算每一分层的沉降量，即

$$s_i = \frac{\sigma_{zi}}{E_{si}} h_i \quad (3.34)$$

6）确定受压层下限和计算最终沉降量

地基最终沉降量等于各分层沉降量之和，即

$$s = \sum_{i=1}^{n} s_i = \sum_{i=1}^{n} \frac{e_{1i} - e_{2i}}{1 + e_{1i}} h_i = \sum_{i=1}^{n} \frac{\sigma_{zi}}{E_{si}} h_i \quad (3.35)$$

最终沉降量是第一层到第 n 层的沉降量的总和，第 n 层的底面就是受压层的下限。

3.3.2 地基规范法

《建筑地基基础设计规范》（GB 50007—2011）推荐的地基最终沉降量计算方法是在分层总和法的基础上，总结了我国建筑工程中大量沉降观测资料，引入了沉降计算经验系数，对计算结果进行修正，使计算结果与基础实际沉降更趋于一致；同时，由于采用了"应力面积"的概念，一般可以按地基土的天然层面分层，使计算工作得以简化。

1. 基本原理

使用分层总和法，计算第 i 层土的沉降量为

$$s_i' = \frac{\overline{\sigma}_{zi}}{E_{si}} h_i$$

式中，$\overline{\sigma}_{zi} h_i$ 等于第 i 层土的附加应力面积 $cdfe$（图 3.24），从图中可以看出 $A_{cdfe} = A_{abfe} - A_{abdc}$，故

$$s_i' = \frac{\overline{\sigma}_i z_i - \overline{\sigma}_{i-1} z_{i-1}}{E_{si}}$$

式中：$\overline{\sigma}_i$——深度 z_i 范围的平均附加应力；

$\overline{\sigma}_{i-1}$——深度 z_{i-1} 范围的平均附加应力。

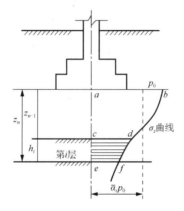

图 3.24 地基规范法计算地基最终沉降量

将平均附加应力除以基础底面处附加应力 p_0，便可得平均附加应力系数 $\overline{\alpha}_i$，即

$$\overline{\alpha}_i = \frac{\overline{\sigma}_i}{p_0}, \quad 即 \quad \overline{\sigma}_i = p_0 \overline{\alpha}_i$$

$$\overline{\alpha}_{i-1} = \frac{\overline{\sigma}_{i-1}}{p_0}, \quad 即 \quad \overline{\sigma}_{i-1} = p_0 \overline{\alpha}_{i-1}$$

那么第 i 层土的沉降量为

$$s_i' = \frac{1}{E_{si}}(p_0 \overline{\alpha}_i z_i - p_0 \overline{\alpha}_{i-1} z_{i-1}) = \frac{p_0}{E_{si}}(\overline{\alpha}_i z_i - \overline{\alpha}_{i-1} z_{i-1})$$

地基最终沉降量为

$$s' = \sum_{i=1}^{n} s_i' = \sum_{i=1}^{n} \frac{p_0}{E_{si}}(\overline{\alpha}_i z_i - \overline{\alpha}_{i-1} z_{i-1}) \tag{3.36}$$

由式（3.36）乘以沉降计算经验系数，即为《建筑地基基础设计规范》(GB 50007—2011) 推荐的沉降计算公式，即

$$s = \varphi_s s' = \varphi_s \sum_{i=1}^{n} s_i' = \varphi_s \sum_{i=1}^{n} \frac{p_0}{E_{si}}(\overline{\alpha}_i z_i - \overline{\alpha}_{i-1} z_{i-1}) \tag{3.37}$$

式中：s——地基最终沉降量，mm；

φ_s——沉降计算经验系数，应根据同类地区已有房屋和构筑物实测最终沉降量与计算沉降量对比确定，一般采用表 3-11 的数值；

n——地基沉降计算深度范围内所划分的土层数；

p_0——相当于作用的准永久组合时基础底面处的附加应力，kPa；

E_{si}——基础底面下第 i 层土的压缩模量，MPa；

z_i、z_{i-1}——基础底面至第 i 层和第 i-1 层土底面的距离，m；

$\bar{\alpha}_i$、$\bar{\alpha}_{i-1}$——基础底面计算点至第 i 层和第 i-1 层土底面范围内平均附加应力系数，可查表 3-12。

表 3-11　沉降计算经验系数 φ_s

基底附加应力 p_0 / kPa	压缩模量 $\bar{E}_s$ / MPa				
	2.5	4.0	7.0	15.0	20.0
$p_0 \geqslant f_{ak}$	1.4	1.3	1.0	0.4	0.2
$p_0 < 0.75 f_{ak}$	1.1	1.0	0.7	0.4	0.2

当变形计算深度内有多层土时，$\bar{E}_s$ 可按附加应力面积的加权平均值采用，即

$$\bar{E}_s = \frac{\sum A_i}{\sum \dfrac{A_i}{E_{si}}}$$

式（3.37）中的沉降计算经验系数 φ_s 综合考虑了沉降计算公式中所不能反映的一些因素，如土的工程地质类型不同、选用的压缩模量与实际的有出入、土层的非均质性对应力分布的影响、荷载性质的不同与上部结构对荷载分布的调整作用等。

还应注意，平均附加应力系数 $\bar{\alpha}_i$ 是指基础底面计算点至第 i 层全部土层的附加应力系数平均值，而非地基中某一点的附加应力系数。

表 3-12　矩形及圆形面积上均布荷载作用下通过中心点竖线上的平均附加应力系数 $\bar{\alpha}_i$

$n=z/b$	$m=l/b$												圆形	
	1.0	1.2	1.4	1.6	1.8	2.0	2.4	2.8	3.2	3.6	4.0	5.0	>10（条形）	z/R	$\bar{\alpha}_i$
0.0	1.000	1.000	1.000	1.000	1.000	1.000	1.000	1.000	1.000	1.000	1.000	1.000	1.000	0.0	1.000
0.1	0.997	0.998	0.998	0.998	0.998	0.998	0.998	0.998	0.998	0.998	0.998	0.998	0.998	0.1	1.000
0.2	0.987	0.990	0.991	0.992	0.992	0.992	0.993	0.993	0.993	0.993	0.993	0.993	0.993	0.2	0.998
0.3	0.967	0.973	0.976	0.978	0.979	0.979	0.980	0.980	0.981	0.981	0.981	0.981	0.982	0.3	0.993
0.4	0.936	0.947	0.953	0.956	0.958	0.965	0.961	0.962	0.962	0.963	0.963	0.963	0.963	0.4	0.986
0.5	0.900	0.915	0.924	0.929	0.933	0.935	0.937	0.939	0.939	0.940	0.940	0.940	0.940	0.5	0.974
0.6	0.858	0.878	0.890	0.898	0.903	0.906	0.910	0.912	0.913	0.914	0.914	0.915	0.915	0.6	0.960
0.7	0.816	0.840	0.855	0.865	0.871	0.876	0.881	0.884	0.885	0.886	0.887	0.887	0.888	0.7	0.942
0.8	0.775	0.801	0.819	0.831	0.839	0.844	0.851	0.855	0.857	0.858	0.859	0.860	0.860	0.8	0.923
0.9	0.735	0.764	0.784	0.797	0.806	0.813	0.821	0.826	0.829	0.830	0.831	0.832	0.833	0.9	0.901
1.0	0.698	0.723	0.749	0.764	0.775	0.783	0.792	0.798	0.801	0.803	0.804	0.806	0.807	1.0	0.878
1.1	0.663	0.694	0.717	0.733	0.744	0.753	0.764	0.771	0.775	0.777	0.779	0.780	0.782	1.1	0.855
1.2	0.631	0.663	0.686	0.703	0.715	0.725	0.737	0.744	0.749	0.752	0.754	0.756	0.758	1.2	0.831

续表

$n=z/b$	$m=l/b$												>10(条形)	圆形 z/R	$\bar{\alpha}_i$
	1.0	1.2	1.4	1.6	1.8	2.0	2.4	2.8	3.2	3.6	4.0	5.0			
1.3	0.601	0.633	0.657	0.674	0.688	0.698	0.711	0.719	0.725	0.728	0.730	0.733	0.735	1.3	0.808
1.4	0.573	0.605	0.629	0.648	0.661	0.672	0.687	0.696	0.701	0.705	0.708	0.711	0.714	1.4	0.784
1.5	0.548	0.580	0.604	0.622	0.637	0.643	0.664	0.676	0.679	0.683	0.686	0.690	0.693	1.5	0.762
1.6	0.524	0.556	0.580	0.599	0.613	0.625	0.641	0.651	0.658	0.663	0.666	0.670	0.675	1.6	0.739
1.7	0.502	0.533	0.558	0.577	0.591	0.603	0.620	0.631	0.638	0.643	0.646	0.651	0.656	1.7	0.718
1.8	0.482	0.513	0.527	0.556	0.571	0.583	0.600	0.611	0.619	0.624	0.629	0.633	0.638	1.8	0.697
1.9	0.463	0.493	0.517	0.536	0.551	0.563	0.581	0.593	0.601	0.606	0.610	0.616	0.622	1.9	0.677
2.0	0.446	0.475	0.499	0.518	0.533	0.545	0.563	0.575	0.584	0.590	0.594	0.600	0.606	2.0	0.658
2.1	0.429	0.459	0.482	0.500	0.515	0.528	0.546	0.559	0.567	0.574	0.578	0.585	0.591	2.1	0.640
2.2	0.414	0.443	0.466	0.484	0.499	0.511	0.530	0.543	0.552	0.558	0.563	0.570	0.577	2.2	0.623
2.3	0.400	0.428	0.451	0.469	0.484	0.496	0.515	0.528	0.537	0.544	0.548	0.556	0.564	2.3	0.606
2.4	0.387	0.414	0.436	0.454	0.469	0.481	0.500	0.513	0.523	0.530	0.535	0.543	0.551	2.4	0.590
2.5	0.374	0.401	0.423	0.441	0.455	0.468	0.486	0.500	0.509	0.516	0.522	0.530	0.539	0.5	0.574
2.6	0.362	0.389	0.410	0.428	0.442	0.455	0.473	0.487	0.496	0.504	0.509	0.518	0.528	2.6	0.560
2.7	0.351	0.377	0.398	0.416	0.430	0.442	0.461	0.474	0.484	0.492	0.497	0.506	0.517	2.7	0.546
2.8	0.341	0.366	0.387	0.404	0.418	0.430	0.449	0.463	0.472	0.480	0.486	0.495	0.506	2.8	0.532
2.9	0.331	0.356	0.377	0.393	0.407	0.419	0.438	0.451	0.461	0.469	0.475	0.485	0.496	2.9	0.519
3.0	0.322	0.346	0.366	0.383	0.397	0.409	0.427	0.441	0.451	0.459	0.465	0.474	0.487	3.0	0.507
3.1	0.313	0.337	0.357	0.373	0.387	0.398	0.417	0.430	0.440	0.448	0.454	0.464	0.477	3.1	0.495
3.2	0.305	0.328	0.348	0.364	0.377	0.389	0.407	0.420	0.431	0.439	0.445	0.455	0.468	3.2	0.484
3.3	0.297	0.320	0.339	0.355	0.368	0.379	0.397	0.411	0.421	0.429	0.436	0.446	0.460	3.3	0.473
3.4	0.289	0.312	0.331	0.346	0.359	0.371	0.388	0.402	0.412	0.420	0.427	0.437	0.452	3.4	0.463
3.5	0.282	0.304	0.323	0.338	0.351	0.362	0.380	0.393	0.403	0.412	0.418	0.429	0.444	3.5	0.453
3.6	0.276	0.297	0.315	0.330	0.343	0.354	0.372	0.385	0.395	0.403	0.410	0.421	0.436	3.6	0.443
3.7	0.269	0.290	0.308	0.323	0.335	0.346	0.364	0.377	0.387	0.395	0.402	0.413	0.429	3.7	0.434
3.8	0.263	0.284	0.301	0.316	0.328	0.339	0.356	0.369	0.379	0.388	0.394	0.405	0.422	3.8	0.425
3.9	0.257	0.277	0.294	0.309	0.321	0.332	0.349	0.362	0.372	0.380	0.387	0.398	0.415	3.9	0.417
4.0	0.251	0.271	0.288	0.302	0.314	0.325	0.342	0.355	0.365	0.373	0.379	0.391	0.408	4.0	0.409
4.1	0.246	0.265	0.282	0.296	0.308	0.318	0.335	0.348	0.368	0.366	0.372	0.384	0.402	4.1	0.401
4.2	0.241	0.260	0.276	0.290	0.302	0.312	0.328	0.341	0.352	0.359	0.366	0.377	0.396	4.2	0.393
4.3	0.236	0.255	0.270	0.284	0.296	0.306	0.322	0.335	0.345	0.363	0.359	0.371	0.390	4.3	0.386
4.4	0.231	0.250	0.265	0.278	0.290	0.300	0.316	0.329	0.339	0.347	0.353	0.365	0.384	4.4	0.379
4.5	0.226	0.245	0.260	0.273	0.285	0.294	0.310	0.323	0.333	0.341	0.347	0.359	0.378	4.5	0.372
4.6	0.222	0.240	0.255	0.268	0.279	0.289	0.305	0.317	0.327	0.335	0.341	0.353	0.373	4.6	0.365
4.7	0.218	0.235	0.250	0.263	0.274	0.284	0.299	0.312	0.321	0.329	0.336	0.347	0.367	4.7	0.359
4.8	0.214	0.231	0.245	0.258	0.269	0.279	0.294	0.306	0.316	0.324	0.330	0.342	0.362	4.8	0.353
4.9	0.210	0.227	0.241	0.253	0.265	0.274	0.289	0.301	0.311	0.319	0.325	0.337	0.357	4.9	0.347
5.0	0.206	0.223	0.237	0.249	0.260	0.269	0.284	0.296	0.306	0.313	0.320	0.332	0.352	5.0	0.341

地基沉降计算深度 z_n 可按下述方法确定，当存在相邻荷载影响时，z_n 取值应满足式（3.38）。

$$\Delta s'_n \leqslant 0.025 \sum_{i=1}^{n} \Delta s'_i \tag{3.38}$$

式中：$\Delta s'_n$——在深度 z_n 处，向上取计算厚度为 Δz 的土层的计算沉降量，Δz 取值查表 3-13；

$\Delta s'_i$——在深度 z_n 范围内，第 i 层土的计算沉降量。

表 3-13 Δz 取值

b/m	≤2	2～4	4～8	8～15	15～30	>30
Δz/m	0.3	0.6	0.8	1.0	1.2	1.5

注：b 为基础宽度。

如确定的沉降计算深度下部仍有较软土层时，应继续计算。

当无相邻荷载影响，且基础宽度 b 在 1～30m 范围内时，基础中心点的地基沉降计算深度 z_n 也可按下列简化公式计算。

$$z_n = b(2.5 - 0.4 \ln b) \tag{3.39}$$

式中：b——基础宽度，m。

当计算范围内存在基岩时，z_n 可取至基岩表面；当存在较厚的坚硬黏性土层，其孔隙比 e 小于 0.5、压缩模量 E_s 大于 50MPa，或存在较厚的密实砂卵石层，其压缩模量 E_s 大于 80MPa，z_n 可取至该层土表面。

2．计算步骤

地基规范法计算地基最终沉降量步骤如下。

（1）确定分层厚度，按天然土层分层（即根据压缩模量 E_s 不同分层）。

（2）确定沉降计算深度 z_n。

（3）确定各层土的压缩模量 E_s。

（4）计算各层土的沉降量。

（5）确定沉降计算经验系数。

（6）计算地基最终沉降量。

例题 3.3 如图 3.25 所示，矩形独立柱基础底面尺寸 l=3m，b=3m，基础埋深 D=1.5m，上部结构传来的轴向力 F=600kN，地基土分两层及各层土的压缩模量分别为 4.6MPa 和 6.5MPa，持力层的地基承载力特征值 f_{ak}=120kPa，试用地基规范法计算基础中心点的最终沉降量。

解：（1）计算基础底面附加应力。

基础底面应力为

$$p = \frac{F + G}{A} = \frac{600 + 20 \times 3 \times 3 \times 1.5}{3 \times 3} \approx 96.67 \text{(kPa)}$$

基底附加应力为

$$p_0 = p - \gamma D = 96.67 - 18 \times 1.5 = 69.67 \text{(kPa)}$$

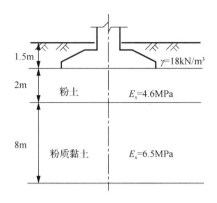

图 3.25 例题 3.3 图

（2）确定沉降计算深度。
$$z_n = b(2.5 - 0.4\ln b) = 3 \times (2.5 - 0.4\ln 3) \approx 6.182 \approx 6.2(\text{m})$$

（3）计算各层土的沉降量，计算过程中的数据取值可见表 3-14。
根据表 3-12，得到平均附加应力系数，然后依据下列公式计算第 i 层土的沉降量。
$$s_i' = \frac{p_0}{E_{si}}(\bar{\alpha}_i z_i - \bar{\alpha}_{i-1} z_{i-1})$$

根据上式计算粉土层的沉降量为
$$s_i' = \frac{69.67}{4.6} \times 1.6640 \approx 25.20(\text{mm})$$

计算粉质黏土层的沉降量为
$$s_i' = \frac{69.67}{6.5} \times 1.0318 \approx 11.06(\text{mm})$$

（4）确定沉降计算经验系数 φ_s，得出地基最终沉降量。
$$\bar{E}_s = \frac{\sum A_i}{\sum \dfrac{A_i}{E_{si}}} = \frac{(\bar{\alpha}_2 z_2 - \bar{\alpha}_0 z_0)}{\left[\dfrac{(\bar{\alpha}_1 z_1 - \bar{\alpha}_0 z_0)}{E_{s1}} + \dfrac{(\bar{\alpha}_2 z_2 - \bar{\alpha}_1 z_1)}{E_{s2}}\right]} = \frac{2.6958}{\dfrac{1.664}{4.6} + \dfrac{1.0318}{6.5}} \approx 5.18(\text{MPa})$$

由于 $p_0 < 0.75 f_{ak} = 0.75 \times 120 = 90(\text{kPa})$，查表（3-14）得
$$\varphi_s = 1.0 - \frac{1.0 - 0.7}{7.0 - 4.0} \times (5.18 - 4.0) = 0.882$$

基础中点的最终沉降量为
$$s = \varphi_s s' = 0.882 \times (25.20 + 11.06) \approx 31.98(\text{mm})$$

表 3-14 各层土沉降计算（例题 3.3）

点号	z_i/m	l/b	z/b	$\bar{\alpha}_i$	$\bar{\alpha}_i z_i$/m	$\bar{\alpha}_i z_i - \bar{\alpha}_{i-1} z_{i-1}$/m	E_{si}/MPa	s_i'/mm	$s' = \sum s_i'$/mm
0	0.0	1.0	0.00	1.000	0.000				
1	2.0	1.0	0.66	0.8320	1.6640	1.6640	4.6	25.20	25.20
2	6.2	1.0	2.06	0.4348	2.6958	1.0318	6.5	11.06	36.26

3.3.3 考虑应力历史影响的地基最终沉降量计算

考虑应力历史影响的地基最终沉降量的计算方法仍为分层总和法。下面将分别介绍正常固结土、超固结土和欠固结土的沉降计算。

1. 正常固结土的沉降计算

计算正常固结土的沉降时，由 $e\text{-log}p$ 曲线确定压缩指数 C_c 后，按式（3.40）计算最终沉降量。

$$s = \sum_{i=1}^{n} \frac{h_i}{1+e_{0i}} \left[C_{ci} \log \left(\frac{\sigma_{si} + \sigma_{zi}}{\sigma'_{pi}} \right) \right] \tag{3.40}$$

2. 超固结土的沉降计算

对于超固结土的沉降计算，应该分以下两种情况考虑。

（1）当 $\sigma_{si} + \sigma_{zi} \leqslant \sigma'_{pi}$ 时，用回弹指数计算，若地基压缩层内有 m 层土属此类情况，则按式（3.41）计算。

$$s_m = \sum_{i=1}^{m} \frac{h_i}{1+e_{0i}} \left[C_{ei} \log \left(\frac{\sigma_{si} + \sigma_{zi}}{\sigma'_{pi}} \right) \right] \tag{3.41}$$

式中：s_m——m 层土范围内的沉降量，m；
　　　h_i——第 i 层土分层厚度，mm；
　　　e_{0i}——第 i 层土初始孔隙比；
　　　C_{ei}——第 i 层土的回弹指数；
　　　σ_{si}——第 i 层土自重应力平均值，kPa；
　　　σ_{zi}——第 i 层土附加应力平均值，kPa；
　　　σ'_{pi}——第 i 层土前期固结压力，kPa。

（2）当 $\sigma_{si} + \sigma_{zi} > \sigma'_{pi}$ 时，若地基压缩层内有 n 层土属此情况，则可按式（3.42）计算。

$$s_n = \sum_{i=1}^{n} \frac{h_i}{1+e_{0i}} \left[C_{ei} \log \frac{\sigma'_{pi}}{\sigma'_{si}} + C_{ci} \log \left(\frac{\sigma_{si} + \sigma_{zi}}{\sigma'_{pi}} \right) \right] \tag{3.42}$$

式中：s_n——n 层土范围内的沉降量，mm；
　　　C_{ci}——第 i 层土的压缩指数。

（3）地基压缩层内有上述两种情况的土层，则其总沉降量为上述两部分之和，即

$$s = s_m + s_n \tag{3.43}$$

3. 欠固结土的沉降计算

欠固结土的沉降计算包括两部分：由土的自重应力作用下的继续固结引起的沉降和由附加应力产生的沉降。欠固结土可按式（3.44）计算最终沉降量。

$$s = \sum_{i=1}^{n} \frac{h_i}{1+e_{0i}} \left[C_{ci} \log \left(\frac{\sigma_{si} + \sigma_{zi}}{\sigma'_{pi}} \right) \right] \tag{3.44}$$

思 考 题

1. 分层总和法的基本假定是什么？
2. 何谓压缩层？其厚度怎样确定？要符合什么要求？
3. 怎样计算地基的最终沉降量？为什么分层总和法的计算精确度较低？
4. 计算地基沉降的分层总和法与地基规范法有何异同？

任务 3.4　建筑物沉降观测与地基变形允许值

3.4.1　地基变形特征

建筑物的地基变形特征，可分为沉降量、沉降差、倾斜和局部倾斜四种。

1．沉降量

（1）定义：沉降量特指基础中心的沉降量，以 mm 为单位。

（2）作用：若沉降量过大，势必影响建筑物的正常使用。例如，会导致室内外的上下水管、照明与通信电缆以及煤气管道的连接折断，污水倒灌，雨水积聚，室内外交通不便，等等。因此，很多地区用沉降量作为建筑物地基变形的控制指标之一。

2．沉降差

（1）定义：沉降差指同一建筑物中，相邻两个基础沉降量的差值，以 mm 为单位。

（2）作用：若建筑物的沉降差过大，会使相应的上部结构产生额外应力，超过限度时，建筑物将产生裂缝、倾斜甚至破坏。沉降差是由地基软硬不均匀、荷载大小有差异、体型复杂等因素，引起地基变形不同而造成的。对于框架结构和单层排架结构，设计时沉降差应由相邻柱基的沉降控制。

3．倾斜

（1）定义：倾斜特指独立基础倾斜方向两端点的沉降差与其距离的比值，以%表示。

（2）作用：若建筑物倾斜过大，将影响正常使用，遇台风或强烈地震时危及建筑物整体稳定甚至倾覆。对于多层或高层建筑和烟囱、水塔、高炉等高耸结构，应以倾斜值作为控制指标。

4．局部倾斜

（1）定义：局部倾斜指砖石砌体承重结构，沿纵向 6～10m 基础两点的沉降差与其距离比值，以%表示。

（2）作用：若建筑物的局部倾斜过大，往往使砖石砌体承受弯矩而被拉裂。

3.4.2 建筑物的沉降观测

1. 沉降观测的目的

（1）验证工程设计与沉降计算的正确性。
（2）判别建筑物的施工质量。
（3）发生事故后，作为分析事故原因和加固处理的依据。

2. 沉降观测的必要性

对一级建筑物，高层建筑，重要的、新型的或有代表性的建筑物，体型复杂、形式特殊或使用上对不均匀沉降有严格要求的建筑物，大型高炉、平炉，以及建设在软弱地基或地基软硬突变，存在故河道、池塘、暗浜或局部基岩出露等位置的建筑物，等等，为保障建筑物的安全，应在施工期间与竣工后使用期间进行系统的沉降观测。

3. 水准基点的设置

水准基点的设置以保证水准基点的稳定可靠为原则，宜设置在基岩或压缩性较低的土层上。水准基点的位置应靠近观测点并在建筑物产生的压力影响范围以外，不受行人车辆碰撞的影响。在一个观测区内水准基点的数量不应少于 3 个。

4. 观测点的设置

观测点的设置应能全面反映建筑物的变形并结合地质情况进行确定，如建筑物四个角点、沉降缝两侧、高低层交界处、地基土软硬交界两侧等。在一个观测区内观测点的数量不少于 6 个。

5. 仪器与精度

沉降观测的仪器宜采用精密水平仪和金属直尺，对第一观测对象宜固定测量工具、固定人员，观测前应严格校验仪器。

测量精度宜采用二等水准测量，视线长度宜为 20~30m；视线高度不宜低于 0.3m。水准测量时应采用闭合水准路线。

6. 观测次数和时间

观测次数和时间要求前密后稀。民用建筑每建完一层（包括地下部分）应观测一次；工业建筑按不同荷载阶段分次观测，施工期间观测不应少于 4 次。建筑物竣工后的观测：第一年不少于 3~5 次，第二年不少于 2 次，以后每年一次，直至下沉稳定。稳定标准为半年沉降量 $s \leqslant 2mm$。特殊情况如突然发生严重裂缝或大量沉降，应增加观测次数。

当基坑较深时，可考虑开挖后的回弹观测。

3.4.3 建筑物的地基变形允许值

为了保证建筑物正常使用，防止建筑物因地基变形过大而发生裂缝、倾斜等事故，根据各类建筑物的特点和地基土的不同类别，《建筑地基基础设计规范》（GB 50007—2011）规定了建筑物的地基变形允许值，如表 3-15 所示。

表 3-15 建筑物的地基变形允许值 单位：m

变形特征		地基土类型	
		中、低压缩性土	高压缩性土
砌体承重结构基础的局部倾斜		0.002	0.003
工业与民用建筑相邻柱基的沉降差	框架结构	0.0021	0.0031
	砌体墙填充的边排柱	0.00071	0.0011
	当基础不均匀沉降时不产生附加应力的结构	0.0051	0.0051
单层排架结构（柱距为6m）柱基的沉降量/mm		(120)	200
桥式吊车轨面的倾斜（按不调整轨道考虑）	纵向	0.004	
	横向	0.003	
多层和高层建筑的整体倾斜	$H_g \leqslant 24$	0.004	
	$24 < H_g \leqslant 60$	0.003	
	$60 < H_g \leqslant 100$	0.0025	
	$H_g > 100$	0.002	
体型简单的高层建筑基础的平均沉降量/mm		200	
高耸结构基础的倾斜	$H_g \leqslant 20$	0.008	
	$20 < H_g \leqslant 50$	0.006	
	$50 < H_g \leqslant 100$	0.005	
	$100 < H_g \leqslant 150$	0.004	
	$150 < H_g \leqslant 200$	0.003	
	$200 < H_g \leqslant 250$	0.002	
高耸结构基础的沉降量/mm	$H_g \leqslant 100$	400	
	$100 < H_g \leqslant 200$	300	
	$200 < H_g \leqslant 250$	200	

注：1. 本表数值为建筑物地基实际最终变形允许值，m；
2. 有括号者仅适用于中压缩性土；
3. H_g 为自室外地面起算的建筑物高度，m；
4. 倾斜指基础倾斜方向两端点的沉降差与其距离的比值；
5. 局部倾斜指砌体承重结构沿纵向 6~10m 内基础两点的沉降差与其距离的比值。

3.4.4 防止地基变形的措施

若地基变形计算值超过了表 3-15 所列地基变形允许值，为避免建筑物发生事故，必须采取适当措施，以保证工程的安全。

1. 减小沉降量的措施

1）外因方面的措施

地基沉降是由附加应力引起的，如果减小基础地面的附加应力，则可相应地减小地基沉降量。外因方面减小沉降量的措施包括以下两种。

（1）上部结构采用轻质材料，则可减小基础底面的接触压力。

（2）当地基中无软弱下卧层时，可加大基础埋深 d。

2）内因方面的措施

地基土由三相组成，固体颗粒之间存在孔隙，在外荷作用下孔隙发生压缩是地基产生沉降的内因。因此，为减小地基的沉降量，在修造建筑物之前，可预先对地基进行加固处理。根据地基土的性质、厚度，结合上部结构特点和场地周围环境，可分别采用机械压密、强力夯实、换土垫层、加载预压、砂桩挤密、振冲及化学加固等人工加固地基的措施，必要时，还可以采用桩基础或深基础。

2. 减小沉降差的措施

（1）设计中尽量使基础中心受压，荷载均匀分布。

（2）遇高低层相差悬殊或地基软硬突变等情况，可合理设置沉降缝。

（3）调整上部结构，以适应地基的不均匀沉降。例如，设置封闭圈梁与构造柱，加强上部结构的刚度；将超静定结构改为静定结构，以加大对不均匀沉降的适应性；等等。

（4）妥善安排施工顺序。例如，建筑物高、重等部位的沉降大，可先施工；拱桥可先做成三铰拱，并预留拱度。

（5）人工补救措施。当建筑物已发生严重的不均匀沉降时，可采取人工补救措施。如杭州市某运输公司的六层营业楼，其北侧新建自来水公司，由于该公司的五层楼的附加应力扩散作用，使该运输公司的六层营业楼北倾，导致两楼顶部相撞。为此，在该运输公司的六层营业楼南侧采用水枪冲地基土的方法，将该运输公司的六层营业楼纠正过来。

思 考 题

1. 某工程柱下两独立基础 A 和 B，埋置深度均为 1.7m，基底尺寸为 2m×3m，作用于两个基础上的荷载均为 F=1308kN，两基础的中心距离为 6m，埋深范围内土的重度为 18kN/m³，试求以下两种情况的附加应力并绘制附加应力曲线（只考虑基础中心点下的附加应力）。

（1）A 基础在自身所受荷载作用下，地基中产生的附加应力。

（2）考虑相邻基础影响，A 基础下地基中的附加应力。

2. 某矩形基础宽 b=4m，基底附加应力 p_0=100kPa，基础埋深 2m，地表以下 12m 深度范围以内存在两层土，上层土厚度为 6m，上层土的天然重度 r=18kN/m³，孔隙比 e 与压力 p(MPa)的关系为 e=0.85-2p/3。下层土厚度为 6m，下层土的天然重度 r=20kN/m³，孔隙比 e 与压力 p(MPa)的关系为 e=1.0-p。地下水埋深 6m，基底中心点以下不同深度处的附加应力系数和该深度范围内平均附加应力系数见表 3-16。试采用分层总和法和地基规范法分别计算该基础沉降量（沉降计算经验系数取 1.05）。

表 3-16　基底中心点以下不同深度处的附加应力系数和该深度范围内平均附加应力系数

深度/m	0	1	2	3	4	5	6	7	8	9	10
附加应力系数	1.0	0.94	0.75	0.54	0.39	0.28	0.21	0.17	0.13	0.11	0.09
平均附加应力系数	1.0	0.98	0.92	0.83	0.73	0.68	0.59	0.53	0.48	0.44	0.41

3．建筑物地基变形的特征有哪些？

4．简述建筑物沉降观测的目的。

5．简述防止地基变形的措施。

项目 4　土的抗剪强度与地基承载力

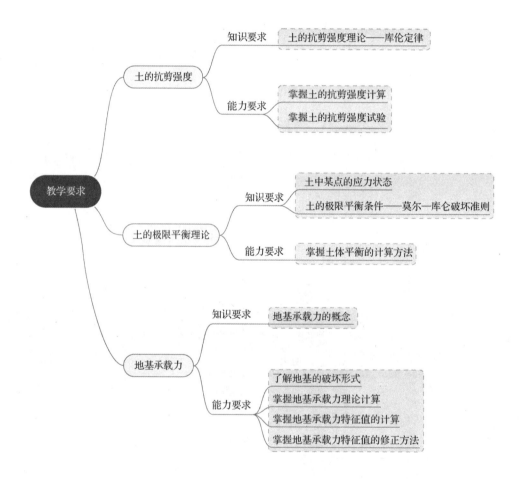

项目 4 土的抗剪强度与地基承载力

本项目主要讲述土的抗剪强度理论及测定方法，土的极限平衡理论和地基承载力的计算方法。

任务 4.1 土的抗剪强度

土的抗剪强度是指土体抵抗剪切破坏的极限能力。土是一种三相介质的堆积体，与一般材料不同，它不能承受拉应力，但能承受压应力和剪应力。工程实践和室内试验都证实了土的破坏通常都是剪切破坏，因此土的强度问题，实质上就是土的抗剪强度问题。

在外荷载作用下，土中将产生剪应力，当土中某一点的截面上的剪应力达到其抗剪强度时，它将沿着剪应力作用方向产生相对滑动，该点便发生剪切破坏，该滑动面称为剪切面。

图 4.1 所示为土的剪切破坏，在工程实践中，与土的抗剪强度有关的问题主要有三类。

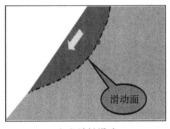
（a）边坡滑动

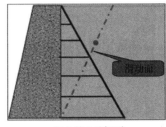
（b）挡土墙倾覆

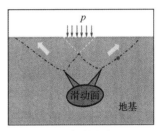
（c）地基失稳

图 4.1 土的剪切破坏

（1）土工结构物的稳定性问题。如土坝、路堤等填、挖方边坡以及天然边坡的稳定问题。当边坡的坡度太陡时，边坡上的一部分土体将沿着滑动面向前滑动。滑动就是由滑动面上的剪应力达到土的抗剪强度引起的。

（2）土对工程结构物的侧向压力，即土压力问题。如挡土墙、地下结构等所受的土压力过大时，可能导致这些工程结构物发生滑动、倾覆等破坏。

（3）土作为地基的承载力问题。地基受过大的荷载作用时，会出现部分土体沿着某一滑动面挤出，导致地基上的建筑物严重下陷，甚至倾倒。

综上所述，研究土的抗剪强度及其变化规律，对工程设计、施工和管理等都具有重要意义。

4.1.1 土的抗剪强度理论——库仑定律

土体发生剪切破坏时，将沿着其内部某一曲面（滑动面）产生相对滑动，该滑动面上的剪应力就等于土的抗剪强度。

根据砂土（即无黏性土）的剪切试验，得到砂土的抗剪强度表达式为

$$\tau_f = \sigma \tan \varphi \tag{4.1}$$

根据黏性土的剪切试验，得到黏性土的抗剪强度表达式为
$$\tau_f = c + \sigma \tan\varphi \tag{4.2}$$
式中：τ_f——土的抗剪强度，kPa；

σ——剪切面上的正应力（法向应力），kPa；

c——土的黏聚力，kPa；

φ——土的内摩擦角，°。

式（4.1）和式（4.2）称为库仑公式。公式中的c、φ称为土的抗剪强度指标或抗剪强度参数，简称强度指标，它们反映土的抗剪强度变化的规律。对于某一种土，强度指标都是作为常数来使用的，但实际上它们是随着具体条件变化的，不完全是常数。库仑公式在$\tau_f - \sigma$坐标系中表示为两条直线，如图4.2所示。该直线称为抗剪强度包线，φ为直线与水平轴的夹角，c为直线在纵轴上的截距。

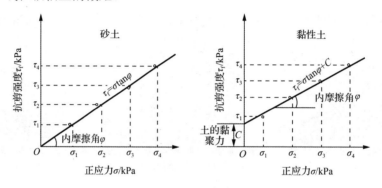

图 4.2　土的抗剪强度与正应力之间的关系

库仑公式适用于一般应力作用，在一般应力作用下，土的抗剪强度τ_f与剪切面上的正应力σ之间呈直线关系；但在高应力作用下，τ_f和σ之间就不再是直线关系，而是呈向下弯曲的曲线关系（图4.10），此时库仑公式不再适用。

由库仑公式可以看出，土的抗剪强度不是一个定值，而是随着剪切面上的正应力σ的变化而变化的。土的抗剪强度的构成因素有两个，分别为内摩擦力和黏聚力。$\tan\varphi$为土的内摩擦因数，$\sigma\tan\varphi$则是土的内摩擦力。内摩擦力来源于两个方面：一方面是剪切面上土粒之间的滑动与滚动引起的；另一方面是土粒凹凸面间的咬合作用引起的。黏聚力也来源于两个方面：一方面是土粒间的水膜受到相邻土粒之间的电分子引力而形成的，这种黏聚力又称原始黏聚力；另一方面是由土中化合物的胶结作用而形成的，这种黏聚力又称固化黏聚力。土粒越细，黏聚力越大。原始黏聚力随着土的压密、土粒间的距离减小而增大，固化黏聚力随化合物的结晶和硬化而增强，但当土的结构被破坏，固化黏聚力就会消失，且不能恢复，故在地基施工开挖时，应尽可能不要扰动地基土的天然结构。

对于砂土，黏聚力$c=0$，因此砂土的抗剪强度仅由土的内摩擦力构成，其大小取决于土的密实度、土粒大小及形状、颗粒级配等因素。黏性土的抗剪强度由内摩擦力和黏聚力两部分组成。

土的抗剪强度不仅与土的性质有关，还与试验时的排水条件、剪切速率、所用的仪器

和操作方法等因素有关,其中最重要的是排水条件。根据太沙基有效应力原理可知,饱和土体承受的总正应力是由土粒骨架和孔隙水共同承担的,即 $\sigma = \sigma' + u$。但孔隙水不能承担剪力,剪力是由土粒骨架来承担的。因此,土的抗剪强度并不是取决于剪切面上的总正应力,而是取决于该面上的有效正应力。根据库仑公式,土的抗剪强度表达式可写为

$$\tau_f = \sigma' \tan \varphi' = (\sigma - u) \tan \varphi' \tag{4.3}$$

$$\tau_f = c' + \sigma' \tan \varphi' = c' + (\sigma - u) \tan \varphi' \tag{4.4}$$

式中:σ'——剪切面上的有效正应力,kPa;

c'——土的有效黏聚力,kPa;

φ'——土的有效内摩擦角,°。

c'、φ' 称为土的有效抗剪强度指标。因此土的抗剪强度有两种表达方法:一种是以总应力表示剪切面上的正应力,抗剪强度表达式为式(4.1)和式(4.2),称为总应力法;另一种是以有效应力表示剪切面上的正应力,其抗剪强度表达式为式(4.3)和式(4.4),称为有效应力法。由于总应力法无须测量孔隙水压力,在应用上比较方便,故一般的工程问题多采用总应力法,但在选择试验的排水条件时,应尽量与现场土体的排水条件相接近。

有了库仑公式,通过计算地基中任意点的任意平面上的正应力 σ 和剪应力 τ,并将正应力 σ 代入式(4.2),即可求出该平面上的抗剪强度 τ_f,将 τ_f 与 τ 相比较,就可得出该平面的安全状态。τ_f 与 τ 的比较有下列三种情况。

(1)当 $\tau < \tau_f$ 时,该平面处于弹性平衡状态。

(2)当 $\tau = \tau_f$ 时,该平面处于极限平衡状态。

(3)当 $\tau > \tau_f$ 时,该平面处于塑性平衡状态(即发生剪切破坏)。这种情况,实际上是不存在的。当 $\tau = \tau_f$ 时,土体已达到极限平衡状态,剪应力已无法继续增加。

4.1.2 土的抗剪强度测定方法

通过土的抗剪强度试验,可得到土的抗剪强度曲线(即 τ_f 与 σ 的关系曲线)及其相应的抗剪强度指标 c 和 φ。c 和 φ 分别是土的重要的力学性能指标之一,在计算地基承载力、评价地基稳定性、计算挡土墙土压力和进行土坡稳定性分析时均要使用。

土的抗剪强度试验有很多,在试验室内常用的有直剪试验、三轴剪切试验、无侧限压力试验、现场十字板试验(现场原位测试)等。

1. 直剪试验

直剪试验是测定土的抗剪强度的最早使用的方法,其优点是构造简单、操作方便。目前我国使用较多的试验仪器是应变控制式直剪仪(简称直剪仪),直剪试验的试验过程如图4.3所示。

试验时,先将直剪仪上下盒对正,将试样装在由上下盒构成的剪切盒中,试样底部与顶部各有一块透水石。根据工程实际和土的软硬程度,通过加压系统对试样施加各级垂直压力,直至试样固结变形稳定。剪切盒上盒固定,下盒可以移动。匀速转动手轮,推动下盒,在试样上施加水平剪力,通过测微表测得量力环的变形,经过换算确定水平剪力的大小。剪切面就在上下盒之间的水平面上,当上下盒发生相对错动时,试样剪切破坏,这时

作用在剪切面上的剪应力就等于土的抗剪强度 τ_f。

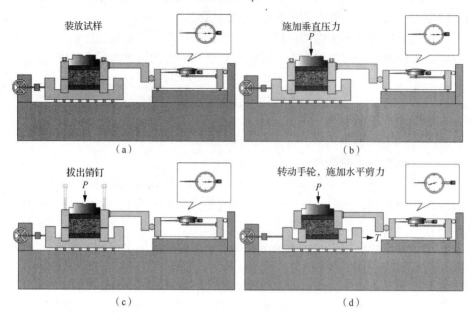

图 4.3　直剪试验的试验过程

用直剪试验确定土的抗剪强度时，通常重复做 4 个试样，分别施加不同的正应力 σ（σ 一般取 100kPa、200kPa、300kPa、400kPa），可得相应的抗剪强度 τ_f。将 σ 与 τ_f 绘于直角坐标系中（纵横坐标的比例尺要完全一致），即得土的抗剪强度曲线，如图 4.2 所示。

为了近似模拟土体在现场受剪的排水条件，直剪试验可分为以下三种方法。

（1）快剪。在对试样施加垂直压力后，立即快速施加水平剪力，使试样在 3～5min 内剪切破坏，试验过程中要防止孔隙水的排出，得到抗剪强度指标 c_q 和 φ_q。快剪适用于施工速度快、地基排水不良的情况。

（2）固结快剪。让试样在垂直压力下充分排水固结，待固结稳定后，再快速施加水平剪力，使试样剪切破坏，水平剪力的施加速度与快剪相同，得到抗剪强度指标 c_{cq} 和 φ_{cq}。固结快剪适用于施工速度一般、地基排水一般的情况。

（3）慢剪。让试样在垂直压力下充分排水固结，待固结稳定后，再以缓慢的速度施加水平剪力，使试样剪切破坏，试验过程要做到充分排水。试验一般持续 40min 或更长时间，得到抗剪强度指标 c_s 和 φ_s。慢剪适用于施工速度慢、地基排水良好的情况。

上述三种直剪试验得到的结果为 $c_q > c_{cq} > c_s$，$\varphi_q < \varphi_{cq} < \varphi_s$。图 4.4 所示为三种直剪试验结果比较。

直剪仪由于使用简单、方便，所以在一般工程中被广泛采用，但其存在以下缺点。

（1）剪切面被限定在上下盒之间，因而土体不一定是在最薄弱的面上剪切破坏。

（2）剪切面上剪应力分布不均匀，在边缘处发生应力集中现象，使剪应力呈边缘大而中间小的形态。并且随着上下盒错开，剪切面面积逐渐减小，而在计算抗剪强度时，仍按原截面面积计算。

（3）试验时不能严格控制排水条件，不能量测孔隙水压力。

基于以上这些缺点，直剪试验不适用于重大工程和需深入研究土的抗剪强度特性的工程。

2. 三轴剪切试验

三轴剪切试验是根据莫尔-库仑强度理论得出的一种较为理想的测定土的抗剪强度的方法。三轴剪切试验的试验仪器为三轴剪切仪，三轴剪切仪主要由压力室、加压系统和量测系统三部分组成。图 4.5 所示是三轴剪切仪的压力室，它是一个由金属顶盖、底座和透明有机玻璃圆筒组成的密闭容器。

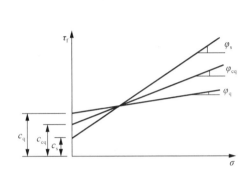

图 4.4 三种直剪试验结果比较

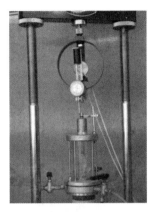

图 4.5 三轴剪切仪的压力室

试验时，首先将圆柱形试样套在乳胶膜内，将它放入透明、密闭压力室内；其次通过底座中的阀门，向压力室内压入水，使试样三个轴向受到相同压力 σ_3，此时试样中没有剪应力；再次通过活塞座施加竖向压力 q，使试样中产生剪应力；最后在 σ_3 维持不变的前提下，不断增大 q，直至试样剪切破坏。根据最大主应力 σ_1（$\sigma_1 = \sigma_3 + q$）和最小主应力 σ_3，可绘制一个极限应力圆。取 3~5 个相同试样，在不同的 σ_3 下进行试验，可得到与之对应的 σ_1，便可绘出几个极限应力圆。这些极限应力圆的公切线，即为该试样的抗剪强度包线，由此可得出 c 和 φ 值。图 4.6 所示为三轴剪切试验结果。

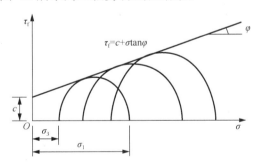

图 4.6 三轴剪切试验结果

根据试验排水条件的不同，三轴剪切试验也可分为不固结不排水剪（UU）试验、固结不排水剪（CU）试验和固结排水剪（CD）试验三种。不固结不排水试验是在试样施加 σ_3 和 q 的整个过程中，始终关闭排水阀，不让试样排水；固结不排水剪试验是在试样施加 σ_3 时，打开排水阀，让试样充分排水固结，然后关闭排水阀，逐级增大 q，使试样剪切破坏；

固结排水剪试验则是在试验时，始终打开排水阀，让试样自由排水。对于不固结不排水剪试验和固结不排水剪试验，还可测出试样中产生的孔隙水压力 u，因而可以求出土的有效抗剪强度指标 c'、φ'，这种方法称为有效应力法。

三轴剪切试验较直剪试验完善，其优点是能较为严格地控制排水条件，并能测定试样的孔隙水压力变化，受力条件比较符合实际，没有人为地限定剪切面，剪切面是最薄弱面，试验结果较为准确；其缺点是仪器的构造复杂，试样制备、试验操作比较复杂，费用较高，而且试验应力条件为 $\sigma_2 = \sigma_3$，并不是真三轴剪切试验，故一般生产部门用得不太多。

3．无侧限压力试验

无测限压力试验是使用无侧限压力仪，在无侧限压力及不排水条件下，对圆柱体试样施加轴向压力，至试样剪切破坏。该试验相当于使用三轴剪切仪进行 $\sigma_3 = 0$ 的不排水剪切试验。由于试验的侧向压力为零，只有轴向受压，故称无侧限压力试验。

无侧限压力仪如图 4.7 所示。试验时将圆柱体试样放在底座上，转动手轮使底座缓慢上升，试样轴心受压。试样剪切破坏时所能承受的最大轴向压应力即为无侧限抗压强度 q_u。由于 $\sigma_3 = 0$，$\sigma_1 = q_u$，所以根据试验结果，只能作一个切于坐标原点的应力圆。图 4.8 所示为无侧限压力试验结果。

图 4.7　无侧限压力仪

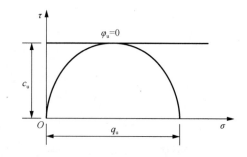

图 4.8　无侧限压力试验结果

测量饱和黏性土的不排水抗剪强度时，由于其内摩擦角 $\varphi_u \approx 0°$，应力圆的水平切线就是抗剪强度曲线，所以求该抗剪强度时，采用无侧限压力试验甚为方便。抗剪强度曲线在 τ 轴上的截距 c_u 就等于抗剪强度 τ_f，即

$$\tau_f = c_u = \frac{q_u}{2} \tag{4.5}$$

4．现场十字板试验

现场十字板试验是在现场进行的一种原位测试试验，适用于测定难于取样或试样在自重下不能保持原有形状的饱和软黏土的原位不排水抗剪强度。为了避免试样在取土、送土、

保存与制备过程中受到扰动，使含水量发生变化，从而影响试验结果的可靠性，对于重大工程的地基土，必须使用现场十字板试验，测试地基土抗剪强度。

思 考 题

1. 剪切破坏的特征是什么？为什么说土的强度就是指土的抗剪强度？
2. 什么是土的抗剪强度？在实际工作中，与土的抗剪强度有关的问题有哪些？
3. 试比较直剪试验的三种方法说一说它们相互间的主要异同点？
4. 土的抗剪强度指标 c 和 φ 如何确定？

任务 4.2　土的极限平衡理论

4.2.1　土中某点的应力状态

当土中某一点任一方向的剪应力达到土的抗剪强度时，该点就会发生剪切破坏。因此，为了研究土中某一点是否发生破坏，需要先了解土中该点的应力状态。

对于平面问题，在土体中取一微单元体，如图 4.9（a）所示，设竖直面和水平面为主平面，主平面上只作用着正应力，即最大主应力 σ_1 和最小主应力 σ_3（$\sigma_1 > \sigma_3$），而无剪应力存在。在微单元体内，与最小主应力 σ_3 作用平面成任意角 α 的 mn 平面上有正应力 σ 和剪应力 τ，mn 平面上的正应力与剪应力可用式（4.6）和式（4.7）求得。

$$\sigma = \frac{\sigma_1 + \sigma_3}{2} + \frac{\sigma_1 - \sigma_3}{2}\cos 2\alpha \tag{4.6}$$

$$\tau = \frac{\sigma_1 - \sigma_3}{2}\sin 2\alpha \tag{4.7}$$

当主应力已知时，任意斜截面上的正应力 σ 和剪应力 τ 的大小也可用莫尔圆来表示。例如，图 4.9（b）所示莫尔圆中，圆周上的 A 点表示与最小主应力作用面成 α 角的斜截面，A 点的两个坐标分别表示该斜截面上的正应力 σ 和剪应力 τ。

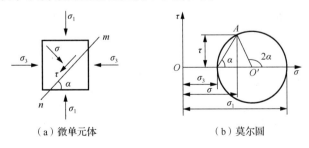

（a）微单元体　　　　　　（b）莫尔圆

图 4.9　土中任意一点的应力

4.2.2 土的极限平衡条件——莫尔—库仑破坏准则

莫尔—库仑理论又称库仑强度理论，内容包括：材料的破坏是剪切破坏，当任一平面上的剪应力等于材料的抗剪强度时，该点就发生破坏，并提出在破坏面上的剪应力是正应力的函数，即

$$\tau_f = f(\sigma) \tag{4.8}$$

这个函数在 $\tau_f - \sigma$ 坐标系中是一条曲线，该曲线称为莫尔包线（又称抗剪强度包线），如图4.10中实线所示。莫尔包线表示材料受到不同应力作用达到极限状态时，滑动面上的正应力与剪应力的关系。通过理论分析和试验可以证明，莫尔—库仑理论对土比较合适，土的莫尔包线通常可以近似地用直线代替，如图4.10中虚线所示，该直线方程就是库仑公式表示的方程。由库仑公式表示莫尔包线的强度理论，称为莫尔—库仑破坏准则。

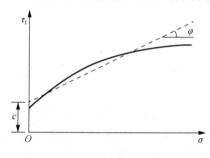

图4.10 莫尔包线

当土体中某一点在某一平面上的剪应力达到土的抗剪强度时，该点就处于极限平衡状态。土体处于极限平衡状态时，土的应力和抗剪强度指标之间的关系，称为土的极限平衡条件。

为了建立实用的土的极限平衡条件，将土体中某点应力状态的莫尔圆和 $\tau_f - \sigma$ 曲线（即抗剪强度包线）绘于同一直角坐标系中，如图4.11所示。对它们之间的关系进行比较，就可判断土体在这一点上的应力状态。它们之间的关系有下列三种情况。

（1）两者相离，即莫尔圆位于抗剪强度包线下方（圆Ⅰ）。说明莫尔圆代表的土中这一点的任何方向的平面上，其剪应力均小于土的抗剪强度，该点不会发生剪切破坏，而处于弹性平衡状态。

（2）两者相切，即莫尔圆与抗剪强度包线相切（圆Ⅱ），切点为A。说明土中过这一点的某些平面上，剪应力恰好等于土的抗剪强度，该点处于极限平衡状态，圆Ⅱ称为极限应力圆。

（3）两者相割，即抗剪强度包线是莫尔圆的一条割线（圆Ⅲ）。说明土中过这一点的某些平面上，剪应力早已超过土的抗剪强度，该点已被剪坏。事实上这种应力状态是不可能存在的，因为在任何物体中，产生的任何应力都不可能超过其破坏强度。

根据极限应力圆与抗剪强度包线之间的几何关系，可求得抗剪强度指标 c、φ 和主应力 σ_1、σ_3 之间的关系，该关系称为土的极限平衡条件。图4.12 所示为极限应力圆与抗剪强

度包线之间的关系。

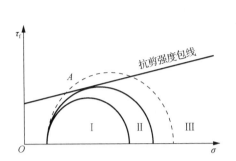

图 4.11 莫尔圆与抗剪强度包线之间的关系

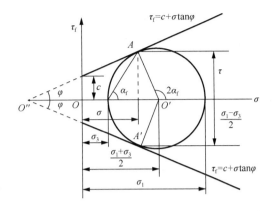

图 4.12 极限应力圆与抗剪强度包线之间的关系

由图 4.12 可知

$$AO' = \frac{\sigma_1 - \sigma_3}{2} \tag{4.9}$$

$$O''O' = \frac{\sigma_1 + \sigma_3}{2} + c \cot \varphi \tag{4.10}$$

由几何条件可以得出下列极限平衡关系式

$$\sin \varphi = \frac{\sigma_1 - \sigma_3}{\sigma_1 + \sigma_3 + 2 \cot \varphi} \tag{4.11}$$

经三角变换后,得出如下极限平衡关系式

$$\sigma_1 = \sigma_3 \tan^2\left(45° + \frac{\varphi}{2}\right) + 2c \tan\left(45° + \frac{\varphi}{2}\right) \tag{4.12}$$

$$\sigma_3 = \sigma_1 \tan^2\left(45° - \frac{\varphi}{2}\right) - 2c \tan\left(45° - \frac{\varphi}{2}\right) \tag{4.13}$$

由图 4.12 中的几何关系可知,土体的剪切破坏面与最大主应力作用面的夹角 α_f 为

$$2\alpha_f = 90° + \varphi$$

即

$$\alpha_f = 45° + \frac{\varphi}{2} \tag{4.14}$$

式(4.11)、式(4.12)、式(4.13)是验算土体中某点是否达到极限平衡状态的判断式,也是表示 c、φ、σ_1、σ_3 之间的关系式,可用来计算地基承载力和讨论土压力问题。

综上所述,土的强度理论可归纳为以下几点。

(1) 土的抗剪强度与该面上的正应力的大小成正比。

(2) 土的剪切破坏,是由于土中某点剪切面上的剪应力达到了土的抗剪强度。

(3) 一般情况下,土剪切破坏时破裂面不是在最大剪应力作用面上,而是在与最大主应力作用面呈 α_f ($\alpha_f = 45° + \frac{\alpha}{2}$)的平面上。只有当 $\varphi = 0$ 时,破裂面才与最大剪应力作用面一致。

(4) 如果同一种土有几个试样,在不同的大小主应力组合下受剪破坏,在 τ_f-σ 坐标系上可得到几个极限应力圆，这些极限应力圆的公切线就是其抗剪强度包线。

4.2.3 土的极限平衡条件的应用

判断土中某点是否处于极限平衡状态，与 σ_1 和 σ_3 的比值有关。当 σ_1 不变时，σ_3 越小，莫尔圆越大，越容易与抗剪强度包线相切，土越易被剪切破坏；反之，当 σ_3 不变时，σ_1 越大，土越易被剪切破坏。

式（4.11）、式（4.12）、式（4.13）都是极限平衡关系式，已知土中某点（平面）的主应力 σ_1、σ_3 及 c、φ 值，可用下列方法判断该点（平面）是否剪切破坏。

（1）若用式（4.11）判断该点（平面）是否剪切破坏，可将 σ_1、σ_3 和 c 值代入该式等号右侧，得到 $\sin\varphi_{计}$，进而计算 $\varphi_{计}$。将实际的 φ 与计算的 $\varphi_{计}$ 相比较，就可判断土的应力状态 [图 4.13（a）]。

① 若 $\varphi < \varphi_{计}$，表明该点（平面）已被剪切破坏（抗剪强度包线倾角变小，与极限应力圆相割）。

② 若 $\varphi > \varphi_{计}$，表明该点（平面）是稳定的（抗剪强度包线倾角变大，与极限应力圆相离）。

③ 若 $\varphi = \varphi_{计}$，表明该点（平面）处于极限平衡状态（极限应力圆与抗剪强度包线相切）。

（2）若用式（4.12）判断该点（平面）是否剪切破坏，可将 σ_3、c 和 φ 值代入该式等号右侧，可得到 $\sigma_{1计}$。将实际的最大主应力 σ_1 与计算的最大主应力 $\sigma_{1计}$ 比较，就可判断土的应力状态 [图 4.13（b）]。

① 若 $\sigma_1 > \sigma_{1计}$，表明该点（平面）已被剪切破坏（莫尔圆半径变大，与抗剪强度包线相割）。

② 若 $\sigma_1 < \sigma_{1计}$，表明该点（平面）是稳定的（莫尔圆半径变小，与抗剪强度包线相离）。

③ 若 $\sigma_1 = \sigma_{1计}$，表明该点（平面）处于极限平衡状态（莫尔圆与抗剪强度包线相切）。

（3）若用式（4.13）判断该点（平面）是否剪切破坏，可将 σ_1、c 和 φ 值代入该式等号右侧，可得到 $\sigma_{3计}$，将实际的最小主应力 σ_3 与计算的 $\sigma_{3计}$ 比较，就可判断土的应力状态 [图 4.13（c）]。

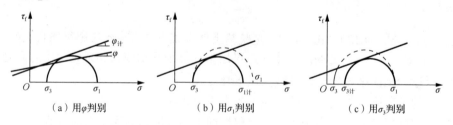

图 4.13 极限平衡关系式的应用

① 若 $\sigma_3 < \sigma_{3计}$，表明该点（平面）已被剪切破坏（莫尔圆半径变大，与抗剪强度包线相割）。

② 若 $\sigma_3 > \sigma_{3计}$，表明该点（平面）是稳定的（莫尔圆半径变小，与抗剪强度包线相离）。

③ 若 $\sigma_3 = \sigma_{3计}$，表明该点（平面）处于极限平衡状态（莫尔圆与抗剪强度包线相切）。

> **特别提示**
>
> 使用极限平衡关系式判断极限平衡状态时，需注意以下两点。
> （1）若土为砂土，使用极限平衡关系式时，只需令 $c=0$。
> （2）若土为饱和土，使用极限平衡关系式时，需将式中的 σ_1、σ_3、c、φ 分别换成 σ_1'、σ_3'、c'、φ'。

例题 4.1 某黏性土地基的抗剪切强度指标 $\varphi=30°$，$c=20\text{kPa}$，若地基中某一点的最大主应力 $\sigma_1=200\text{kPa}$，最小主应力 $\sigma_3=80\text{kPa}$，试判断该点是否破坏。

解：

（1）用 φ 判别：将 $\sigma_1=200\text{kPa}$，$\sigma_3=80\text{kPa}$，$c=20\text{kPa}$ 代入式（4.11）中，则

$$\varphi_{\text{计}} = \arcsin\frac{200-80}{200+80+2\times 20\cdot\cot 30°} \approx \arcsin 0.344 \approx 20.1° < \varphi = 30°,$$

因为 $\varphi > \varphi_{\text{计}}$，所以该点稳定。

（2）用 σ_1 判别：将 $\sigma_3=80\text{kPa}$，$\varphi=30°$，$c=20\text{kPa}$ 代入式（4.12）中，则

$$\sigma_{1\text{计}} = 80\cdot\tan^2\left(45°+\frac{30°}{2}\right)+2\times 20\cdot\tan\left(45°+\frac{30°}{2}\right) \approx 309.27\text{kPa} > \sigma_1 = 200\text{kPa},$$

因为 $\sigma_1 < \sigma_{1\text{计}}$，所以该点稳定。

（3）用 σ_3 判别：将 $\sigma_1=200\text{kPa}$，$\varphi=30°$，$c=20\text{kPa}$ 代入式（4.13）中，则

$$\sigma_{3\text{计}} = 200\cdot\tan^2\left(45°-\frac{30°}{2}\right)-2\times 20\cdot\tan\left(45°-\frac{30°}{2}\right) \approx 43.5\text{kPa} < \sigma_3 = 80\text{kPa},$$

因为 $\sigma_3 > \sigma_{3\text{计}}$，所以该点稳定。

思 考 题

1．什么是极限平衡状态？极限平衡时莫尔圆与抗剪强度包线有何关系？

2．如何从库仑公式和莫尔圆说明：当 σ_1 不变，而 σ_3 变小时，土可能被破坏；反之，当 σ_3 不变，而 σ_1 变大时，土有可能被破坏的现象？

3．已知某地基土的 $c=20\text{kPa}$，$\varphi=20°$，若地基中某点的最大主应力为 300kPa，当最小主应力为何值时，该点处于极限平衡状态？并说明其破裂面的位置。

4．某土样的内摩擦角 $\varphi=25°$，黏聚力 $c=10\text{kPa}$，最小主应力 σ_3 为 150kPa，试问：

（1）剪切破坏时，最大主应力 σ_1 是多少？

（2）剪切破坏面与最大主应力作用面的夹角是多少？

5．黏性土的内摩擦角 $\varphi=18°$，黏聚力 $c=28\text{kPa}$，地基中某点的最大和最小主应力分别为 $\sigma_1=100\text{kPa}$，$\sigma_3=50\text{kPa}$，试判断该点土体所处的状态。

6．某土样三轴剪切试验，剪切破坏时测得 $\sigma_1=300\text{kPa}$，$\sigma_3=100\text{kPa}$，剪切破坏面与最大主应力作用面（水平面）夹角为 60°，试确定土样的抗剪强度指标。

任务 4.3　地基承载力

地基承载力是指地基土单位面积上所能承受的压力。地基承受基础及上部荷载传来的压力，在此压力作用下，地基中的应力发生变化，地基要产生变形。建筑物或构筑物由于地基问题所引起的破坏一般存在以下两种情况：一种是由于荷载过大，超过了基础下地基持力层所能承受压力的范围，使地基土丧失承载力，此时地基土达到极限承载力，即地基土单位面积上所能承受的最大压力；另一种是由于地基土在荷载作用下产生了过大的沉降或不均匀沉降，从而使上部结构开裂、倾斜甚至毁坏。

因此，建筑物或构筑物的地基必须满足以下两个条件。

（1）建筑物或构筑物的基底压力不能超过地基承载力的设计值。

（2）建筑物或构筑物地基的变形（沉降、沉降差、倾斜）不能超过地基的容许变形值（变形要求）。对某些有特殊要求的地基，如水工结构物（堤坝、水闸、码头）的地基还要满足抗渗、防冲等特殊要求；对位于边坡上工程的地基，还应满足抗滑移等稳定性要求。

4.3.1　地基的破坏形式

地基从开始变形到破坏的过程，可用现场载荷试验进行研究，将荷载 p 和沉降量 s 的关系绘成曲线（图 4.14）。从 $p\text{-}s$ 曲线（图 4.14 中曲线 a）可以发现，地基的变形可分成三个阶段。

（1）压密阶段（线弹性变形阶段），即 $p\text{-}s$ 曲线的 OA 段。在这一阶段，由于荷载较小，荷载和沉降量之间基本呈直线关系，土中各点的剪应力均小于土的抗剪强度，土体处于弹性平衡状态，地基土产生的变形主要是荷载作用下土体因压密而产生的变形。A 点的荷载称为比例界限荷载或称为临塑荷载 p_{cr}。

（2）剪切阶段（弹塑性变形阶段），即 $p\text{-}s$ 曲线的 AB 段。这一阶段，由于荷载增大，荷载 p 和沉降量 s 之间不再呈直线关系，而呈曲线关系，地基中产生了塑性变形，地基中某些区域已发生剪切破坏，这些区域又称塑性区。随着荷载的增大，塑性区首先从基础的边缘开始，继而向深度和宽度方向发展，地基土开始向周围挤出。

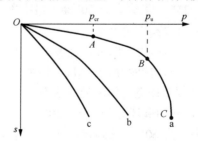

图 4.14　$p\text{-}s$ 曲线

(3) 破坏阶段，即 p-s 曲线的 BC 段，随着荷载的继续增加，沉降量急剧增大，塑性变形区已发展到形成连续贯通的滑动面，土体从基础两侧挤出，基础周围的地面产生隆起的现象，地基完全丧失稳定，发生整体剪切破坏。B 点对应的荷载称为极限荷载，用 p_u 表示。

试验研究表明，建筑地基在荷载作用下往往由于承载力不足而产生剪切破坏，其破坏形式可分为整体剪切破坏、局部剪切破坏及冲剪破坏三种（图 4.15）。

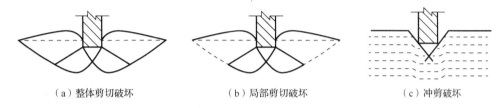

（a）整体剪切破坏　　　　（b）局部剪切破坏　　　　（c）冲剪破坏

图 4.15　地基的破坏形式

（1）整体剪切破坏。这种破坏形式的 p-s 曲线，可以明显地区分出变形的三个变形阶段，如图 4.14 中曲线 a 所示。当荷载增加到某一数值时，基础边缘处的土体开始发生剪切破坏，随着荷载的增加，剪切破坏区不断扩大，最终在地基中形成一连续的滑动面，基础急剧下沉或向一侧倾倒，同时基础四周的地面隆起，地基发生整体剪切破坏。当地基为压缩性较低的土，如密实的砂土和坚硬的黏土，且基础埋深较浅时常发生整体剪切破坏，如图 4.15（a）所示。

（2）局部剪切破坏。这种破坏形式是介于整体剪切破坏和冲剪破坏之间的一种破坏形式，剪切破坏也是从基础边缘开始，发展到地基内部某一区域［图 4.15（b）中实线区域］，但滑动面并未延伸到地面，基础四周地面也有隆起现象，但不会有明显的倾斜和倒塌。p-s 曲线从一开始就呈非线性关系，如图 4.14 中曲线 b 所示。中等密实的砂土地基常发生局部剪切破坏。

（3）冲剪破坏。当地基土为松软土时，无论基础埋得深还是浅，随着荷载的增加，基础下的松软土都将逐渐被压密，压密区在向深层扩展的同时，基础也随之切入土中，因此在基础周边形成的剪切破裂面垂直向下发展。由于基底压力几乎不向四周扩散，基础四周的土体基本上没有受到侧向挤压，因而地表不会出现隆起现象，基础也没有大的倾斜，如图 4.15（c）所示。p-s 曲线与局部剪切破坏的情况类似，没有明显的转折，如图 4.14 中曲线 c 所示。松砂及软土地基常发生冲剪破坏。

地基究竟发生何种形式的破坏，主要与地基土的性质尤其是压缩性和基础的埋深有关。一般情况下，当土质比较坚硬、密实，基础埋置较浅时，将出现整体剪切破坏；当土质松软时，将会出现局部剪切破坏或冲剪破坏。随着埋深的增加，局部剪切破坏或冲剪破坏更容易出现，对埋深很大的基础，即使土质坚硬、密实，一般也不会出现整体剪切破坏。

对于整体剪切破坏，已有较多的理论研究，局部剪切破坏和冲剪破坏还缺乏完善的研究。由于实际工程中不可能将建筑物或构筑物的基础建造在松软地基上，因此，冲剪破坏在工程中很少遇到。至于局部剪切破坏，在设计中常近似地当作整体剪切破坏，再做一些经验性的修正。

4.3.2 地基承载力的理论计算

地基承载力是指地基土单位面积上所能承受基底压力的能力,无论是从工程实践还是从试验室研究分析都可以获得。

1. 临塑荷载

临塑荷载是地基中将要出现但尚未出现塑性变形区时的基底压力。根据土中应力计算的弹性理论和土的极限平衡条件,推得均布条形荷载作用下地基的临塑荷载计算公式为

$$p_{cr} = \frac{\pi(\gamma_0 d + c \cdot \cot\varphi)}{\cot\varphi + \varphi - \frac{\pi}{2}} + \gamma_0 d = cN_c + \gamma_0 d N_d \tag{4.15}$$

其中 $N_c = \dfrac{\pi \cdot \cot\varphi}{\cot\varphi + \varphi - \frac{\pi}{2}}$, $N_d = \dfrac{\cot\varphi + \varphi + \frac{\pi}{2}}{\cot\varphi + \varphi - \frac{\pi}{2}}$。

式中:γ_0——基础埋深范围内土的加权平均重度,kN/m³;

d——基础埋深,m;

c——基础底面下土的黏聚力,kPa;

φ——基础底面下土的内摩擦角,rad。

2. 临界荷载

临界荷载界于临塑荷载 p_{cr} 与极限荷载 p_u 之间。工程实践表明,即使地基中存在塑性变形区,只要塑性变形区范围不超出某一限度,就不致影响建筑物的安全。因此以 p_{cr} 作为地基土的承载力偏于保守。一般认为,在中心垂直荷载作用下,塑性变形区的最大发展深度 z_{max} 可控制在基础宽度的 $\dfrac{1}{4}$,即 $z_{max} = \dfrac{b}{4}$;而对于偏心荷载作用的基础,可取 $z_{max} = \dfrac{b}{3}$,与它们相对应的临界荷载分别用 $p_{\frac{1}{4}}$、$p_{\frac{1}{3}}$ 表示,其计算公式为

$$p_{\frac{1}{4}} = \frac{\pi\left(\gamma_0 d + c \cdot \cot\varphi + \gamma \cdot \dfrac{b}{4}\right)}{\cot\varphi + \varphi - \dfrac{\pi}{2}} + \gamma_0 d = cN_c + \gamma_0 d N_d + \gamma b N_{\frac{1}{4}} \tag{4.16}$$

$$p_{\frac{1}{3}} = \frac{\pi\left(\gamma_0 d + c \cdot \cot\varphi + \gamma \cdot \dfrac{b}{3}\right)}{\cot\varphi + \varphi - \dfrac{\pi}{2}} + \gamma_0 d = cN_c + \gamma_0 d N_d + \gamma b N_{\frac{1}{3}} \tag{4.17}$$

其中 $N_{\frac{1}{4}} = \dfrac{\pi}{4\left(\cot\varphi + \varphi - \dfrac{\pi}{2}\right)}$, $N_{\frac{1}{3}} = \dfrac{\pi}{3\left(\cot\varphi + \varphi - \dfrac{\pi}{2}\right)}$。

式中:γ——基础底面以下土的重度,地下水位以下为有效重度,kN/m³;

$N_{\frac{1}{4}}$、$N_{\frac{1}{3}}$、N_d、N_c 均可根据地基土的内摩擦角 φ 值,查表 4-1 确定。

表 4-1 临界荷载承载力系数表

$\varphi/(°)$	$N_{\frac{1}{4}}$	$N_{\frac{1}{3}}$	N_d	N_c	$\varphi/(°)$	$N_{\frac{1}{4}}$	$N_{\frac{1}{3}}$	N_d	N_c
0	0	0	1.0	3.0	24	0.77	1.0	3.9	6.5
2	0	0	1.1	3.3	26	0.8	1.1	4.4	6.9
4	0	0.1	1.2	3.5	28	1.0	1.5	4.9	7.4
6	0.1	0.1	1.4	3.7	30	1.2	1.5	5.6	8.0
8	0.1	0.2	1.6	3.9	32	1.4	1.8	6.3	8.5
10	0.2	0.2	1.7	4.2	34	1.6	2.1	7.2	9.2
12	0.2	0.3	1.9	4.4	36	1.8	2.4	8.2	10.0
14	0.3	0.4	2.2	4.7	38	2.1	2.8	9.4	10.8
16	0.4	0.5	2.4	5.0	40	2.5	3.3	10.8	11.8
18	0.4	0.6	2.7	5.3	42	2.9	3.8	12.7	12.8
20	0.5	0.7	3.1	5.6	44	3.4	4.5	14.5	14.0
22	0.6	0.8	3.4	6.0	45	3.7	4.9	15.6	14.6

需要指出，上述 p_{cr}、$p_{\frac{1}{4}}$、$p_{\frac{1}{3}}$ 计算公式都是在均布条形荷载作用下推得的，应用于矩形基础或圆形基础，其结果偏于安全。另外，公式推导中采用了弹性理论计算土中的应力，对于已出现塑性变形区的塑性变形阶段，其推导是不够严格的。

例题 4.2 地基上有一条形基础，宽 $b=12.0$m，基础埋深 $d=2.0$m，土的重度 $\gamma=\gamma_0=10$kN/m³；$\varphi=14°$，$c=20$kPa。求 p_{cr}、$p_{\frac{1}{3}}$。

解：

代入式（4.15）和式（4.17），则

$$p_{cr}=\frac{\pi(\gamma_0 d+c\cdot\cot\varphi)}{\cot\varphi+\varphi-\frac{\pi}{2}}+\gamma_0 d=\frac{\pi(10\times 2+20\times\cot 14°)}{\cot 14°+\frac{14\pi}{180}-\frac{\pi}{2}}+10\times 2\approx 137.2(\text{kPa});$$

$$p_{\frac{1}{3}}=\frac{\pi\left(\gamma_0 d+c\cdot\cot\varphi+\gamma\cdot\frac{b}{3}\right)}{\cot\varphi+\varphi-\frac{\pi}{2}}+\gamma_0 d=\frac{\pi\left(10\times 2+20\times\cot 14°+10\times\frac{12}{3}\right)}{\cot 14°+\frac{14\pi}{180}-\frac{\pi}{2}}+10\times 2\approx 184.1(\text{kPa}).$$

3．极限荷载

地基的极限荷载是指地基在外荷作用下，产生的应力达到极限平衡时的荷载。当基础长宽比 $l/b\geqslant 5$ 且埋置深度 $d<b$ 时，可视为条形浅基础，基础底面以上的土体看作是作用在基础两侧地面上的均布荷载，此时地基极限荷载的常用计算公式（太沙基公式）为

$$p_u=\frac{1}{2}\gamma b N_\gamma+cN_c+qN_q \tag{4.18}$$

式中：γ——基础底面以下土的天然重度，kN/m³；

c——基础底面下土的黏聚力，kPa；

q——基础的旁侧荷载，其值为基础埋深范围内土的自重应力 $q=\gamma d$，kPa；

N_γ、N_c、N_q——地基承载力系数，均可根据地基土的内摩擦角 φ，查太沙基公式承载力系数表确定（表4-2）。

表4-2 太沙基公式承载力系数表

$\varphi/(°)$	N_c	N_q	N_γ	$\varphi/(°)$	N_c	N_q	N_γ
0	5.7	1.00	0	24	23.4	11.4	8.6
2	6.5	1.22	0.23	26	27.0	14.2	11.5
4	7.0	1.48	0.39	28	31.6	17.8	15.0
6	7.7	1.81	0.63	30	37.0	22.4	20.0
8	8.5	2.20	0.86	32	44.4	28.7	28.0
10	9.5	2.68	1.20	34	52.8	36.6	36.0
12	10.9	3.32	1.66	36	63.6	47.2	50.0
14	12.0	4.00	2.20	38	77.0	61.2	90.0
16	13.0	4.91	3.00	40	94.8	80.5	130.0
18	15.5	6.04	3.90	42	119.5	109.4	—
20	17.6	7.42	5.00	44	151.0	147.0	—
22	20.2	9.17	6.50	45	172.2	173.3	326.0

极限荷载是地基开始滑动破坏的荷载，因此用作地基承载力特征值时必须以一定的安全度予以折减［式（4.19）］。安全系数 k 通常取 2～3。

$$f = \frac{p_u}{k} \tag{4.19}$$

例题 4.3 有一条形基础，宽 $b=3.0\text{m}$，基础埋深 $d=2.0\text{m}$，地基为砂土，$\gamma_{\text{sat}}=21\text{kN/m}^3$；$\varphi=30°$，地下水位与地面平齐，用太沙基公式计算地基的极限荷载。

解：

$$q = \gamma' d = (21-10) \times 2 = 22(\text{kPa});$$

由 $\varphi=30°$，查表4-2，得：$N_c=37.0$，$N_q=22.4$，$N_\gamma=20.0$。

直接代入式（4.18）

$$\begin{aligned} p_u &= \frac{1}{2}\gamma b N_\gamma + c N_c + q N_q \\ &= \frac{1}{2} \times (21-10) \times 3.0 \times 20.0 + 0 \times 37.0 + 22 \times 22.4 \\ &= 330 + 0 + 492.8 = 822.8(\text{kPa})。\end{aligned}$$

4.3.3 地基承载力的确定

在地基基础的设计计算中，必须满足承载力和变形两方面的要求。为了满足这两项要求，最直接可靠的方法是原位测试，即在现场利用各种仪器设备直接对地基土进行测试，以确定地基土的承载力。但由于各种原因，在各地区、各行业制定的标准或规范中，对确定地基土承载力的方法，存在一定的差异。

《建筑地基基础设计规范》（GB 50007—2011）（以下简称《规范》）引用了地基承载力特征值（f_{ak}）的概念。所谓地基承载力特征值，是指在保证地基稳定的前提下，使建筑物沉降变形不超过允许值的地基承载力。地基承载力特征值的确定在地基基础设计中是一个非常重要而又十分复杂的问题，它不仅与土的物理、力学性质有关，还与基础的埋置深度、基础底面宽度等因素有关。《规范》指出，地基承载力特征值可由载荷试验或其他原位测试、公式计算，并结合工程实践经验等方法综合确定。

《规范》中提出了两类地基承载力特征值的确定方法，第一类是按原位测试法确定，第二类是按地基强度理论确定。

1. 用原位测试法确定地基承载力特征值

原位测试所涉及的土体比室内试样大，又无须搬运，减少了试样扰动带来的影响，因而能更可靠地反映土层的实际承载能力。

原位测试的方法有很多，如静荷载试验、标准贯入试验、静力触探试验等。下面介绍常用的静荷载试验。

静荷载试验前，先在现场挖掘一个正方形的试验坑，其深度等于基础的埋置深度，宽度一般不小于承压板宽度或直径的 3 倍，承压板的面积不应小于 $0.25m^2$，对于软土不应小于 $0.5m^2$。开挖的试验坑，应保持试验土层的天然湿度和原状结构，并在试验坑的坑底铺设约 20mm 厚的粗砂、中砂找平。

试验时，荷载由千斤顶经承压板传给地基（图 4.16），荷载分级施加，且不少于八级，最大加荷量不少于设计要求的 2 倍。每级施加荷载后，按间隔 10min、10min、10min、15min、15min 测读沉降量，之后每隔 30min 测读一次沉降量，当在连续 2h 内，每小时沉降量小于 0.1mm 时，则认为已趋稳定，可加下一级荷载。

图 4.16 静荷载试验装置

如果出现下列情况之一，则认为土体已经达到破坏状态，此时可终止施加荷载。

（1）承压板周围的土有明显侧向挤出。

（2）荷载 P 增加很小，但沉降量却急剧增大，荷载-沉降（p-s）关系曲线出现陡降段。

(3) 在某一级荷载下，24h 内沉降速率不能达到稳定。

(4) 沉降量与承压板宽度或直径之比（s/b）大于或等于 0.06。

当满足以上情况之一时，其对应的前一级荷载定为极限荷载。

由试验结果可绘制 p-s 关系曲线，并推断出地基的极限荷载与承载力特征值。地基承载力特征值由静荷载试验 p-s 关系曲线确定，应符合下列要求。

(1) 当 p-s 关系曲线上有比例界限时，取该比例界限所对应的荷载值。

(2) 极限荷载小于对应比例界限的荷载值的 2 倍时，取极限荷载值的 50%。

(3) 当不能按上述两项要求确定时，当承压板面积为 $0.25\sim0.50\text{m}^2$ 时，可取 $s/b=0.01\sim0.015$ 所对应的荷载，但其值不应大于最大加载量的 50%。

(4) 同一土层参加统计的试验点不应少于 3 个，当试验实测值的极差不超过其平均值的 30%时，取此平均值作为该土层的地基承载力特征值 f_{ak}。

2．按地基强度理论确定地基承载力特征值

按地基强度理论计算地基承载力特征值的公式有很多。《规范》指出，当偏心距小于或等于基础底面宽度的 0.033 时，根据土的抗剪强度指标按式（4.20）确定地基承载力特征值 f_{ak}，并应满足变形要求。

$$f_{ak} = M_b \gamma b + M_d \gamma_m d + M_c c_k \tag{4.20}$$

式中：f_{ak}——由土的抗剪强度指标确定的地基承载力特征值，kPa；

M_b、M_d、M_c——承载力系数，它们是土体内摩擦角标准值 φ_k 的函数，查表 4-3 确定；

γ——基础底面以下土的重度，地下水位以下取有效重度，kN/m^3；

γ_m——基础底面以上土的加权平均重度，位于地下水位以下的土层取有效重度，kN/m^3；

b——基础底面宽度，大于 6m 时按 6m 取值，对于砂土小于 3m 时按 3m 取值；

d——基础埋置深度，一般自室外地面标高算起，m；

c_k——基底下一倍短边宽度的深度范围内土的黏聚力标准值，kPa。

表 4-3 承载力系数 M_b、M_d、M_c

土的内摩擦角标准值 φ_k/(°)	M_b	M_d	M_c	土的内摩擦角标准值 φ_k/(°)	M_b	M_d	M_c
0	0	1.00	3.14	22	0.61	3.44	6.04
2	0.03	1.12	3.32	24	0.80	3.87	6.45
4	0.06	1.25	3.51	26	1.10	4.37	6.90
6	0.10	1.39	3.71	28	1.40	4.93	7.40
8	0.14	1.55	3.93	30	1.90	5.59	7.95
10	0.18	1.73	4.17	32	2.60	6.35	8.55
12	0.23	1.94	4.42	34	3.40	7.21	9.22
14	0.29	2.17	4.69	36	4.20	8.25	9.97

续表

土的内摩擦角标准值 $\varphi_k/(°)$	M_b	M_d	M_c	土的内摩擦角标准值 $\varphi_k/(°)$	M_b	M_d	M_c
16	0.36	2.43	5.00	38	5.00	9.44	10.80
18	0.43	2.72	5.31	40	5.80	10.84	11.73
20	0.51	3.06	5.66				

注：φ_k 指基底下一倍短边宽度的深度范围内土的内摩擦角标准值。

从式（4.20）可以看出，地基承载力的大小受土的抗剪强度指标、土的重度及地下水、基础宽度、基础埋置深度等影响。

按式（4.20）确定的地基承载力特征值确定地基承载力时，只能保证地基强度有足够的安全度，不能保证满足地基的变形要求，因此设计时还要进行地基变形验算。

例题 4.4 某建筑物为承受中心荷载的柱下独立基础，基础底面尺寸为 3.0m×2.0m，埋深 d=1.5m，地基为粉土，其 γ=17.5kN/m³，c_k=1.5kPa，φ=22°，试确定持力层承载力特征值。

解：
由 φ=22°，查表 4.3 得 M_b=0.61，M_d=3.44，M_c=6.04，
则

$$\begin{aligned} f_{ak} &= M_b \gamma b + M_d \gamma_m d + M_c c_k \\ &= 0.61 \times 17.5 \times 2.0 + 3.44 \times 17.5 \times 1.5 + 6.04 \times 1.5 \\ &= 120.71 (\text{kPa})。 \end{aligned}$$

4.3.4　地基承载力特征值的修正

地基承载力除与土的性质有关外，还与基础的尺寸、形状、埋深等因素有关。《规范》规定：当基础宽度小于 3m 或埋置深度小于 0.5m 时，直接由原位测试确定地基承载力；当基础宽度大于 3m 或埋置深度大于 0.5m 时，从载荷试验或其他原位测试、经验值等方法确定的地基承载力特征值，尚应按式（4.21）进行修正。

$$f_a = f_{ak} + \eta_b \gamma (b-3) + \eta_d \gamma_m (d-0.5) \tag{4.21}$$

式中：f_a——修正后的地基承载力特征值，kPa；

　　　f_{ak}——地基承载力特征值，kPa；

　　　η_b、η_d——基础宽度和埋置深度的地基承载力修正系数，按基底下土的类别查表 4-4 取值；

　　　γ——基础底面以下土的重度（位于地下水位以下的土层取有效重度），kN/m³；

　　　b——基础底面宽度（当基础底面宽度小于 3m 时按 3m 取值，大于 6m 时按 6m 取值），m；

　　　γ_m——基础底面以上土的加权平均重度（位于地下水位以下的土层取有效重度），kN/m³；

d——基础埋置深度（一般自室外地面标高算起。在填方整平地区，可自填土地面标高算起，但填土在上部结构施工后完成时，应从天然地面标高算起。对于地下室，当采用箱形基础或筏基时，基础埋置深度自室外地面标高算起；当采用独立基础或条形基础时，应从室内地面标高算起），m。

表 4-4 承载力修正系数

土的类别		η_b	η_d
淤泥和淤泥质土		0	1.0
人工填土，e 或 I_L 大于或等于 0.85 的黏性土		0	1.0
红黏土	含水比 $u>0.80$	0	1.2
	含水比 $u\leq 0.80$	0.15	1.4
大面积压实填土	压实系数大于 0.95、黏粒含量 $\rho_c \geq 10\%$ 的粉土	0	1.5
	最大干密度大于 2.1t/m³ 的级配砂石	0	2.0
粉土	黏粒含量 $\rho_c \geq 10\%$ 的粉土	0.3	1.5
	黏粒含量 $\rho_c < 10\%$ 的粉土	0.5	2.0
e 或 I_L 均小于 0.85 的黏性土		0.3	1.6
粉砂、细砂（不包括很湿与饱和时的稍密状态）		2.0	3.0
中砂、粗砂、砾砂和碎石土		3.0	4.0

注：1. 强风化和全风化的岩石，可参照所风化成的相应土类取值，其他状态下的岩石不修正。
2. 地基承载力特征值按深层平板载荷试验确定时 η_d 取 0。
3. 含水比 u 是指天然含水率 ω 与液限 ω_L 的比值，是说明黏性土稠度的指标之一，含水比越大，表明土越软。坚硬状态 $u \leq 0.55$，硬塑状态 $0.55 < u \leq 0.70$，可塑状态 $0.70 < u \leq 0.85$，软塑状态 $0.85 < u \leq 1$。

例题 4.5 某建筑物的箱形基础宽 8.5m，长 20m，埋深 4m，土层情况见表 4-5，由载荷试验确定的黏土持力层承载力特征值 $f_{ak}=160$kPa，地下水位线位于地表下 2m 处，试修正该地基的承载力特征值。

表 4-5 土层情况

层次	土类	层底埋深	试验结果
1	填土	1.80	$\gamma=17.8$kN/m³
2	黏土	2.00	$\omega=32.0\%$，$\omega_L=37.5\%$，$\omega_P=17.3\%$，$G_s=2.72$，
		7.80	水位以上：$\gamma=18.9$kN/m³；水位以下 $\gamma=19.2$kN/m³

解：

先确定计算参数。

因箱形基础宽度 $b=8.5\text{m}>6.0\text{m}$，故按 6m 考虑，箱形基础埋深 $d=4$m 位于地下水位以下，持力层为黏土，根据表 4-5，可得

$$e = \frac{p_s(1+\omega)}{\rho} - 1 = \frac{G_s(1+\omega)}{\gamma/g} - 1 = \frac{2.72 \times (1+0.32) \times 9.8}{19.2} - 1 \approx 0.83;$$

$$I_L = \frac{\omega - \omega_P}{\omega_L - \omega_P} = \frac{32.0 - 17.3}{37.5 - 17.3} \approx 0.73;$$

由于 I_L=0.73<0.85，e=0.83<0.85，从表 4-4 查得：η_b=0.3，η_d=1.6。

因基础埋在地下水位以下，故持力层有效重度为：γ'=19.2-10=9.2（kN/m³）。

基础底面以上土的加权平均重度为

$$\gamma_m = \frac{\sum \gamma_i h_i}{\sum h_i} = \frac{17.8 \times 1.8 + 18.9 \times 0.2 + (19.2 - 10) \times 2.0}{1.8 + 0.2 + 2.0} \approx 13.6 (\text{kN/m}^3);$$

修正后的地基承载力特征值为

$$\begin{aligned}
f_a &= f_{ak} + \eta_b \gamma (b-3) + h_d \gamma_m (d-0.5) \\
&= 160 + 0.3 \times 9.2 \times (6-3) + 1.6 \times 13.6 \times (4-0.5) \\
&= 160 + 8.28 + 76.16 \\
&\approx 244.4 (\text{kN/m}^3)。
\end{aligned}$$

思 考 题

1．地基变形破坏经历哪三个阶段？各个阶段的地基土有何变化？

2．如何确定地基承载力特征值？

3．已知某建筑场地地基土：第一层，杂填土，厚 d_1=1.5m，γ=17kN/m³；第二层，粉质黏土，厚 d_2=5.0m，γ=18.2kN/m³，e=0.9，I_L=0.9；地基承载力特征值 f_{ak}=120kPa。计算以下两种情况的修正后的地基承载力特征值。

（1）采用基础底面尺寸为 4.0m×4.0m 的矩形独立基础，埋深 d=1.5m。

（2）采用基础底面尺寸为 10.0m×40.0m 的箱形基础，埋深 d=4.0m。

项目 5　土压力与土坡稳定

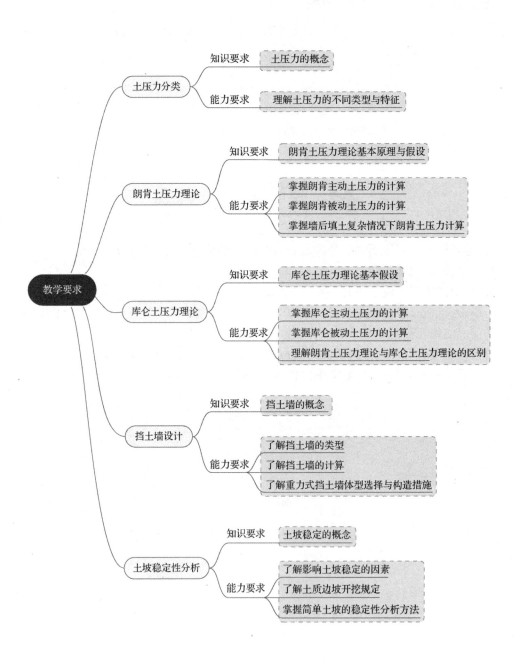

本项目主要讲述土压力的基本理论、朗肯土压力理论、库仑土压力理论、挡土墙设计和土坡稳定性分析的基本方法。

任务5.1 概 述

在土木工程中，有一些构筑物，可支挡土体，防止土体坍塌，这些构筑物称为挡土墙，如支撑建筑物周围填土的挡土墙、地下室的外墙、支撑基坑的板桩墙、堆放散粒材料的挡土墙等；另有一些构筑物，则受到土体的支撑，土体起到提供反力的作用，这些构筑物也称挡土墙，如桥台等。挡土墙应用举例如图5.1所示。

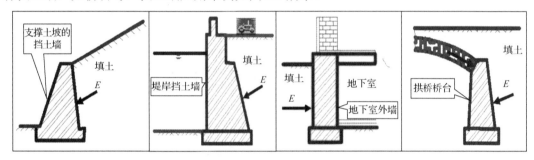

图5.1 挡土墙应用举例

由于土体的自重或外荷载作用，墙背作用有侧向压力，这种侧向压力即为土压力。土压力是挡土墙所受到的主要外荷载，它与填土的性质、挡土墙的形状、位移方向以及地基土的性质等因素有关。目前，土压力大多采用古典的朗肯土压力理论和库仑土压力理论进行计算。

土坡可分为由地质作用而形成的天然土坡和由平整场地、开挖基坑而形成的人工土坡。由于某些不利因素的影响，土坡可能发生局部土体滑动而丧失稳定性，因此，应验算土坡的稳定性及采取适当的工程措施。

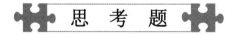

1. 何为挡土墙？
2. 挡土墙所受土压力与哪些因素有关？

任务5.2 土压力分类

在影响挡土墙后土压力大小及分布规律的众多因素中，挡土墙的位移方向和位移量是最重要的因素。根据挡土墙的位移情况和墙后土体所处的应力状态，可将土压力分为以下三种。

1. 主动土压力

主动土压力是指挡土墙在墙后填土推力（土压力）作用下，向离开土体方向偏移，偏移至土体达到极限平衡状态（墙后土体开始下滑）时，作用在墙背上的土压力，如图 5.2（a）所示。在所有土压力中，主动土压力最小。主动土压力强度用 σ_a 表示，作用于每米挡土墙上的主动土压力的合力用 E_a（kN/m）表示。

2. 被动土压力

被动土压力是指挡土墙在外荷载作用下，向墙后填土方向移动，移动至土体达到极限平衡状态（墙后土体开始上隆）时，作用在墙背上的土压力，如图 5.2（b）所示。拱桥桥台在桥上荷载作用下，挤压土体并产生一定量的位移，则作用在台背上的侧压力就是被动土压力。在所有土压力中，被动土压力最大。初动土压力强度用 σ_p 表示，作用于每米挡土墙上的被动土压力的合力用 E_p（kN/m）表示。

3. 静止土压力

静止土压力是指挡土墙静止不动，墙后土体处于弹性平衡状态时，作用在墙背上的土压力，如图 5.2（c）所示。地下室外墙、地下水池侧壁、涵洞的侧壁，以及其他不产生位移的挡土构筑物，其所受土压力均可按静力土压力计算。静止土压力强度用 σ_0 表示，作用于每米挡土墙上的静止土压力的合力用 E_0（kN/m）表示。

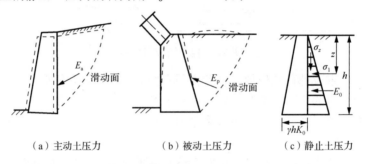

（a）主动土压力　　（b）被动土压力　　（c）静止土压力

图 5.2　挡土墙的三种土压力

静止土压力犹如半空间弹性变形体在土的自重作用下无侧向变形时的水平侧压力，如图 5.2（c）所示，故填土表面下任意深度 z 处的水平静止土压力强度可按式（5.1）计算，即

$$\sigma_0 = K_0 \sigma_z = K_0 \gamma z \tag{5.1}$$

式中：K_0——土的侧压力系数或静止土压力系数；
　　　γ——墙后填土的重度，kN/m³。

静止土压力系数 K_0 与土的性质、密实程度等因素有关，一般砂土可取 0.35～0.50，黏性土可取 0.50～0.70。对正常固结土，也可近似按半经验公式 $K_0 = 1 - \sin\varphi'$ 计算，φ' 为土的有效内摩擦角。

由式（5.1）可知，静止土压力沿墙深呈三角形分布。如取单位墙长，则作用在墙上的静止土压力合力为

$$E_0 = \frac{1}{2}\gamma h^2 K_0 \tag{5.2}$$

式中：h——挡土墙墙深，m。

E_0 的作用点在距离墙底 1/3 处，即静止土压力强度分布图形的形心处。

> **特别提示**
>
> 上述三种土压力与挡土墙位移的关系如图 5.3 所示。试验研究表明，产生被动土压力所需的位移量 Δ_p 比产生主动土压力所需的位移量 Δ_a 要大得多。在相同的条件下，主动土压力合力小于静止土压力合力，而静止土压力合力小于被动土压力合力，即 $E_a < E_0 < E_p$。
>
>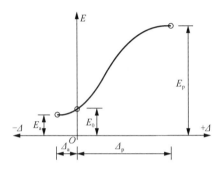
>
> 图 5.3 土压力与挡土墙位移的关系

思 考 题

1. 何为静止土压力、主动土压力及被动土压力？
2. 静止土压力属于哪一种应力状态？它与主动土压力、被动土压力状态有何不同？

任务 5.3　朗肯土压力理论

5.3.1　基本原理与假设

朗肯土压力理论是土压力计算中两个古典的土压力理论之一，又称极限应力法。朗肯土压力理论是从研究弹性半空间土体的应力状态出发，根据土中一点的极限平衡条件，确定土压力强度和破裂面而提出的土压力计算方法。其基本假设如下：

（1）墙背竖直光滑，不考虑墙背与填土之间的摩擦力；
（2）墙后填土表面水平并无限延伸；
（3）墙本身是刚性的，不考虑墙身的变形。

由于墙背与填土之间无摩擦力，故剪应力为零，墙背承受荷载为主应力。这样，若挡土墙不出现位移，则墙后土体处于弹性平衡状态，作用在墙背上的应力状态与弹性半空间土体的应力状态相同。此时，墙后任意深度 z 处的微单元体中的最大主应力 $\sigma_1 = \sigma_z = \gamma z$，最小主应力 $\sigma_3 = \sigma_x = \gamma z K_0$ [图 5.4（a）]。由于该点处于弹性平衡状态，故表示其应力状态的莫尔圆总是处于抗剪强度包线下方，如图 5.4（d）所示的莫尔圆Ⅰ。

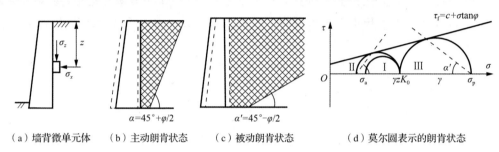

（a）墙背微单元体　（b）主动朗肯状态　（c）被动朗肯状态　（d）莫尔圆表示的朗肯状态

图 5.4　半空间土体的极限平衡状态

当挡土墙向离开土体方向运动时，如图 5.4（b）所示，墙后土体有伸张的趋势。此时竖向应力 σ_z 不变，法向应力 σ_x 减小。当挡土墙位移使墙后土体达到极限平衡状态时，σ_x 达到最小值 σ_a，其莫尔圆与抗剪强度包线相切 [图 5.4（d）中圆Ⅱ]，土体形成一系列滑裂面，面上各点都处于极限平衡状态，此时墙背法向应力 σ_x 为最小主应力，即朗肯主动土压力。滑裂面与最大主应力作用面（即水平面）之间的夹角为 $\alpha(\alpha = 45° + \varphi/2)$。

同理，若挡土墙在外力作用下挤压土体，如图 5.4（c）所示，σ_z 仍不变，但 σ_x 增大。当 σ_x 超过 σ_z 时，σ_x 成为最大主应力，σ_z 成为最小主应力。当挡土墙位移使墙后土体达到极限平衡状态时，σ_x 达到最大值 σ_p，莫尔圆与抗剪强度包线相切 [图 5.4（d）中圆Ⅲ]，土体形成一系列滑裂面，面上各点都处于极限平衡状态，此时墙背法向应力 σ_x 为最大主应力，即朗肯被动土压力。滑裂面与最大主应力作用面（即水平面）之间的夹角为 $\alpha'(\alpha' = 45° - \varphi/2)$。

5.3.2　朗肯主动土压力的计算

根据土的强度理论，当土体中某点处于极限平衡状态时，最大主应力 σ_1 和最小主应力 σ_3 应满足以下关系式。

黏性土

$$\sigma_1 = \sigma_3 \tan^2\left(45° + \frac{\varphi}{2}\right) + 2c\tan\left(45° + \frac{\varphi}{2}\right) \tag{5.3}$$

$$\sigma_3 = \sigma_1 \tan^2\left(45° - \frac{\varphi}{2}\right) - 2c\tan\left(45° - \frac{\varphi}{2}\right) \tag{5.4}$$

砂土

$$\sigma_1 = \sigma_3 \tan^2\left(45° + \frac{\varphi}{2}\right) \tag{5.5}$$

$$\sigma_3 = \sigma_1 \tan^2\left(45° - \frac{\varphi}{2}\right) \tag{5.6}$$

式（5.3）、式（5.4）、式（5.5）、式（5.6）是计算 σ_1 和 σ_3 的基本公式。因为主动土压力在所有土压力中最小，所以求主动土压力强度 σ_a，就是求 σ_3。按照朗肯土压力理论的基本假设，当挡土墙离开土体运动至极限平衡状态时，墙背土体中离地表任意深度 z 处的竖向应力 σ_z（$\sigma_z = \gamma z$）为最大主应力 σ_1，而法向应力 σ_x 为最小主应力 σ_3，$\sigma_a = \sigma_x$，则

黏性土
$$\sigma_a = \sigma_x = \gamma z \tan^2\left(45° - \frac{\varphi}{2}\right) - 2c\tan\left(45° - \frac{\varphi}{2}\right) = \gamma z K_a - 2c\sqrt{K_a} \quad (5.7)$$

砂土
$$\sigma_a = \gamma z K_a \quad (5.8)$$

式中：K_a——主动土压力系数，$K_a = \tan^2\left(45° - \frac{\varphi}{2}\right)$；

c——填土的黏聚力，kPa；

φ——土的内摩擦角，(°)。

如图 5.5（b）所示，砂土的主动土压力强度 σ_a 与深度 z 成正比，如将墙顶和墙底两点的 σ_a 连成直线，则图形呈三角形分布。如取单位墙长计算，则主动土压力合力 E_a 为 σ_a 分布图形的三角形的面积，即

$$E_a = \frac{1}{2}\gamma h^2 K_a \quad (5.9)$$

E_a 作用点的位置在距离挡土墙底面 $h/3$ 处。

如图 5.5（c）所示，黏性土的主动土压力强度 σ_a 与深度 z 也成正比，但明显分成两部分：一部分是正值（压应力），即式（5.7）中的（$\gamma z K_a$）、图 5.5（c）中 abc 部分；另一部分是负值（拉应力），即式（5.7）中的（$-2c\sqrt{K_a}$）、图 5.5（c）中 ade 部分。对于黏性土，求其主动土压力 E_a 就是求图 5.5（c）中 abc 部分的面积，在计算中可以忽略拉应力，即

$$E_a = \frac{1}{2}(h - z_0)(\gamma z K_a - 2c\sqrt{K_a}) = \frac{1}{2}\gamma h^2 K_a - 2ch\sqrt{K_a} + \frac{2c^2}{\gamma} \quad (5.10)$$

E_a 作用点的位置在距离挡土墙底面（$h - z_0$）/3 处。

由式（5.10）可知，计算黏性土的 E_a 时，要从 z（h）中减去 z_0，这个 z_0［即图 5.5（c）中 a 点距离填土表面的深度］称为临界深度。当填土表面上无附加荷载时，令式（5.7）中等号两侧为 0，则

$$\sigma_a = \gamma z K_a - 2c\sqrt{K_a} = 0$$

则可解出临界深度 z_0 为

$$z_0 = \frac{2c}{\gamma\sqrt{K_a}} \quad (5.11)$$

例题 5.1 某挡土墙高度为 5m，墙背竖直光滑，填土表面水平。填土为黏性土，其物理力学性质指标如下：$c = 8$kPa，$\varphi = 18°$，$\gamma = 18$kN/m³。试计算该挡土墙主动土压力合力及其作用点位置，并绘出主动土压力强度分布图。

解：（1）主动土压力系数

$$K_a = \tan^2\left(45° - \frac{\varphi}{2}\right) = \tan^2\left(45° - \frac{18°}{2}\right) \approx 0.528;$$

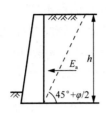 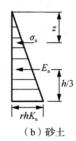 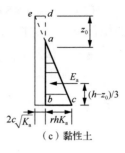

(a) 主动土压力图示　　(b) 砂土　　(c) 黏性土

图 5.5　朗肯主动土压力强度分布

(2) 墙底处的主动土压力强度

$$\sigma_a = \gamma z K_a - 2c\sqrt{K_a} = 18 \times 5 \times 0.528 - 2 \times 8 \times \sqrt{0.528} \approx 35.89 \text{(kPa)};$$

(3) 临界深度

$$z_0 = \frac{2c}{\gamma\sqrt{K_a}} = \frac{2 \times 8}{18 \times \sqrt{0.528}} \approx 1.223 \text{(m)};$$

(4) 主动土压力合力

$$E_a = 35.89 \times (5 - 1.223) \times \frac{1}{2} \approx 67.78 \text{(kN/m)},$$

主动土压力合力 E_a 作用点距墙底的距离

$$\frac{h - z_0}{3} = \frac{5 - 1.223}{3} \approx 1.26 \text{(m)}$$

根据上面计算, 绘制主动土压力强度分布图(图 5.6)。

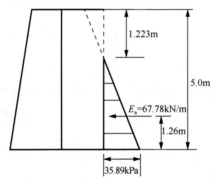

图 5.6　主动土压力强度分布图

5.3.3　朗肯被动土压力的计算

当挡土墙在外力作用下, 向填土方向移动时, 墙后土体就被迫受压而产生被动土压力。这时墙背深度 z 处的土体单元上的竖向应力 σ_z ($\sigma_z = \gamma z$) 基本不变, 而法向应力 σ_x 则逐渐增大, 当墙后土体达到极限平衡状态时, σ_x 达到最大值, 此时的 σ_x 已超过 σ_z, 变成了

最大主应力 σ_1。因为被动土压力在所有土压力中最大，所以求被动土压力强度 σ_p 就是求 σ_1。将 $\sigma_1 = \sigma_p$ 和 $\sigma_3 = \gamma z$ 代入式（5.5）和式（5.7），则被动土压力强度 σ_p 的计算式为

黏性土
$$\sigma_p = \gamma z K_p + 2c\sqrt{K_p} \tag{5.12}$$

砂土
$$\sigma_p = \gamma z K_p \tag{5.13}$$

式中：K_p——被动土压力系数，$K_p = \tan^2\left(45° + \dfrac{\varphi}{2}\right)$。

由式（5.12）和式（5.13）可知，对于砂土，当 $z=0$ 时，被动土压力强度 $\sigma_p = 0$，被动土压力强度沿深度也呈三角形分布，如图 5.7（b）所示；对于黏性土，当 $z=0$ 时，被动土压力强度 $\sigma_p \neq 0$，被动土压力强度沿深度呈梯形分布，如图 5.7（c）所示。

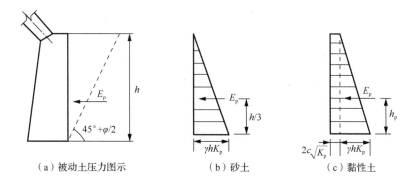

图 5.7　朗肯被动土压力强度分布

此时作用在单位长度挡土墙上的被动土压力合力 E_p 可按式（5.14）计算。

黏性土
$$E_p = \frac{1}{2}\gamma h^2 K_p + 2ch\sqrt{K_p} \tag{5.14}$$

其作用点的位置通过梯形的形心，即距墙底高度为

$$h_p = \frac{\left(\dfrac{1}{6}\gamma h K_p + c\sqrt{K_p}\right)h^2}{E_p} \tag{5.15}$$

砂土
$$E_p = \frac{1}{2}\gamma h^2 K_p \tag{5.16}$$

其作用点的位置在距离挡土墙底面 $h/3$ 处。

例题 5.2　某挡土墙高 6m，墙背竖直光滑，墙后填土表面水平，填土为黏性土，$c=19\text{kPa}$，$\varphi=20°$，$\gamma=18.5\text{kN/m}^3$，求被动土压力合力。

解：（1）墙顶处被动土压力强度

$$\sigma_{p0} = \gamma z_0 \tan^2\left(45° + \frac{\varphi}{2}\right) + 2c\tan\left(45° + \frac{\varphi}{2}\right)$$

$$= 0 + 2 \times 19 \times \tan\left(45° + \frac{20°}{2}\right) \approx 38 \times 1.4281 \approx 54.27(\text{kPa});$$

（2）墙底处被动土压力强度

$$\sigma_{p1} = \gamma h_1 \tan^2\left(45°+\frac{\varphi}{2}\right) + 2c\tan\left(45°+\frac{\varphi}{2}\right)$$
$$= 18.5 \times 6 \times \tan^2\left(45°+\frac{20°}{2}\right) + 2 \times 19 \times \tan\left(45°+\frac{20°}{2}\right)$$
$$\approx 111 \times 2.04 + 54.27 = 280.71 (\text{kPa});$$

（3）被动土压力合力

$$E_p = \frac{1}{2}(54.27 + 280.71) \times 6 = 1004.94 (\text{kN/m}) 。$$

5.3.4 墙后填土复杂情况下朗肯土压力计算

以上朗肯主动土压力和朗肯被动土压力的计算，只是考虑墙后填土是均质的、单层的、无地下水影响的、填土之上没有外加荷载作用的简单情况，而真实的墙后填土比较复杂。

1. 墙后填土表面有均布荷载作用

当挡土墙墙后填土表面有连续均布荷载 q 作用时，填土表面下深度 z 处的竖向应力 $\sigma_z = \gamma z + q$。则挡土墙墙后主动土压力强度为

砂土　　　　　　　　　　$\sigma_a = (\gamma z + q)K_a$　　　　　　　　　　(5.17)

墙顶主动土压力强度　　　$\sigma_{a1} = qK_a$

墙底主动土压力强度　　　$\sigma_{a2} = (\gamma h + q)K_a$

黏性土　　　　　　　　　$\sigma_a = (\gamma z + q)K_a - 2c\sqrt{K_a}$　　　　(5.18)

墙顶主动土压力强度　　　$\sigma_a = qK_a - 2c\sqrt{K_a}$

墙底主动土压力强度　　　$\sigma_a = (\gamma h + q)K_a - 2c\sqrt{K_a}$

黏性土填土表面有均布荷载时的主动土压力强度分布图如图 5.8 所示，主动土压力合力作用点在梯形的形心。

2. 墙后填土为多层土

当挡土墙墙后填土由多层水平土层组成时，由于各层填土的物理力学性质不同，式（5.7）、式（5.8）、式（5.12）、式（5.13）中出现的 h、γ、c 和 φ 存在差别，而使计算出的土压力强度在不同土层分界面处出现转折或突变。这时需要在各土层分界面处（即同一点）算出 2 个不同的土压力强度。以计算主动土压力强度为例，分界面之上（即第一层土的底面）的 $\sigma_{a1上}$ 采用第一层土的指标和主动土压力系数 K_{a1} 求得；而分界面之下（即第二层土的顶面）的 $\sigma_{a1下}$ 采用第二层土的指标和主动土压力系数 K_{a2} 求得。

由图 5.9 可知，多层砂土的土压力合力是一个三角形面积和一个梯形面积之和。针对墙后 2 个土层，设计 3 个计算点（0、1、2），算出 4 个 σ_a（墙顶处 1 个 σ_a、上下土层分界面处 2 个 σ_a、墙底处 1 个 σ_a）。第 1 层土的主动土压力强度按均质土计算，而在计算第 2 层土底部的主动土压力强度时，可将第 1 层土处的自重应力（$\gamma_1 h_1$）看成是作用在第 2 层土顶面处的均布荷载，则 4 个 σ_a 计算方法如下。

在墙顶（0点）处　　　　　　$\sigma_{a0} = 0$

在土层分界面（1点）之上　　$\sigma_{a1上} = \gamma_1 h_1 K_{a1}$

在土层分界面（1点）之下　　$\sigma_{a1下} = \gamma_1 h_1 K_{a2}$

在墙底（2点）处　　　　　　$\sigma_{a2} = (\gamma_1 h_1 + \gamma_2 h_2) K_{a2}$

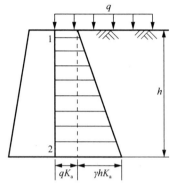

图5.8　黏性土填土表面有均布荷载时的主动土压力强度分布图

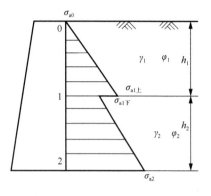

图5.9　多层砂土的土压力强度分布图

由图5.10可知，多层黏性土的土压力合力也是一个三角形面积和一个梯形面积之和，但出现了负值区。因此计算多层黏性土的主动土压力强度，首先要计算出临界深度 z_0，然后按设计的3个计算点（0、1、2），算出4个 σ_a（墙顶处1个 σ_a、上下土层分界面处2个 σ_a、墙底处1个 σ_a），即

在墙顶（0点）处　　　　　　$\sigma_{a0} = 0 - 2c_1\sqrt{K_{a1}} = -2c_1\sqrt{K_{a1}}$

在土层分界面（1点）之上　　$\sigma_{a1上} = \gamma_1 h_1 K_{a1} - 2c_1\sqrt{K_{a1}}$

在土层分界面（1点）之下　　$\sigma_{a1下} = \gamma_1 h_1 K_{a2} - 2c_2\sqrt{K_{a2}}$

在墙底（2点）处　　　　　　$\sigma_{a2} = (\gamma_1 h_1 + \gamma_2 h_2) K_{a2} - 2c_2\sqrt{K_{a2}}$

式中：$K_{a1} = \tan^2\left(45° - \dfrac{\varphi_1}{2}\right)$，$K_{a2} = \tan^2\left(45° - \dfrac{\varphi_2}{2}\right)$。

计算多层黏性土的主动土压力合力 E_a。由图5.10知，上面第一层土的 E_a 是底边长为 $\sigma_{a1上}$、高为 $(h_1 - z_0)$ 的三角形面积；第二层土的 E_a 是上底边长为 $\sigma_{a1下}$、下底边长为 σ_{a2}、高为 h_2 的梯形面积。则主动土压力合力为

$$E_a = \frac{1}{2}(h_1 - z_0)\sigma_{a1上} + \frac{1}{2}h_2(\sigma_{a1下} + \sigma_{a2}) \tag{5.19}$$

例题5.3　某挡土墙高5m，墙背竖直光滑，墙后填土表面水平，填土为黏性土，分为两层，第1层土 $h_1=3\text{m}$，$\gamma_1=18\text{kN/m}^3$，$c_1=10\text{kPa}$，$\varphi_1=20°$；第2层土 $h_2=2\text{m}$，$\gamma_2=17\text{kN/m}^3$，$c_2=6\text{kPa}$，$\varphi_2=15°$（图5.10）。试计算该挡土墙主动土压力合力及其作用点位置，并绘出主动土压力强度分布图。

解：(1) 第一、二层土的主动土压力系数

$$K_{a1} = \tan^2\left(45° - \frac{20°}{2}\right) = \tan^2 35° \approx 0.49, \quad \sqrt{K_{a1}} = 0.70;$$

$$K_{a2} = \tan^2\left(45° - \frac{15°}{2}\right) = \tan^2 37.5° \approx 0.59, \quad \sqrt{K_{a2}} \approx 0.77。$$

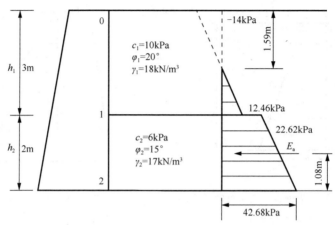

图 5.10　多层黏性土的土压力强度分布图

(2) 临界深度

$$z_0 = \frac{2c_1}{\gamma_1 \sqrt{K_{a1}}} = \frac{2 \times 10}{18 \times 0.70} \approx 1.59 \text{(m)}。$$

(3) 第一、二层土的主动土压力强度

在墙顶（0点）处

$$\sigma_{a0} = -2c_1\sqrt{K_{a1}} = -2 \times 10 \times 0.70 = -14 \text{(kPa)};$$

在土层分界面（1点）之上

$$\sigma_{a1\text{上}} = \gamma_1 h_1 K_{a1} - 2c_1\sqrt{K_{a1}} = 18 \times 3 \times 0.49 - 14$$
$$= 12.46 \text{(kPa)};$$

在土层分界面（1点）之下

$$\sigma_{a1\text{下}} = \gamma_1 h_1 K_{a2} - 2c_2\sqrt{K_{a2}}$$
$$= 18 \times 3 \times 0.59 - 2 \times 6 \times 0.77$$
$$= 22.62 \text{(kPa)};$$

在墙底（2点）处

$$\sigma_{a2} = (\gamma_1 h_1 + \gamma_2 h_2) K_{a2} - 2c_2\sqrt{K_{a2}}$$
$$= (18 \times 3 + 17 \times 2) \times 0.59 - 2 \times 6 \times 0.77$$
$$= 42.68 \text{(kPa)}。$$

（4）主动土压力合力
$$E_a = \frac{1}{2}(h_1 - z_0)\sigma_{a1上} + \frac{1}{2}h_2(\sigma_{a1下} + \sigma_{a2})$$
$$= \frac{1}{2} \times (3 - 1.59) \times 12.46 + \frac{1}{2} \times 2 \times (22.62 + 42.68)$$
$$\approx 74.08 (\text{kN/m})。$$

（5）合力作用点距墙底的距离
$$x = \frac{1}{74.08} \times \left[8.8 \times \left(2 + \frac{3-1.59}{3}\right) + 22.62 \times \frac{2}{3} \times 2 + 42.68 \times \frac{1}{3} \times 2 \right] \approx 1.08 (\text{m})。$$

主动土压力强度分布图如图 5.10 所示。

3. 墙后填土存在地下水

当墙后填土存在地下水时，墙背所受到的侧压力合力为土压力和水压力之和。在计算墙后土压力的过程中，地下水位以上的部分可按照墙后均质土或多层土方法计算；而地下水位以下的部分，由于浮力作用使土的有效重度减轻而使土压力减小，计算土压力时，一般假定地下水位上下土的内摩擦角 φ、黏聚力 c 及墙与土之间的摩擦角 δ 相同，地下水位以下取有效重度计算。图 5.11 中 $abdec$ 部分为土压力强度分布图，cef 部分为水压力强度分布图。

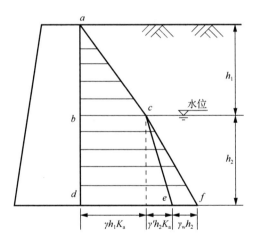

图 5.11　填土中有地下水时侧压力强度分布图

例题 5.4 如图 5.12 所示，某挡土墙高 4m，墙背竖直光滑，墙后填土表面水平，其上作用有均布荷载 q=10kPa，墙后填土为砂土，φ=30°，γ=18kN/m³，γ_{sat}=19kN/m³，地下水位在填土表面以下 2.0m 处。试计算墙背侧压力合力 E 及合力作用点位置，并绘出侧压力强度分布图。

解：
（1）主动土压力系数
$$K_a = \tan^2\left(45° - \frac{\varphi}{2}\right) = \tan^2\left(45° - \frac{30°}{2}\right) \approx 0.333。$$

（2）墙顶处主动土压力强度
$$\sigma_{a0} = qK_a = 10 \times 0.333 = 3.33 \text{(kPa)} 。$$
（3）地下水位处主动土压力强度
$$\sigma_{a1} = (q + \gamma h_1)K_a = (10 + 18 \times 2) \times 0.333 \approx 15.32 \text{(kPa)} 。$$
（4）墙底处主动土压力强度
$$\sigma_{a2} = (q + \gamma h_1 + \gamma' h_2)K_a = [10 + 18 \times 2 + (19-10) \times 2] \times 0.333 \approx 21.31 \text{(kPa)} 。$$
（5）墙底处水压力强度
$$\sigma_{w2} = \gamma_w h_2 = 10 \times 2 = 20 \text{(kPa)} 。$$
（6）主动土压力合力
$$E_a = \frac{1}{2} \times (3.33 + 15.32) \times 2 + \frac{1}{2} \times (15.32 + 21.31) \times 2 = 55.28 \text{(kN/m)} 。$$
（7）水压力合力
$$E_w = \frac{1}{2} \times 20 \times 2 = 20 \text{(kN/m)} 。$$
（8）侧压力合力
$$E = E_a + E_w = 55.28 + 20 = 75.28 \text{(kN/m)} 。$$
（9）侧压力合力作用点距墙底的距离
$$x = \frac{1}{75.28} \times \left[3.33 \times \left(2 + \frac{2}{3} \times 2\right) + 15.32 \times \left(2 + \frac{1}{3} \times 2\right) + 15.32 \times \frac{2}{3} \times 2 + 41.31 \times \frac{1}{3} \times 2 \right]$$
$$\approx 1.33 \text{(m)} 。$$

侧压力强度分布图如图 5.12 所示。

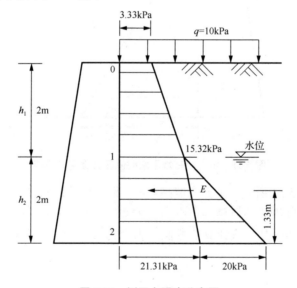

图 5.12 侧压力强度分布图

项目 5 土压力与土坡稳定

思 考 题

1．朗肯土压力理论的基本假设是什么？

2．什么是临界深度？如何计算临界深度？

3．某挡土墙高 6m，墙背竖直光滑，填土表面水平。填土重度 $\gamma=17\text{kN/m}^3$，内摩擦角 $\varphi=20°$，黏聚力 $c=8\text{kPa}$，求该墙的主动土压力合力及其作用点的位置，并绘出主动土压力强度分布图。

4．按朗肯土压力理论计算图 5.13 所示的挡土墙，其墙背竖直光滑，墙高 8.0m，墙后填土表面水平，其上作用着连续均布的荷载 $q=18\text{kPa}$，填土由砂土 4.0m 和黏性土 4.0m 组成，土的性质指标和地下水水位如图 5.13 所示。

（1）绘出侧压力强度分布图。

（2）计算侧压力合力（土压力和水压力之和）的大小。

（3）计算侧压力合力作用点的位置。

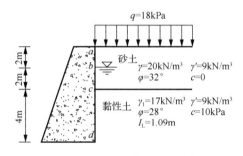

图 5.13 挡土墙

任务 5.4　库仑土压力理论

由任务 5.3 可知，朗肯土压力理论适用于挡土墙墙背竖直光滑、墙后填土表面水平的情况，可用于黏性土和砂土的计算。而在实际工程中，挡土墙的墙背不可能绝对竖直光滑，墙后填土表面也不一定是水平的，这时不再适合用朗肯土压力理论进行分析。库仑根据挡土墙墙后滑动楔体达到极限平衡状态时的静力平衡条件提出了另一种土压力计算方法，称为库仑土压力理论。

5.4.1　基本假设

库仑土压力理论的基本假设是：

（1）挡土墙是刚性的，墙后填土是均质的砂土；

（2）当挡土墙的墙身向前或向后移动达到产生主动土压力或被动土压力条件时，墙后填土形成的滑动楔体沿通过墙踵的一个平面滑动；

（3）墙后土体达到极限平衡状态时产生的滑动楔体为刚体。

库仑土压力理论适用于墙后填土是砂土或碎石的挡土墙，可考虑墙背倾斜、填土表面倾斜以及墙背与填土的摩擦等多种因素的影响。分析时按平面问题考虑，一般沿长度方向取 1m 考虑。

5.4.2 库仑主动土压力的计算

如图 5.14 所示，设挡土墙高为 h，墙背俯斜，墙背与垂线的夹角为 α，墙后土体为砂土（$c=0$），填土表面与水平线夹角为 β，墙背与填土的摩擦角（外摩擦角）为 δ。当挡土墙向远离土体的方向移动或转动而使墙后土体处于主动极限平衡状态时，墙后土体形成一滑动楔体 ABC，其滑裂面为平面 BC，滑裂面与水平面夹角为 θ。

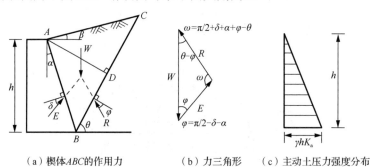

(a) 楔体ABC的作用力　　(b) 力三角形　　(c) 主动土压力强度分布

图 5.14　库仑主动土压力计算

取滑动楔体 ABC 为隔离体，作用在滑动楔体上的力有楔体的自重 W、滑裂面 BC 上的反力 R 和墙背对楔体的反力 E（土体作用在墙背上的土压力与 E 大小相等、方向相反），R 和 E 均在滑裂面法线的下侧，滑动楔体 ABC 在 W、R、E 三力的作用下处于静力平衡状态，因此三力构成一个封闭的力三角形，如图 5.13（b）所示。根据正弦定理得

$$E = W \frac{\sin(\theta-\varphi)}{\sin \omega} \tag{5.20}$$

即 E 是滑裂面倾角 θ 的函数，而主动土压力强度 E_a 是 E 的最大值 E_{max}，其对应的滑裂面是楔体最危险的滑裂面。由 $dE/d\theta = 0$ 可求得与 E_{max} 相对应的破裂角 θ_{cr}，将 θ_{cr} 代入式（5.20）即可得到库仑主动土压力的计算式，即

$$E_a = \frac{1}{2}\gamma h^2 K_a \tag{5.21}$$

其中

$$K_a = \frac{\cos^2(\varphi-\alpha)}{\cos^2\alpha\cos(\alpha+\delta)\left[1+\sqrt{\dfrac{\sin(\varphi+\delta)\sin(\varphi-\beta)}{\cos(\alpha+\delta)\cos(\alpha-\beta)}}\right]^2} \tag{5.22}$$

式中：K_a——库仑主动土压力系数，按式（5.22）计算或有关书中查表；

α——墙背与垂线的夹角（°），俯斜取正号，仰斜取负号，墙背的俯斜仰斜见图 5.14；

β——填土表面与水平面的夹角，(°)；

δ——填土与墙背的外摩擦角，(°)；

φ——填土的内摩擦角，(°)。

当墙背竖直（$\alpha=0°$）、光滑（$\delta=0°$），填土表面水平（$\beta=0°$）时，式（5.22）变为

$$K_a = \tan^2\left(45°-\frac{\varphi}{2}\right)$$

可见，在上述条件下，库仑主动土压力的计算式和朗肯主动土压力的计算式完全相同，可将朗肯土压力理论看作是库仑土压力理论的特殊情况。库仑主动土压力强度沿墙深呈三角形分布，E_a 的作用方向与墙背法线夹角为 δ，作用点在距墙底 $h/3$ 处。

5.4.3 库仑被动土压力的计算

当挡土墙在外力作用下挤压土体，楔体沿滑裂面向上隆起而处于极限平衡状态时，同理可得到作用在楔体 ABC 上的力三角形，如图 5.15（b）所示。由于楔体上隆，E 和 R 均位于法线的上侧，按与求主动土压力相同的方法可求得被动土压力的计算式为

$$E_p = \frac{1}{2}\gamma h^2 K_p \tag{5.23}$$

其中

$$K_p = \frac{\cos^2(\varphi+\alpha)}{\cos^2\alpha\cos(\alpha-\delta)\left[1+\sqrt{\dfrac{\sin(\varphi+\delta)\sin(\varphi+\beta)}{\cos(\alpha-\delta)\cos(\alpha-\beta)}}\right]^2} \tag{5.24}$$

式中：K_p——库仑被动土压力系数。

其他符号含义同前。

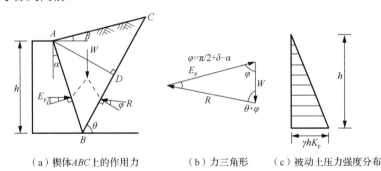

(a) 楔体 ABC 上的作用力　　(b) 力三角形　　(c) 被动土压力强度分布

图 5.15　库仑被动土压力计算

当墙背竖直（$\alpha=0°$）、光滑（$\delta=0°$），填土表面水平（$\beta=0°$）时，式（5.24）变为

$$K_p = \tan^2\left(45°+\frac{\varphi}{2}\right)$$

可见，在上述条件下，库仑被动土压力的计算式和朗肯被动土压力的计算式完全相同，可将朗肯土压力理论看作是库仑土压力理论的特殊情况。库仑被动土压力强度沿墙深也呈三角形分布，E_p 的作用方向与墙背法线夹角为 δ，作用点在距墙底 $h/3$ 处。

5.4.4 朗肯土压力理论与库仑土压力理论的比较

朗肯土压力理论概念比较明确，公式简单，适用于黏性土和砂土，在工程中应用广泛，但必须假定墙背竖直、光滑，墙后填土表面水平，故应用范围受到了限制。又由于该理论忽略了墙背与填土之间摩擦力的影响，使计算的主动土压力偏大，被动土压力偏小。

库仑土压力理论考虑了墙背与填土之间的摩擦力，并可用于墙背倾斜、填土表面倾斜的情况。但由于该理论假设填土是砂土，因此不能直接应用库仑土压力计算式计算黏性土的土压力。此外，库仑土压力理论假设填土滑裂面为通过墙踵的平面，而实际上滑裂面却是曲面。试验证明，在计算主动土压力时，只有当墙背倾角 α 和墙背与填土之间的外摩擦角 δ 较小时，滑裂面才接近于平面，因此计算结果与实际有差异。通常情况下，应用库仑土压力理论计算主动土压力时，误差为 2%～10%，可认为已满足实际工程精度要求；但计算被动土压力时，误差较大，有时可达 2～3 倍，甚至更大。

思 考 题

1. 库仑土压力理论与朗肯土压力理论的区别是什么？
2. 用库仑土压力公式求如图 5.16 所示挡土墙上的主动土压力的大小。

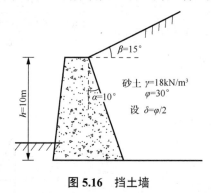

图 5.16 挡土墙

任务 5.5 《建筑地基基础设计规范》推荐土压力计算方法

当填土为黏性土时，如图 5.17 所示，《建筑地基基础设计规范》（GB 50007—2011）对边坡支挡结构土压力计算提出如下规定。

(1) 计算支挡结构的土压力时，可按主动土压力计算。
(2) 边坡工程主动土压力应按式（5.25）进行计算。

$$E_a = \psi_a \frac{1}{2} \gamma h^2 K_a \tag{5.25}$$

式中：E_a——主动土压力，kN/m；

ψ_a——主动土压力增大系数，土坡高度小于 5m 时宜取 1.0，高度为 5～8m 时宜取 1.1，高度大于 8m 时宜取 1.2；

γ——填土的重度，kN/m；

h——挡土结构的高度，m；

K_a——主动土压力系数，按《建筑地基基础设计规范》附录 L 确定。

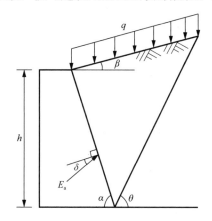

图 5.17　主动土压力计算

注意：α 为墙背与水平面的夹角，这与前述不同。

当排水条件和填土质量符合要求时，高度 $h \leqslant 5m$ 的挡土墙，《建筑地基基础设计规范》给出了其主动土压力系数的图表。根据土类，α 和 β 值详见《建筑地基基础设计规范》的附录 L。

当填土为无黏性土时，主动土压力系数可按库仑土压力理论确定。当支挡结构满足朗肯条件时，主动土压力系数可按朗肯土压力理论确定。黏性土或粉土的主动土压力也可采用楔体试算法图解求得。

任务 5.6　挡土墙设计

5.6.1　挡土墙的类型

挡土墙是一种用于支撑路基填土或山坡土体、防止填土或土体变形失稳的工程构造物。它广泛应用于支撑路基边坡、桥台、桥头引道和隧道等工程中，以确保工程结构的稳定性和安全性。常用的挡土墙有重力式挡土墙、悬臂式挡土墙、扶壁式挡土墙、锚杆式及锚定板式挡土墙、板桩墙等。

1. 重力式挡土墙

重力式挡土墙一般由砖、石或混凝土材料砌筑而成，截面尺寸较大，依靠墙身自重产生的抗倾覆力矩来抵抗土压力引起的倾覆力矩。重力式挡土墙墙体抗拉强度较低，一般适用于高度小于 6m、地层稳定、开挖土石方时不会危及相邻建筑物安全的地段。重力式挡土墙结构简单，施工方便，可就地取材，因此在工程中应用较广。根据重力式挡土墙墙背的倾斜方向可分为俯斜、垂直和仰斜三种形式，如图 5.18 所示。

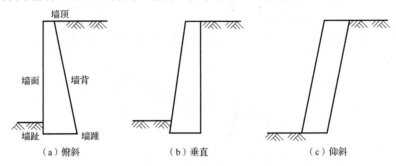

图 5.18　重力式挡土墙形式

2. 悬臂式挡土墙

悬臂式挡土墙［图 5.19（a）］一般采用钢筋混凝土建造，墙体的稳定性主要依靠墙踵底板上的土重来维持，墙体内的拉应力则由钢筋来承担。因此，悬臂式挡土墙墙身截面较小，适用于墙高大于 5m、地基土质较差、缺少石料等情况。悬臂式挡土墙多用于市政工程及贮料仓库。

3. 扶壁式挡土墙

扶壁式挡土墙［图 5.19（b）］指为了增强挡土墙中立臂的抗弯性能，沿墙的纵向每隔一定距离设置一面扶壁，适用于墙高大于 10m 的情况。扶壁式挡土墙一般用于重要的大型土建工程。

4. 锚杆式及锚定板式挡土墙

图 5.19（c）所示，锚杆式挡土墙由预制的钢筋混凝土立柱、墙面、钢拉杆组成，拉杆嵌入坚实岩层中并灌入高强度砂浆锚固；锚定板式挡土墙是指在钢拉杆的端部增加钢筋混凝土预制锚定板，并将其埋置在填土中，依靠填土与结构的相互作用力维持其自身稳定。与重力式挡土墙相比，它具有结构轻便、柔性大、工程量小、造价低、施工方便的特点，适用于地基承载力不大的地区。

5. 板桩墙

板桩墙［图 5.19（d）］是将通长的钢板桩、预制钢筋混凝土板桩或木板桩边缘相接，打入地基而形成的一种挡土墙。板桩墙分为悬臂式板桩墙和锚定式板桩墙，用于水岸边挡土墙或深基坑临时性支护结构。

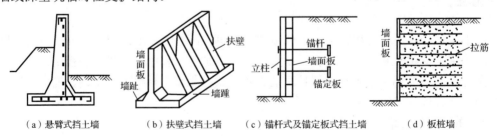

图 5.19　挡土墙常用类型

此外，挡土墙还包括混合式挡土墙、加筋土挡土墙、土工合成材料挡土墙、土钉支护挡土墙等。

5.6.2 挡土墙的计算

挡土墙的截面一般按试算法确定，即先根据挡土墙的工程地质、填土性质，以及墙体材料和施工条件等凭经验初步拟定截面尺寸，然后进行挡土墙的验算，如不满足要求则修改截面尺寸或采取其他措施。

挡土墙的计算通常包括以下内容。

（1）稳定性验算，包括抗倾覆和抗滑移稳定性验算。

（2）地基承载力验算。

（3）墙身强度验算。

其中，地基承载力验算与一般偏心受压基础的计算方法相同。另外，《建筑地基基础设计规范》还规定，基底合力的偏心距不应大于 0.25 倍基础的宽度，而墙身强度则应根据墙身材料按照《混凝土结构通用规范》（GB 55008—2021）或《砌体结构通用规范》（GB 55007—2021）的要求进行验算。

1. 抗倾覆稳定性验算

图 5.20 所示，在墙体自重 G、土压力 E_a 的作用下，挡土墙有绕墙趾 O 点倾覆的可能。《建筑地基基础设计规范》规定，抗倾覆稳定性安全系数（抗倾覆力矩与倾覆力矩的比值）应满足式（5.26）。

$$\frac{Gx_0 + E_{az}x_f}{E_{ax}z_f} \geqslant 1.6 \quad (5.26)$$

其中

$$E_{ax} = E_a \sin(\alpha - \delta)$$
$$E_{az} = E_a \cos(\alpha - \delta)$$
$$x_f = b - z\cos\alpha$$
$$z_f = z - b\tan\alpha_0$$

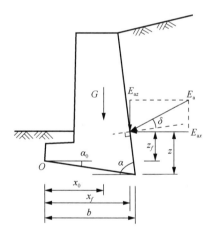

图 5.20 挡土墙抗倾覆稳定验算示意图

式中：z——土压力作用点离墙踵的高度，m；
b——基底的水平投影宽度，m；
E_{ax}，E_{az}——主动土压力的水平分量和垂直分量，kN/m；
x_f，z_f——E_{ax}，E_{az} 对 O 点的水平距离和垂直距离，m；
x_0——挡土墙重心离墙趾的水平距离，m；
G——挡土墙每延米的自重，kN/m；
α——挡土墙墙背与水平面的倾角，(°)；
δ——土对挡土墙墙背的摩擦角，(°)；
α_0——挡土墙的基底面与水平面的倾角，(°)。

验算结果不满足式（5.26）要求时，可采取以下措施加以解决。

（1）增大挡土墙截面尺寸，使 G 增大，以增加抗倾覆力矩，但工程量会相应增大。

（2）伸长墙趾，加大 x_0，以增加抗倾覆力矩。

（3）将墙背做成仰斜式，以减小土压力，但施工不方便。

（4）在挡土墙后做卸荷台，如图 5.21 所示。卸荷台上的土压力不能传至平台以下，从而减小了土压力，又增加了挡土墙的自重，故抗倾覆稳定性强，安全性提高。

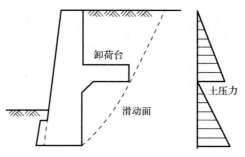

图 5.21　有卸荷台的挡土墙

2．抗滑移稳定性验算

图 5.22 所示，在土压力作用下，挡土墙有沿基底发生滑移的可能。《建筑地基基础设计规范》规定，抗滑移稳定性安全系数（抗滑力与滑动力的比值）应满足式（5.27）：

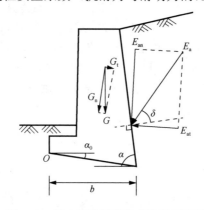

图 5.22　挡土墙抗滑移稳定验算示意图

$$\frac{(G_n + E_{an})\mu}{E_{at} - G_t} \geqslant 1.3 \tag{5.27}$$

其中

$$G_n = G\cos\alpha_0$$
$$G_t = G\sin\alpha_0$$
$$E_{at} = E_a\sin(\alpha - \alpha_0 - \delta)$$
$$E_{an} = E_a\cos(\alpha - \alpha_0 - \delta)$$

式中：G_n，G_t——挡土墙自重在垂直和平行于基底平面方向的分力；

E_{at}，E_{an}——主动土压力 E_a 在平行和垂直于基底平面方向的分力；

μ——土对挡土墙基底的摩擦系数，由试验确定，也可按表 5-1 确定。

表 5-1　土对挡土墙基底的摩擦系数

土的类别		摩擦系数 μ
黏性土	可塑	0.25~0.30
	硬塑	0.30~0.35
	坚硬	0.35~0.45
粉土		0.30~0.40
中砂、粗砂、砾砂		0.40~0.50
碎石土		0.40~0.60
软质岩		0.40~0.60
表面粗糙的硬质岩		0.65~0.75

注：1. 对易风化的软质岩和塑性指数 I_p >22 的黏性土，基底摩擦系数应通过试验确定。
　　2. 对碎石土，可根据其密实程度、填充物状况、风化程度等确定。

若验算结果不满足式（5.27）要求，可采取以下措施加以解决。
（1）增大挡土墙截面尺寸，使 G 增大。
（2）在挡土墙底面做砂石垫层，提高摩擦系数 μ，增大抗滑力。
（3）将墙底做成逆坡，利用滑动面上部分反力来抗滑。
（4）在软土地基上，上述方法无效或不经济时，可在墙踵后加钢筋混凝土拖板，利用拖板上的土重增大抗滑力，拖板与挡土墙间用钢筋相连。

3．整体滑动稳定性验算

当地基软弱时，基底滑动可能发生在地基持力层中，对这种情况，可采用圆弧滑动面法验算地基的稳定性。

5.6.3　重力式挡土墙体型选择与构造措施

挡土墙的设计，除进行上述验算外，还必须选择合理的墙型，采取必要的构造措施，来保证其安全、经济、合理。

1．墙背的倾斜形式

墙背的倾斜形式应根据使用要求、地形和施工条件等情况综合确定。从受力情况看，主动土压力以仰斜最小、垂直居中、俯斜最大。一般挖坡筑墙，宜采用仰斜式，此时土压力最小且墙背与边坡贴合紧密；若填土筑墙，则墙背宜采用垂直式或俯斜式，此时便于填土夯实；而在坡上建墙，则宜采用垂直式，因为此时仰斜墙身较高，俯斜式则土压力太大。墙背仰斜时坡度一般不宜大于 1∶0.25（高宽比），墙面坡应尽量与墙背坡平行。

2．基底逆坡坡度与墙趾台阶

为了增强墙身的抗滑稳定性，可在基底设置逆坡。对于土质地基，基底逆坡坡度不宜大于 1∶10；对于岩质地基，基底逆坡坡度不宜大于 1∶5，如图 5.23（a）所示。

为了降低基底压力，增大抗倾覆力矩，可加设墙趾台阶，其高宽比可取 $h:a = 2:1$，a 不得小于 20cm，如图 5.23（b）所示。

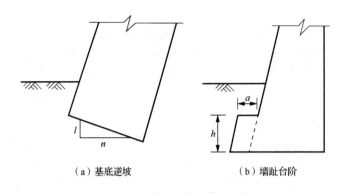

(a) 基底逆坡 (b) 墙趾台阶

图 5.23 基底逆坡与墙趾台阶

注：土质地基 $l:n\leqslant 1:10$；岩质地基 $l:n\leqslant 1:5$。

3. 挡土墙截面尺寸

一般重力式挡土墙的墙顶宽度约为墙高的 1/12，墙底宽度约为墙高的 1/3～1/2。块石挡土墙的墙顶宽度不宜小于 400mm，混凝土挡土墙的墙顶宽度不宜小于 200mm。

4. 基础埋置深度

重力式挡土墙的基础埋置深度应根据地基承载力、水流冲刷程度、岩石裂隙发育及风化程度等因素确定。在特强冻胀、强冻胀地区应考虑冻胀的影响。在土质地基中，基础埋置深度不宜小于 0.5m；在软质岩地基中，基础埋置深度不宜小于 0.3m。

5. 伸缩缝

重力式挡土墙应每间隔 10～20m 设置一道伸缩缝。当地基有变化时宜加设沉降缝。在挡土墙结构的拐角处，应采取加强的构造措施。

6. 排水措施

挡土墙常因排水不良而使填土中大量积水，导致土的抗剪强度降低、重度增加、土压力增大、地基软化，有时还会受到水的渗流或静水压力的影响，结果造成挡土墙的破坏。因此，对于可以向坡外排水的挡土墙，应在挡土墙上设置排水孔。排水孔应沿着横、竖两个方向设置，其间距宜取 2～3m，排水孔外斜坡度宜为 5%，孔眼尺寸不宜小于 100mm。挡土墙后面应做好滤水层，必要时应做排水沟。当挡土墙后面有山坡时，应在坡脚处设置截水沟，如图 5.24 所示。

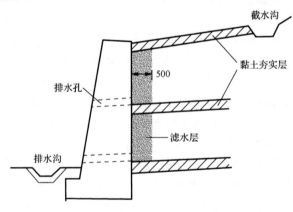

图 5.24 挡土墙排水措施

7. 填土质量要求

挡土墙后的填土，应选择透水性强的填料，如砂土、砾石、碎石等。

凡软黏土、成块的硬黏土、膨胀土、耕植土等，因性质不稳定，干缩湿胀，将对挡土墙产生额外的土压力，影响挡土墙的稳定性，故不能作为填料。

当采用黏性土做填料时，宜掺入适量的碎石。在季节性冻土地区，应选择炉渣、碎石、粗砂等非冻胀性填料。

另外，墙后填土均应分层夯实，以提高填土质量。

思 考 题

1．常用的挡土墙类型有哪些？

2．试设计一挡土墙，该挡土墙的重度为 $22kN/m^3$，墙高 4m，墙背直立光滑，墙后填土表面水平。土的物理力学指标：$\gamma=19kN/m^3$，$\varphi=36°$，$c=0kPa$，基底摩擦系数 $\mu=0.6$，地基承载力特征值 $f_{ak}=200kPa$。

任务 5.7 土坡稳定性分析

5.7.1 影响土坡稳定的因素

工程中的土坡包括天然土坡和人工土坡。天然土坡是指天然形成的山坡和江河湖海的岸坡。人工土坡是指由于开挖基坑、路堑或填筑路堤、堤坝等形成的边坡。

土坡稳定是指土坡在一定坡高和坡角条件下保持稳定，不发生滑动或崩塌破坏的性质。不稳定的天然斜坡和设计坡角过大的人工边坡，在岩土体重力、水压力、振动力以及其他外力作用下，常发生滑动或崩塌破坏。影响土坡稳定的因素主要有以下两方面。

1．外界力的作用破坏了土体内原有的应力平衡状态

（1）土坡作用力发生变化。例如，在坡顶堆放材料或建造建筑物使坡顶受荷，或因打桩、车辆行驶、爆破、地震等引起振动，改变了原来的平衡状态。

（2）静水力的作用。例如，雨水或地表水流入土坡中的竖向裂缝，对土坡产生侧向压力，从而促进土坡的滑动。

（3）渗流力的作用。例如，地下水在土坝或基坑等边坡中渗流引起渗流力，从而促使土坡的滑动。

2．土的抗剪强度降低

气候等自然条件的变化使土中含水量发生变化，出现收缩、膨胀、冻融现象，从而使土变松，抗剪强度降低；雨水或地表水浸入土坡，使土中含水量增大或孔隙水压力增大，导致抗剪强度降低；因打桩、爆破或地震等力的作用引起土的液化，抗剪强度降低。

此外，边坡岩石的性质及地质构造、边坡的坡形与坡度也是影响土坡稳定的重要因素。

5.7.2 土质边坡开挖规定

《建筑地基基础设计规范》规定,在山坡整体稳定的条件下,土质边坡的开挖应符合下列规定。

(1) 土质边坡的坡度允许值,应根据当地经验,参照同类土层的稳定坡度确定。当土质良好且均匀、无不良地质现象、地下水不丰富时,可按表 5-2 确定。

表 5-2 土质边坡坡度允许值

土的类别	密实度或状态	坡度允许值(高宽比)	
		坡高在 5m 以内	坡高为 5~10m
碎石土	密实	1∶0.35~1∶0.50	1∶0.50~1∶0.75
	中密	1∶0.50~1∶0.75	1∶0.75~1∶1.00
	稍密	1∶0.75~1∶1.00	1∶1.00~1∶1.25
黏性土	坚硬	1∶0.75~1∶1.00	1∶1.00~1∶1.25
	硬塑	1∶1.00~1∶1.25	1∶1.25~1∶1.50

注:1. 表中碎石土的充填物为坚硬或硬塑状态的黏性土。
    2. 对于砂土或充填物为砂土的碎石土,其边坡坡度允许值均按自然休止角确定。

(2) 土质边坡开挖时,应采取排水措施,边坡的顶部应设置截水沟。在任何情况下,都不允许在坡脚及坡面上积水。

(3) 土质边坡开挖时,应由上向下开挖,依次进行。弃土应分散处理,不得将弃土堆置在坡顶及坡面上。当必须在坡顶或坡面上设置弃土转运站时,应进行坡体稳定性验算,严格控制堆置的土方量。

(4) 土质边坡开挖后,应立即对边坡进行防护处理。

5.7.3 简单土坡的稳定性分析

简单土坡是指土坡的坡度不变,土坡的顶面与底面水平并无限延伸,土质均匀,无地下水,如图 5.25 所示。

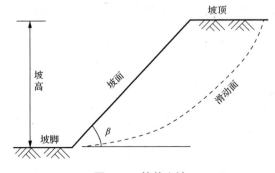

图 5.25 简单土坡

1. 无黏性土土坡稳定性分析

由于无黏性土颗粒间无黏聚力,只有摩擦力,因此只要坡面不滑动,土坡就能保持稳定。

如图 5.26 所示,斜坡上的某土颗粒 M 所受重力为 G,无黏性土内摩擦角为 φ,则土颗粒的重力 G 在坡面切向和法向的分量分别为

$$T = G \cdot \sin\beta$$
$$N = G \cdot \cos\beta$$

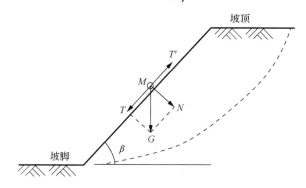

图 5.26 无黏性土土坡稳定性分析

而法向应力 N 在坡面上引起的摩擦力

$$T' = N \cdot \tan\varphi = G \cdot \cos\beta \cdot \tan\varphi$$

其中 T 为土颗粒 M 的下滑力,T' 为土颗粒 M 的抗滑力。抗滑力和滑动力的比值称为稳定安全系数,用 k 表示,即

$$k = \frac{T'}{T} = \frac{G \cdot \cos\beta \cdot \tan\varphi}{G \cdot \sin\beta} = \frac{\tan\varphi}{\tan\beta} \tag{5.28}$$

由式(5.28)可知,当 $\beta = \varphi$ 时,$k=1$,即抗滑力与滑动力相等,土坡达到极限状态。可知,土坡稳定的极限坡角等于无黏性土的内摩擦角 φ,此坡角被称为自然休止角。由式(5.28)可知,无黏性土坡的稳定性只与坡角有关,而与坡高无关,只要 $\beta < \varphi$,土坡就是稳定的。为了保证土坡具有足够的安全储备,可取 $k=1.1 \sim 1.5$。

2. 黏性土土坡稳定性分析

均质黏性土土坡失稳时,滑动面呈近似圆弧面的曲面,为了简化,可假设滑动面为圆柱面,在横断面上则呈圆弧面,并按平面问题进行分析。

黏性土土坡稳定性分析方法包括瑞典圆弧法、稳定数法和条分法等。下面主要介绍瑞典圆弧法。

1)基本原理

瑞典圆弧法[费伦纽斯(Fellenius),1927]是一种试算法,如图 5.27 所示。先将土坡按比例画出,然后任选一圆心,以 R 为半径作圆弧,形成假定的滑动面 AC。

(1)当土坡沿某一任选圆弧 AC 滑动时,可认为滑动体 ABC 绕圆心 O 转动,取纵向 1m 长土坡进行分析。

(2)计算对圆心 O 点的滑动力矩和抗滑力矩。其中,滑动力矩 M_s 是由滑动体 ABC 的

自重在滑动方向上的分力产生的，抗滑力矩 M_R 是由滑动面上的摩擦力和黏聚力产生的。

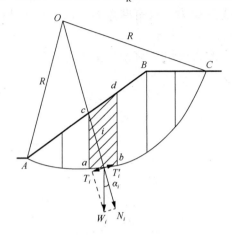

图 5.27　黏性土土坡稳定性分析

（3）计算土坡稳定安全系数 k。

$$k = \frac{M_R}{M_S} \tag{5.29}$$

安全系数的取值，需根据建筑物的规模、等级、土的工程性质、土的强度指标 c 和 φ 值的可靠程度及地区经验等因素综合考虑。

（4）通过试算法，找出安全系数最小值 $k_{\min}$。$k_{\min}$ 对应的滑动面，即为最危险滑动面，要求 $k_{\min} \geqslant 1.2$。

2）计算步骤

（1）先将土坡按比例画出，选择一个可能的滑动面 AC，确定圆心 O 和半径 R。

（2）将滑动土体 ABC 分成若干等宽的竖直土条。

（3）计算每一土条的质量 W_i，并将 W_i 分解为滑动面 ab 上的法向分力 N_i 和切向分力 T_i（忽略土条两侧面之间作用力的影响）。

$$N_i = W_i \cos \alpha_i \tag{5.30}$$

$$T_i = W_i \sin \alpha_i \tag{5.31}$$

（4）计算土条对圆心 O 的总滑动力矩。

$$M_S = \sum_{i=1}^{n} R W_i \sin \alpha_i = R \sum_{i=1}^{n} W_i \sin \alpha_i \tag{5.32}$$

式中：n——土条的数量。

（5）计算各土条沿滑动面上的切向抗滑力。

$$T_i' = c \cdot l_i + N_i \tan \varphi = c \cdot l_i + W_i \cos \alpha_i \tan \varphi \tag{5.33}$$

式中：l_i——第 i 个土条的滑动面的长度，m。

（6）计算各土条抗滑力 T_i' 对圆心 O 的总抗滑力矩。

$$M_R = \sum_{i=1}^{n} T_i' R = R \sum_{i=1}^{n} (c \cdot l_i + W_i \cos \alpha_i \tan \varphi) = R \left(c \cdot l_{AC} + \tan \varphi \sum_{i=1}^{n} W_i \cos \alpha_i \right) \tag{5.34}$$

式中：l_{AC} ——圆弧 AC 的总长度，m。

（7）计算土坡稳定安全系数。

$$k = \frac{M_R}{M_S} = \frac{R\left(c \cdot l_{AC} + \tan\varphi \sum_{i=1}^{n} W_i \cos\alpha_i\right)}{R\sum_{i=1}^{n} W_i \sin\alpha_i} = \frac{c \cdot l_{AC} + \tan\varphi \sum_{i=1}^{n} W_i \cos\alpha_i}{\sum_{i=1}^{n} W_i \sin\alpha_i} \quad (5.35)$$

（8）求最小安全系数 k_{min}，即确定最危险滑动面。重复步骤（1）～（7），选择不同的滑动面，得到相应的 k 值，取最小值即为 k_{min}。

这种试算方法工作量很大，可用计算机完成。

该方法还适用于各种复杂的条件，如非均质土坡、土坡形状比较复杂、坡顶有荷载、土坡内部有渗流力等。

思 考 题

1. 土坡稳定分析的目的是什么？稳定安全系数是什么？
2. 影响土坡稳定的因素有哪些？

项目 6　地质灾害与工程地质问题

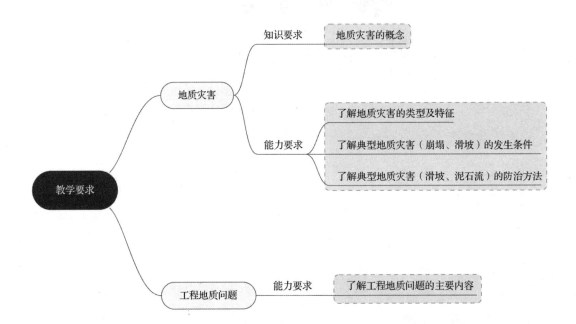

项目 6　地质灾害与工程地质问题

党的二十大报告指出，要"守牢生态环境安全底线"。本项目就是主要讲述常见地质灾害的类型、发生条件和常用防治方法；各类岩土工程中常见的地质问题分析和防治方法。

任务 6.1　地　质　灾　害

灾害是指由自然或人为活动引发的对人类生命财产、生活生产和生存发展等造成的危害。地质灾害是指以地质动力活动或地质环境异常变化为主要成因的自然灾害，主要包括火山、地震、崩塌、滑坡、泥石流、岩溶、地面沉降和塌陷、地裂缝等。

6.1.1　内力地质灾害

由内力地质作用（构造运动、岩浆活动等）形成的地质灾害，称为内力地质灾害，主要包括火山喷发、地震等。内力地质灾害活动不受人类控制，只能防御和回避。

1. 火山灾害

全球每年约有 50 次火山喷发。火山喷发时，喷涌的炽热岩浆会吞噬地面上的一切。喷出的二氧化碳、硫化氢、二氧化硫及甲烷等有毒气体可直接导致人畜中毒窒息死亡，爆发出的火山碎屑物质和火山灰污染环境，甚至会掩埋城市。

火山主要分布在地壳厚度薄、构造活动剧烈的地区。全世界约有死火山 2000 余座，活火山 850 余座。集中分布在 4 个地带。

（1）环太平洋火山带。呈环带状分布，太平洋东岸自南至北有安第斯山脉、落基山脉、阿拉斯加山脉；太平洋西岸自北向南有阿留申群岛、堪察加半岛、千岛群岛、日本群岛、中国台湾岛、菲律宾群岛、印度尼西亚群岛、新西兰岛等。环太平洋火山带是世界上最大的火山带。

（2）地中海火山带。呈东西带状分布，自西向东主要有伊比利亚半岛、意大利、希腊、土耳其、高加索、伊朗、喜马拉雅山等。

（3）大西洋海底火山带。呈南北带状分布，北起格陵兰岛，经冰岛、亚速尔群岛，至圣赫勒拿岛。该火山带火山活动比较强烈。

（4）东非火山带。沿东非大裂谷呈南北带状分布，从马拉维湖，向北经坦噶尼喀湖至维多利亚湖。

2. 地震灾害

地震是指地壳某个部分的岩石在内、外营力作用下突发剧烈运动而引起的一定范围内的地面振动现象。地震对人类和社会环境常造成各种危害，是极严重的地质灾害。

1）地震要素（图 6.1）

（1）震源。震源是地球内部发生地震时振动的发源地。通常指地震发生时地下岩石最先开始破裂的部位或首先发出地震波的位置（图 6.1）。

（2）震源深度。震源深度是震源到地面的垂直距离。迄今测到的最深震源深度为 720km，全球已发生的地震中有 90% 以上属浅源地震，其震源深度都小于 60km。

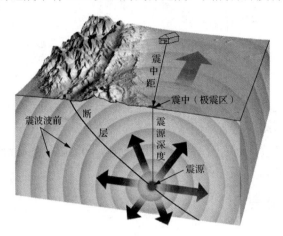

图 6.1　地震要素示意图

（3）震中。震中是震源在地面上的投影。震中是重要的地震参数之一，以地球的经度和纬度的数字表示。确定震中位置的方法有两种，一是按地震破坏的程度确定震中位置，通常把破坏最厉害的极震区定为震中，称为宏观震中；二是用仪器测定出震源在地面上的垂直投影，称为微观震中或仪器震中，即根据三个不在一条直线上的地震台所测得的震中距，用三点交绘法求出的震中位置（图 6.2）。

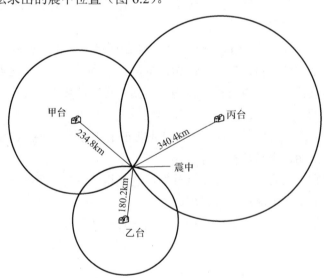

图 6.2　地震仪器测定震中示意图

（4）震中距。震中距是某一指定点至地震震中的地面距离。

（5）地震波。地震波是地震时从震源发出的、向四面八方传播的波。

2) 地震类型

地震的成因类型归纳起来有四种，即构造地震、火山地震、塌陷地震和诱发地震。

（1）构造地震。构造地震是指由地壳构造运动所引起的地震。一般是由地壳的岩石断裂或原有断裂发生错动所造成的，故也称断裂地震。全球的天然地震大都为构造地震。

（2）火山地震。火山地震是指由火山活动引起的地震。这类地震为数不多，强度一般较小。

（3）塌陷地震。塌陷地震是指由地层塌陷引起的地震。一般发生在可溶性岩石分布地区，能量很小，数量相对也少。

（4）诱发地震。诱发地震主要是指由人类活动引发的地震。现已发现由于受水库蓄水、油井注水、地下核试验等的影响，可以导致较小地震的发生。

3) 地震震级与地震烈度

地震震级与地震烈度是衡量地震强度的两个概念。震级是指地震能量的大小；烈度是指地震影响的大小，即地震造成破坏的程度。两者既有联系又有区别。

（1）地震震级。地震震级是对地震大小的相对量度。震级的尺度最初是由美国地震学家里克特（C. F. Richter）和古登堡（Gutenburg）于1935年研究加利福尼亚地区地震时提出的，规定以震中距100km处"标准地震仪"所记录的水平向最大振幅（单振幅，以 μm 计）的常用对数为该地震的震级。例如水平向最大振幅为10mm（10000μm）时，其常用对数为4，此地震的震级即为4级；如水平向最大振幅为1μm，该地震为零级。目前已知最大地震的震级为8.9级。

（2）地震烈度。地震烈度是对地面及房屋建筑遭受地震破坏程度的评定。为了评定地震的影响程度，人们总结出一个地震烈度表作为参照标准。但各国提出的地震烈度表有所不同，多数国家（中国、美国、俄国和欧洲的一些国家）将地震烈度划分为12度（表6-1），欧洲少数国家划分为10度，日本划分为8度。

表6-1 地震烈度表

地震烈度	评定指标							
	房屋震害			人的感觉	器物反应	生命线工程震害	其他震害现象	仪器测定的地震烈度 I_1
	类型	震害程度	平均震害指数					
Ⅰ（1）	—	—	—	无感	—	—	—	$1.0 \leqslant I_1 < 1.5$
Ⅱ（2）	—	—	—	室内个别静止中的人有感觉，个别较高楼层中的人有感觉	—	—	—	$1.5 \leqslant I_1 < 2.5$

续表

地震烈度	评定指标							
	房屋震害			人的感觉	器物反应	生命线工程震害	其他震害现象	仪器测定的地震烈度 I_1
	类型	震害程度	平均震害指数					
Ⅲ（3）	—	门、窗轻微作响	—	室内少数静止中的人有感觉，少数较高楼层中的人有明显感觉	悬挂物微动	—	—	$2.5 \leq I_1 < 3.5$
Ⅳ（4）	—	门、窗作响	—	室内多数人、室外少数人有感觉，少数人睡梦中惊醒	悬挂物明显摆动，器皿作响	—	—	$3.5 \leq I_1 < 4.5$
Ⅴ（5）	—	门窗、屋顶、屋架颤动作响，灰土掉落，个别房屋墙体抹灰出现细微裂缝，个别老旧 A1 类或 A2 类房屋墙体出现轻微裂缝或原有裂缝扩展，个别屋顶烟囱掉砖，个别檐瓦掉落	—	室内绝大多数、室外多数人有感觉，多数人睡梦中惊醒，少数人惊逃户外	悬挂物大幅度晃动，少数架上小物品、个别顶部沉重或放置不稳定器物摇动或翻倒，水晃动并从盛满的容器中溢出	—	—	$4.5 \leq I_1 < 5.5$
Ⅵ（6）	A1	少数轻微破坏和中等破坏，多数基本完好	0.02～0.17	多数人站立不稳，多数人惊逃户外	少数轻家具和物品移动，少数顶部沉重的器物翻倒	个别梁桥挡块破坏，个别拱桥主拱圈出现裂缝及桥台开裂；个别主变压器跳闸；个别老旧支线管道有破坏，局部水压下降	河岸和松软土地出现裂缝，饱和砂层出现喷砂冒水；个别独立砖烟囱轻度裂缝	$5.5 \leq I_1 < 6.5$
	A2	少数轻微破坏和中等破坏，大多数基本完好	0.01～0.13					
	B	少数轻微破坏和中等破坏，大多数基本完好	≤0.11					

续表

地震烈度	评定指标							
	房屋震害			人的感觉	器物反应	生命线工程震害	其他震害现象	仪器测定的地震烈度 I_1
	类型	震害程度	平均震害指数					
VI（6）	C	少数或个别轻微破坏，绝大多数基本完好	≤0.06	多数人站立不稳，多数人惊逃户外	少数轻家具和物品移动，少数顶部沉重的器物翻倒	个别梁桥挡块破坏，个别拱桥主拱圈出现裂缝及桥台开裂；个别主变压器跳闸；个别老旧支线管道有破坏，局部水压下降	河岸和松软土地出现裂缝，饱和砂层出现喷砂冒水；个别独立砖烟囱轻度裂缝	5.5≤I_1<6.5
	D	少数或个别轻微破坏，绝大多数基本完好	≤0.04					
VII（7）	A1	少数严重破坏和毁坏，多数中等破坏和轻微破坏	0.15~0.44	大多数人惊逃户外，骑自行车的人有感觉，行驶中的汽车驾乘人员有感觉	物品从架子上掉落，多数顶部沉重的器物翻倒，少数家具倾倒	少数梁桥挡块破坏，个别拱桥主拱圈出现明显裂缝和变形以及少数桥台开裂；个别变压器的套管破坏，个别瓷柱型高压电气设备破坏；少数支线管道破坏，局部停水	河岸出现塌方，饱和砂层常见喷水冒砂，松软土地上地裂缝较多；大多数独立砖烟囱中等破坏	6.5≤I_1<7.5
	A2	少数中等破坏，多数轻微破坏和基本完好	0.11~0.31					
	B	少数中等破坏，多数轻微破坏和基本完好	0.09~0.27					
	C	少数轻微破坏和中等破坏，多数基本完好	0.05~0.18					
	D	少数轻微破坏和中等破坏，大多数基本完好	0.04~0.16					

续表

地震烈度	评定指标							仪器测定的地震烈度 I_1
	房屋震害			人的感觉	器物反应	生命线工程震害	其他震害现象	
	类型	震害程度	平均震害指数					
Ⅷ(8)	A1	少数毁坏，多数中等破坏和严重破坏	0.42~0.62	多数人摇晃颠簸，行走困难	除重家具外，室内物品大多数倾倒或移位	少数梁桥梁体移位、开裂及多数挡块破坏，少数拱桥主拱圈开裂严重；少数变压器的套管破坏，个别或少数瓷柱型高压电气设备破坏；多数支线管道及少数干线管道破坏，部分区域停水	干硬土地上出现裂缝，饱和砂层绝大多数喷砂冒水；大多数独立砖烟囱严重破坏	7.5≤I_1<8.5
	A2	少数严重破坏，多数中等破坏和轻微破坏	0.29~0.46					
	B	少数严重破坏和毁坏，多数中等和轻微破坏	0.25~0.50					
	C	少数中等破坏和严重破坏，多数轻微破坏和基本完好	0.16~0.35					
	D	少数中等破坏，多数轻微破坏和基本完好	0.14~0.27					
Ⅸ(9)	A1	大多数毁坏和严重破坏	0.60~0.90	行动的人摔倒	室内物品大多数倾倒或移位	个别梁桥桥墩局部压溃或落梁，个别拱桥垮塌或濒于垮塌；多数变压器套管破坏、少数变压器移位，少数瓷柱型高压电气设备破坏；各类供水管道破坏、渗漏广泛发生，大范围停水	干硬土地上多处出现裂缝，可见基岩裂缝、错动，滑坡、塌方常见；独立砖烟囱多数倒塌	8.5≤I_1<9.5
	A2	少数毁坏，多数严重破坏和中等破坏	0.44~0.62					
	B	少数毁坏，多数严重破坏和中等破坏	0.48~0.69					
	C	多数严重破坏和中等破坏，少数轻微破坏	0.33~0.54					
	D	少数严重破坏，多数中等破坏和轻微破坏	0.25~0.48					

续表

地震烈度	评定指标							
	房屋震害			人的感觉	器物反应	生命线工程震害	其他震害现象	仪器测定的地震烈度 I_1
	类型	震害程度	平均震害指数					
Ⅹ(10)	A1	绝大多数毁坏	0.88~1.00	骑自行车的人会摔倒，处不稳状态的人会摔离原地，有抛起感	—	个别梁桥桥墩压溃或折断，少数落梁，少数拱桥垮塌或濒于垮塌；绝大多数变压器移位、脱轨，套管断裂漏油，多数瓷柱型高压电气设备破坏；供水管网毁坏，全区域停水	山崩和地震断裂出现；大多数独立砖烟囱从根部破坏或倒毁	$9.5 \leq I_1 < 10.5$
	A2	大多数毁坏	0.60~0.88					
	B	大多数毁坏	0.67~0.91					
	C	大多数严重破坏和毁坏	0.52~0.84					
	D	大多数严重破坏和毁坏	0.46~0.84					
Ⅺ(11)	A1	绝大多数毁坏	1.00	—	—	—	地震断裂延续很大；大量山崩滑坡	$10.5 \leq I_1 < 11.5$
	A2		0.86~1.00					
	B		0.90~1.00					
	C		0.84~1.00					
	D		0.84~1.00					
Ⅻ(12)	各类	几乎全部毁坏	1.00	—	—	—	地面剧烈变化，山河改观	$11.5 \leq I_1 \leq 12.0$

注："—"表示无内容。

显而易见，在同一次地震中，距离震中近的地方烈度高，距离震中远的地方烈度低；一次地震只有一个相应的震级，而烈度则由震中向外逐渐降低，出现若干个烈度区。地震震级与地震烈度完全不同，但是震级与烈度之间具有一定联系，对于浅源地震，震中位置的烈度与震级具有一定的对应关系（表6-2）。

表 6-2　浅源地震震中烈度与震级关系表

震级/级	2	3	4	5	6	7	8	8~8.9
震中烈度/度	Ⅰ~Ⅱ	Ⅲ	Ⅳ~Ⅴ	Ⅵ~Ⅶ	Ⅶ~Ⅷ	Ⅸ~Ⅹ	Ⅺ	Ⅻ

4）抗震设防烈度

地震烈度是衡量地震对地面和建筑物影响程度的指标，对于工程建筑抗震设计具有重要的指导意义。现行的国家标准《建筑与市政工程抗震通用规范》(GB55002—2021)对此有明确的规定和描述。根据规范关于抗震设计应遵循以下原则：抗震设防烈度是工程设计的基本依据之一，工程设计应根据抗震设防烈度来确定抗震措施。规范中提出了"三水准"抗震设计方法，即小震不坏、中震可修、大震不倒的设计目标。规范要求建筑与市政工程在遭受到低于本地区设防烈度的多遇地震影响时，应能正常使用；在遭受到相当于本地区设防烈度的设防地震影响时，可能发生损坏，但经一般修理后可继续使用；在遭受到高于本地区设防烈度的罕遇地震影响时，不应发生倒塌。

（1）各类建筑与市政工程的抗震设防烈度不应低于本地区的抗震设防烈度。

（2）各地区遭受的地震影响，应采用相应于抗震设防烈度的设计基本地震加速度和特征周期表征。

5）地震分布规律

研究表明，地震并非均匀分布于地球上的每个角落，而是集中于某些特定地带，这些地震集中的地带称为地震带。全球主要有三大地震带。

（1）环太平洋地震带。环太平洋地震带是世界上最大的地震带，震中密度最大，全世界约80%的浅源地震（震源深度0~70km）、90%的中源地震（震源深度70~300km）和几乎全部深源地震（震源深度300~700km）都集中分布于环太平洋地震带。

（2）地中海-喜马拉雅地震带。地中海-喜马拉雅地震带又称欧亚地震带，是全球第二大地震带。它从直布罗陀一直向东伸展到东南亚。环太平洋地震带以外的大地震均发生在此带。

（3）大洋中脊地震带。大洋中脊地震带也称海岭地震带，呈线状分布在各大洋的中脊附近，远离大陆，多为弱震。这一地震带的所有地震均产生于岩石圈内，震源深度小于30km，震级绝大多数小于5级。

6）地震的危害

强烈地震可引起严重的灾害，造成各类建筑物的破坏，以及由房屋倒塌造成的人员伤亡。1976年7月28日凌晨3时42分，河北省唐山市发生7.8级强烈地震，震源深度为11km，震中烈度达Ⅺ度。这次地震使唐山市这座人口稠密、经济发达的工业城市遭到毁灭性的破坏，人民生命财产和经济建设遭到严重损失。2008年5月12日14时28分，我国四川省阿坝藏族羌族自治州汶川县境内发生8.0级强烈地震，称为"汶川大地震"，震源深度为19km，震中烈度达Ⅺ度。汶川大地震是中华人民共和国成立以来破坏力最大的地震，也是唐山大地震后伤亡最惨重的一次地震。

6.1.2 斜坡地质灾害

几乎所有岩土的自然位移过程都发生在斜坡上。体积巨大的表层岩土体在重力作用下沿斜坡向下运动，尤其在地形切割强烈、地貌反差大的地区，岩土体沿陡峻的斜坡向下快速滑动，常形成崩塌、滑坡和泥石流等地质灾害，它们统称为斜坡地质灾害。

1. 崩塌

1）崩塌和落石

崩塌是指陡峻斜坡上的岩土体在重力作用下突然脱离坡体，迅速向下崩落滚动，而后堆积于坡脚或沟谷的现象。一般认为，而大量的岩土体脱离母岩顺坡滚动而崩落，称为崩塌；陡峻斜坡上少量的岩块脱离坡体向下坠落，称为落石。

一些岩土体虽然还没有发生崩塌，但已具备发生崩塌的条件，并出现崩塌前兆，这样的岩土体称为危岩体。危岩体是潜在的崩塌体，其判别标志是坡度大于 55°，高差大，或者坡体是孤立陡峭的山嘴；坡体前有巨大临空面的凹形陡坡；坡体内部裂隙发育，坡体上部已有拉张裂隙出现；岩土体发生蠕变，出现少量坠石。这些标志预示崩塌随时可能发生。

2）崩塌的形成条件

（1）地形地貌条件。高陡斜坡构成的峡谷地区易于发生崩塌，如斜坡坡度大于 55°、高度超过 30m 的地段。这种地段一般属地壳上升区，河流下蚀强烈，斜坡相对高差较大，岸坡岩体卸荷裂隙发育，特别在河流凹岸陡坡段，都具备了发生崩塌的条件。

（2）地层岩性条件。岩性对崩塌有明显的控制作用。高陡边坡多为坚硬脆性岩石构成，而易风化的软岩则多构成低缓斜坡。此外，由硬、软岩相间构成的边坡，因差异风化使硬岩突出、软岩内凹，突出悬空的硬岩也易于发生崩塌。

（3）地质构造条件。岩土体中各种不连续面的存在是产生崩塌的基本条件。当各种不连续面的产状和组合有利于崩塌时，就成为诱发崩塌的决定性因素。

（4）水文地质条件。水是诱发崩塌的必要条件。据统计，崩塌大多发生在雨季，特别是大雨过后不久。渗入山地岩土体节理（裂隙）中的地下水，增大了岩土体重量，弱化了岩土体强度，增加了静水压力和动水压力，促使节理扩展、连通，诱发崩塌。

（5）其他条件。主要是人为因素和振动影响。人为因素是指在工程设计和施工中对环境处理不当，促使崩塌发生。振动是指由地震等引起的振动，诱发崩塌。

3）落石和崩塌的危害

落石和崩塌都具有极大的危害性。因为落石和崩塌的发生是突然、猛烈的，具有强烈的冲击破坏力，落石和崩塌形成的倒石堆和巨大石块常使坡脚下的建筑物和铁路、公路遭到毁坏，甚至被掩埋，阻塞交通、毁坏车辆，有时还造成人员伤亡。

为了保证人身、财产安全和交通畅通，应在交通沿线清除具有崩塌危险的危岩体，如果无法清除，则应采取遮挡、拦截、加固、护面、排水等防治措施。

2. 滑坡

滑坡是指岩土体在重力作用下整体顺坡下滑的现象及其形成的地貌形态。滑坡和崩塌都是斜坡失稳现象，并有类似的形成条件和分布规律，但二者的形成过程和形态特征又有显著的区别。崩塌体完全脱离母体,而滑坡体很少完全脱离母体;崩塌形成的岩体碎块凌乱无序,而在滑坡体中还保留原有岩体、土体的层序和结构。

1)滑坡要素

一个发育完全的滑坡,常可见到滑坡壁、滑坡体、滑动面、滑坡舌、滑坡床、滑坡阶地等形态要素(图6.3)。

(1)滑坡壁(滑坡悬崖)。滑坡壁是指滑坡体后缘与不滑动岩体断开处形成的高为数十厘米至数十米的陡壁,平面上呈弧形,是滑动面上部在地表露出的部分。

(2)滑坡体(滑体)。滑坡体是指沿滑动面向下滑动的那部分岩体、土体。根据滑坡体的体积规模,可将滑坡分为小型滑坡(体积<5000m³)、中型滑坡(体积5000～50000m³)、大型滑坡(体积50000～100000m³)、巨型滑坡(体积>100000m³)。

(3)滑动面(破裂面)。滑动面是指滑坡体沿其下滑的面。此面是滑坡体与下面不动的滑坡床之间的分界面。有的滑坡有明显的一个或几个滑动面;有的滑坡没有明显的滑动面,而是由一定厚度的软弱岩土层构成的滑动带。大多数滑动面是由软弱岩土层的层理面或节理面等软弱结构面贯通而成的。确定滑动面的性质和位置是研究滑坡的首要任务。

(4)滑坡舌。滑坡舌是指滑坡体最前缘如舌状伸出的部分。由于受滑坡床摩擦阻滞作用,滑坡舌往往隆起形成一系列滑坡鼓丘。

(5)滑坡床。滑坡床是指滑坡面以下稳定不动的岩体、土体。

(6)滑坡阶地。滑坡阶地是指滑坡体在下滑过程中,因其各部分下滑速度不同或滑坡体沿不同滑动面多次滑动,而在滑坡体的上部形成的阶梯状台面。

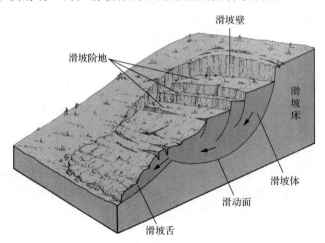

图6.3 滑坡形态要素示意图

2)滑坡的形成条件

(1)地形地貌条件。滑坡总是发生在具有一定坡度的斜坡上,一般 15°～40° 的高角度斜坡,最容易发生滑坡。

(2)地层岩性条件。抗风化能力和抗水侵蚀能力差、抗剪切强度低的岩土层,或夹有这类软弱岩土层的坡体,最容易沿着这些软弱岩土夹层(带)发生滑动而形成滑坡。

(3)地质构造条件。岩石裂隙发育,岩体结构不完整,岩层产状为顺坡向倾斜,岩层中有断层面、节理面及不整合面等软弱结构面的斜坡,最容易发生滑坡。

(4) 水文地质条件。各种软弱岩土(黏土岩等)夹层、强风化岩带中含有较多黏土矿物,当山坡上方有丰富的雨水补给时,这些黏土矿物带容易阻隔并汇聚地下水,降低了其抗剪切强度,增加了其上覆坡体的重力,或对上覆不透水岩层产生浮托力而降低摩擦阻力,从而引发滑坡。

(5) 人类活动。人工开挖边坡或在斜坡上部加载,改变了斜坡的外形和应力状态,增大了坡体的下滑力,减小了斜坡的支撑力,从而会引发滑坡。铁路、公路沿线发生的滑坡多与人工开挖边坡有关。破坏斜坡表面的植被和覆盖层等人类活动均可诱发滑坡或加剧已有滑坡的危害性发展。

3) 滑坡的危害

每年的雨季(7—9月),在山地、高原及丘陵地区经常发生滑坡。滑坡灾害的广泛发育和频繁发生使工矿企业、交通运输、河道航运、水利水电工程等都受到严重危害。

4) 滑坡的防治

(1) 排水。一是排除地表水,在雨季应尽快把地表水用排水明沟汇集起来,引出有可能滑动的坡体之外,防止地表水渗入坡体内引发滑坡;二是排除地下水,可采用截水盲沟引流疏干。

(2) 削方减载。将有可能滑动的坡体上部的岩体、土体清除掉,以降低下滑力;清除的岩体、土体可堆筑在坡脚,起反压抗滑作用。

(3) 支挡。修建挡土墙、抗滑桩和锚固物等支挡工程,以增加抗滑力,阻止滑坡发生。

(4) 改善易滑动带岩土的性质。用灌浆法把水泥砂浆等注入易滑动层(带)附近的岩体、土体中,起凝固、胶结作用,以提高易滑动带岩土的抗剪切强度。

(5) 避开。在工程选址时,查明场区地质条件,避开有可能发生滑坡的场址。

3. 泥石流

1) 泥石流的一般特征

泥石流是指在山区沟谷中,由暴雨等形成的急速地表径流激发的含有大量泥砂、石块等固体碎屑物质的特殊洪流。泥石流与一般洪水的根本区别是含有大量固体碎屑物,其体积含量占比最少为15%,最高可达80%。

形成泥石流必须具备三个条件:一是适宜的地形地貌;二是充分的固体碎屑物质来源;三是大量而又急促的水流。

泥石流与崩塌、滑坡既有密切联系,又有明显差异。它们的密切联系主要体现在三者具有基本一致的形成条件,因此它们作为山地、高原地区的主要地质灾害常常相伴而生。崩塌和滑坡形成的松散岩土碎屑物常常给泥石流提供了必需的固体物质条件,为泥石流的形成创造了基础。泥石流与崩塌、滑坡的主要差别在于其活动特征和动力来源不同,崩塌和滑坡是以重力地质作用为主的灾害现象,而泥石流则是以流水剥蚀、搬运、堆积作用为主的灾害现象。

2) 泥石流流域的概念

泥石流流域是泥石流发生、发展的自然单元。一个完整的泥石流流域包括形成区、流通区和堆积区(图6.4)。

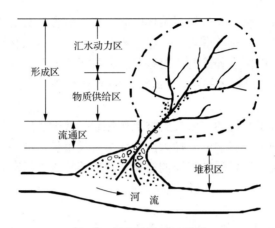

图 6.4 泥石流流域示意图

泥石流形成区（又称泥石流物源区）是指泥石流主要水源、土源或砂石供给源地和起始源地。泥石流形成区位于泥石流流域上游。其基本特点是：地形起伏比较大，容易汇水；暴雨比较强烈，水源充分；岩土破碎或地表堆积有大量松散沉积物，碎屑物质丰富。

泥石流流通区是指泥石流形成后，向下游集中流经的地区。泥石流流通区的地形多为沟谷，有时为山坡。泥石流沟谷与一般山洪沟谷没有明显区别，其主要差别是泥石流沟谷的宽度一般比较大，沟床碎屑物较厚，容易迁徙改道。

泥石流堆积区是指泥石流碎屑物质大量淤积的地区。泥石流堆积区位于泥石流下游或中下游。堆积活动有时发生在流通区内的泥石流沟谷坡度急剧减小或转折处，有时发生在泥石流沟谷前端的开阔地带。

3）泥石流的危害

泥石流具有强大的冲击力和破坏作用。其破坏效应主要表现为：淤埋，摧毁城镇、村庄、矿山、工厂、工程设施等人类生活生产要素，造成人员伤亡和财产损失；破坏铁路、公路、桥梁、车站，颠覆火车、汽车，淤塞航道，破坏水陆交通运输；淤积河道、湖泊、水库，破坏水利工程，加剧洪水灾害；破坏国土资源和流域生态环境，加剧山区水土流失。

4）泥石流的防治

（1）拦截阻挡。在泥石流上游形成区内，修筑格栅坝等各种形式的拦挡工程，以拦截泥石流中的固体物质，排走流水，消耗泥石流下冲能量，减小泥石流的流速和规模。

（2）导流排放。在泥石流中下游修筑导流堤、急流槽、排导沟和隧道等各种形式的排导工程，将泥石流按指定方向排到远离城镇或道路的地区，避免其造成危害。

（3）水土保持。采取平整山坡、植树造林、保护植被、减少水土流失等治本措施，使洪水流经地区地表的松散碎屑堆积物变少，削弱泥石流的发育条件，避免泥石流发生。

6.1.3 特殊土地质灾害

特殊土是指具有特殊工程地质性质，即具有特殊的物质成分、结构、构造和特殊物理力学性质的土。自然界特殊土较多，主要有淤泥质软土、湿陷性黄土、膨胀土、盐渍土、冻土等。它们的工程地质性质千差万别，但共同特点是承载力低，物理力学性质不稳定。特殊土发育的建筑工程场地容易发生沉陷、隆起、坍塌、滑移、开裂、倾倒等工程地质灾害。

1．淤泥质软土及其危害

淤泥质软土是淤泥和淤泥质土的统称。凡天然含水量大于液限、孔隙比大于1.5的黏性土均称为淤泥；孔隙比为1.0～1.5的黏性土称为淤泥质土。淤泥质软土的成因类型大致可分为两大类：一类是沿海沉积的淤泥质软土，包括潟湖相、溺谷相、滨海相和三角洲相沉积等；另一类是在内陆平原、山区湖盆及山前谷地沉积的淤泥质软土，包括湖积相、牛轭湖相、山地沼泽相、山坡洪积相和山地冲积相沉积等。不同地区、不同成因类型淤泥质软土的物理力学性质指标差别明显（表6-3）。

表6-3 不同类型淤泥质软土的物理力学性质指标

成因类型	地区	含水率/（%）	土密度/（g/cm³）	孔隙比	液限/（%）	塑性指数	液性指数	压缩系数 a_{1-2}/MPa^{-1}	内摩擦角（固块）/（°）	内聚力（固块）/MPa
潟湖相	温州	68	1.62	1.79	53	30	1.50	1.93	12	0.005
	宁波	56	1.70	1.58	46	19	1.53	2.50	1	0.010
溺谷相	福州	68	1.50	1.87	54	29	1.48	2.05	11	0.005
滨海相	塘沽	47	1.77	1.31	42	22	1.23	0.97	4	0.017
	新港	58	1.65	1.66	56	26	1.08	0.88	2	0.013
三角洲相	上海	50	1.72	1.37	43	20	1.35	1.24	15	0.005
	杭州	47	1.73	1.34	41	19	1.34	1.30	14	0.006
湖积相	昆明	68	1.62	1.56	60	18	1.44	0.90	12	0.022
牛轭湖相	苏北	48	1.74	1.31	39	16	1.50	1.09	5	0.011
山地沼泽相	贵州	91	1.47	2.30	77	34	1.40	2.14	13	0.009
山坡洪积相	贵州	78	1.54	2.04	74	33	1.12	1.44	10	0.011
山地冲积相	贵州	81	1.49	2.06	78	32	1.09	1.44	19	0.023

淤泥质软土是一种分布广泛的特殊土，其物理力学性质的最大特点是含水量高、孔隙比大、渗透性差、强度低、变形大、固结时间长、压缩性高，并有触变性、流变性和很强的不均匀性。以这种软土作为建（构）筑物的地基，由于其承载力低而表现得非常软弱和不稳定。因此，在淤泥质软土发育地区建造房屋时，容易发生地基沉陷或不均匀沉降，甚至出现地基被挤出现象；在淤泥质软土发育地区修造路基时，由于软土抗剪强度很低，抗滑性能差，容易产生侧向滑动变形而造成路基或边坡失稳。

2．湿陷性黄土及其危害

黄土是指浅黄或褐黄色的特殊土，颗粒成分以粉土粒级为主（含量大于50%），富含碳酸钙，有时含硫酸盐或氯化物盐类，具有肉眼可见孔隙的第四纪陆相沉积物。黄土有时具有湿陷性，称为湿陷性黄土。

黄土的湿陷性是指黄土（主要是新黄土）在自重或外部荷重下，被水浸湿后发生突然下沉的特性。引起湿陷的原因是因为黄土以粉土颗粒和亲水性强的颗粒为主，具有大孔结构，在干燥状态下可以承受一定荷重而变形不大。当浸水后，土粒间水膜增厚，水溶盐被溶解，大孔消失，土粒联结力显著减弱，从而导致土体结构破坏并产生湿陷。由于湿陷往往是突然发生的，所以常使建筑物、渠道、库岸突然发生沉陷，从而造成破坏。

评价黄土湿陷性的力学参数是湿陷系数（δ_s）。它指在一定压力下，土样浸水前后高度之差（$h_p - h_p'$）与土样原始高度（h_0）之比，即$\delta_s = (h_p - h_p')/h_0$。一般规定湿陷系数$\delta_s \geq 0.015$的黄土为湿陷性黄土；$\delta_s < 0.015$的黄土为非湿陷性黄土，可按一般土对待。

黄土的湿陷性一般自地表向下逐渐减弱，埋深7～8m以内的黄土的湿陷性较强。不同地区、不同年代的黄土的湿陷性具有一定差别。不同地区湿陷性黄土的物理力学性质指标，如表6-4所示。

表6-4 不同地区湿陷性黄土的物理力学性质指标

地区		黄土层厚度/m	湿陷性土层厚度/m	地下水埋深/m	含水率/(%)	天然密度/(g/cm³)	孔隙比	液限/(%)	塑性指数	压缩系数 a_{1-2}/MPa⁻¹	湿陷系数
甘肃西部	低地	5～20	4～12	5～15	9～18	1.42～1.69	0.90～1.15	23.9～28.0	8.0～11.0	0.13～0.59	0.027～0.090
	高地	20～60	10～20	20～40	7～17	1.33～1.55	0.98～1.24	25.0～28.5	8.4～11.0	0.10～0.46	0.039～0.110
渭河流域	低地	5～20	4～10	6～18	14～28	1.50～1.67	0.94～1.13	22.2～32.0	9.5～12.0	0.24～0.61	0.029～0.076
	高地	50～100	8～32	14～40	11～21	1.47～1.64	0.95～1.21	27.3～32.0	10.2～13.2	0.17～0.63	0.030～0.070
汾河流域	低地	8～15	2～10	4～8	6～19	1.47～1.64	0.94～1.10	25.1～29.4	7.7～11.8	0.24～0.87	0.030～0.070
	高地	3～100	5～16	50～60	11～24	1.45～1.60	0.97～1.18	26.5～31.0	9.5～13.1	0.17～0.62	0.027～0.089
河南地区		6～25	4～8	5～25	16～21	1.61～1.81	0.86～1.07	26.0～32.0	10.0～13.0	0.18～0.60	0.023～0.045
山东地区		3～20	2～6	5～8	15～23	1.64～1.74	0.85～0.96	27.7～31.0	9.6～13.0	0.19～0.51	0.020～0.041

湿陷性黄土因其湿陷变形量大、速率快、变形不均匀等特征，往往使建（构）筑物的地基产生大幅度的沉降或不均匀沉降，从而造成房屋建筑、灌溉和供水渠道等开裂、倾斜，甚至完全毁坏。

3. 膨胀土及其危害

膨胀土是富含强亲水性黏土矿物、具有明显的吸水膨胀和失水收缩性能的黏土。它是一种以蒙脱石、伊利石或伊利石-蒙脱石和高岭石为基本矿物的黏土,其中蒙脱石的亲水性和膨胀性最强。膨胀土的特殊性是在天然状态下结构致密,具有较大的重度,土体处于硬塑、坚硬或半坚硬状态,压缩量小,抗剪强度较高,因此常被误认为是良好的天然地基。但膨胀土遇水后发生明显的膨胀,膨胀率一般为15%,甚至可达50%~100%,同时内聚力、内摩擦角、抗剪强度、承载力等显著下降。待释水干燥后,膨胀土一方面变得坚硬,另一方面发生收缩,收缩率达10%~35%。

膨胀土在我国分布较广,云南、广西、贵州、湖北、四川、湖南、安徽都有分布,尤以云南、广西、贵州、湖北等地的膨胀土数量较多而有代表性(表6-5)。

表6-5 部分地区膨胀土的物理力学性质指标

地区	黏粒含量	含水率/(%)	天然密度/(g/cm³)	饱和度/(%)	孔隙比	液限/(%)	塑限/(%)	塑性指数	无荷载膨胀率/(%)	体缩率/(%)
云南蒙自	62.9	37.0	1.83	94	1.13	70	35	35	4.7	21.6
广西宁明	56.1	28.7	1.95	98	0.80	58	29	29	5.2	16.3
贵州清镇	47.2	61.7	1.61	95	1.80	109	60	49	0.35	35.6
湖北襄樊	48.0	18.2	2.12	96	0.53	50	28	22	10.9	28.6
四川成都	37.0	17.6	2.00	80	0.60	48	22	26	14.2	16.3
湖南邵阳	17.0	27.0	1.95	95	0.77	48	25	23	0.73	8.9
安徽合肥	38.5	25.7	2.09	97	0.72	49	29	20	4.1	17.3

膨胀土体积的胀缩变化,特别是反复交替地胀缩变化,可使建筑地基发生位移,导致房屋开裂、路基隆起、路面或铁轨变形,膨胀土的这种胀缩特性对工程建筑,特别是对低荷载建(构)筑物具有很大的破坏性。在膨胀土中开挖地下硐室、隧道,常发生围岩底鼓、内挤、变形、坍塌,导致极大的施工困难和工程破坏。

4. 盐渍土及其危害

盐渍土是指平均易溶盐含量超过0.5%的表土层。土中的易溶盐(氯盐、硫酸盐和碳酸盐等)是岩石经化学风化、分离形成的,它们被水流搬运渗入地下并溶于地下水中,再经毛细作用、蒸发作用而聚集于地表或地表下较浅处,使土层表面残留着薄薄的白色盐层。根据所含盐分种类,可将盐渍土分为氯盐盐渍土(湿盐土)、硫酸盐盐渍土(松胀盐渍土)、碳酸盐盐渍土等。盐渍土的特殊性主要表现在以下三个方面。

(1)胀缩性强,硫酸盐和碳酸盐盐渍土吸水后体积增大,脱水后体积收缩;

(2)湿陷性强,当粉粒含量>45%、孔隙率>45%时,会出现与黄土相似的湿陷性;

(3)压实性差,土中含盐量超过一定限度时,不易达到标准密度。

在我国,盐渍土主要分布在滨海地区(江苏北部和渤海西岸),冲积平原(华北平原的河北、河南、山西等地,东北松辽平原西部和北部)和内陆地区(西北和内蒙古)。

因此,盐渍土发育地区常因土中易溶盐随温度和湿度变化吸收或释放结晶水而产生体积变化,使道路路基和建筑物地基松胀出现沉陷或变形。另外,盐渍土还强烈腐蚀建在其中的桥梁、房屋等建筑物的混凝土基础,使混凝土疏松、剥落、掉皮或开裂,引起混凝土中的钢筋暴露,遭受腐蚀而降低强度。

5. 冻土及其危害

冻土是指温度等于或低于零摄氏度且含有冰的各类土。冻土发生在高纬度或高山等严寒地区。冻结状态持续三年以上不融的土称为多年冻土。受季节影响冬冻、夏融，呈周期性冻结和融化的土称为季节性冻土。我国的多年冻土主要分布在北纬46°以北的大兴安岭，或海拔4500m以上的青藏高原和新疆天山、阿尔泰山等地区，总面积接近200万km^2。

冻土对工程建筑物的危害主要表现为冻胀和融沉作用。即土在冻结过程中产生体积膨胀，导致地面隆起和地基鼓胀；冻土融化后，土中冰屑的骨架支撑作用消失，导致土体体积缩小，地基承载力降低，压缩性增大，土体下沉陷落。冻土，特别是季节性冻土，作为建（构）筑物地基时，因冻胀融沉的反复活动，可使房屋、桥梁、涵洞等建筑物沉陷、开裂、倾倒，公路路面变得凹凸不平，铁路路基局部陷落等，破坏性很大，严重威胁人身、财产和交通运输安全。

知识延伸

灾害前兆及科学避险见左侧二维码。

思 考 题

1. 什么是地质灾害？主要的地质灾害有哪些？
2. 地震震级与地震烈度有何区别？它们在震中位置的对应关系如何？
3. 所在的省、直辖市或自治区中有哪些地区地震基本烈度可能会达到Ⅶ度及Ⅶ度以上？
4. 滑坡的发生必须具备哪些条件？其中最重要的条件是什么？为什么？
5. 泥石流与一般洪水的根本区别是什么？我国泥石流流域包括哪些区域？

任务6.2　工程地质问题

在技术可行、经济合理和安全可靠方面影响人类修建各类建（构）筑物的地质问题，称为工程地质问题。就土木工程而言，主要的工程地质问题有五个：一是地基或路基稳定性问题；二是路基边坡稳定性问题；三是隧道围岩稳定性问题；四是水库渗漏和河流侵蚀问题；五是区域稳定性和抗震问题。

6.2.1　地基或路基稳定性问题

直接支承建（构）筑物自重的地层或岩土体称为地基。未经加固的天然岩土体，称为天然地基；经过人工加固的地基，称为人工地基。按建筑物基础的埋深，可将天然地基分为浅地基（基础埋深<5m）和深地基（基础埋深≥5m）。当上部结构荷载很大，而适合作为地基持力层的土层埋藏较深时，经常使用桩基（图6.5）。

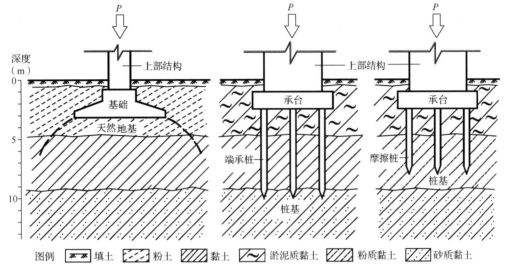

图 6.5　地基与基础示意

1. 建筑地基设计的基本要求

（1）稳定要求。工业与民用建筑物的荷载一定要小于地基的承载力，以保证地基受荷载作用后不会使地基发生破坏而丧失稳定。一般在地基内选择的持力层（地基中直接支持建筑物荷载的岩土层）应是承载能力高，有利于建筑物和地基稳定的岩土层。为了使地基长期稳定、满足建筑物使用要求，地基承载力的基本值、标准值和设计值需进行安全系数修正，最终确定地基容许承载力值。

（2）变形要求。地基的沉降量、沉降差等不应超过建筑物对地基要求的容许变形值，以保证建筑物，特别是高层建筑或重型建筑不发生整体倾斜或局部倾斜。虽然过大的沉降量不致使建（构）筑物产生明显损坏，但是会引起许多设备和管道严重损坏和失效。不均匀沉降则会导致建（构）筑物扭曲或破裂。因此，过大的沉降量和不均匀沉降对建（构）筑物来说都应避免。

2. 各类天然地基的工程地质特征

（1）均一土石地基。砂、砾质岩性，在静荷载作用下承载力高，但结构疏松的砂砾层在动荷载作用下会产生强烈沉陷，饱水条件下易发生流砂、潜蚀等。黏土质岩性，干燥情况下承载力一般，能满足承载要求，但随含水量增高，承载能力下降。

（2）稳定成层土石地基。由性质上有某些差别而层厚稳定的土石组成，即使当地基中夹有压缩性高的软弱土层时，也能达到均匀沉降。但软土、黄土、膨胀土需做特殊处理。

（3）厚度变化强烈且有透镜体的地基。该种地基是最不利的地基，由于地基影响范围内岩土层的强度差别较大，在建筑物荷载作用下地基易出现强烈的不均匀沉降变形，如位于山坡或岸边、古河道流域、岩溶发育地带和煤矿采空区上方的建筑地基（图6.6）。

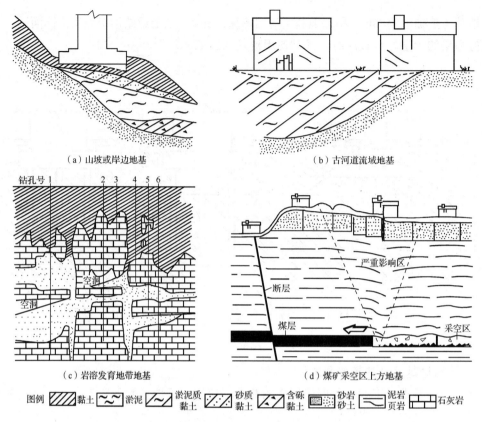

图 6.6 不良地基示意图

3. 各类天然地基土的承载力特征

各类天然地基土承载力的基本值差别很大。《建筑地基基础设计规范》(GB 50007—2011)规定,当基础宽度≤3m,基础埋深≤0.5m 时,可根据土的某些物理力学指标平均值确定地基承载力基本值(f_0)(表 6-6~表 6-8)。

表 6-6 碎石土承载力基本值 f_0　　　　　　　　　　　　　　单位:kPa

土类	密实度		
	稍密	中密	密实
卵石	300~500	500~800	800~1000
碎石	250~400	400~700	700~900
圆砾	200~300	300~500	500~700
角砾	200~250	250~400	400~600

表 6-7 粉土承载力基本值 f_0　　　　　　　　　　　　　　单位:kPa

孔隙比	含水量/(%)						
	10	15	20	25	30	35	40
0.5	410	390	(365)				
0.6	310	300	280	(270)			

续表

孔隙比	含水量/（%）						
	10	15	20	25	30	35	40
0.7	250	240	225	215	(205)		
0.8	200	190	180	170	(165)		
0.9	160	150	145	140	130	(125)	
1.0	130	125	120	115	110	105	(100)

注：有括号者仅供内插用。

表 6-8　黏性土承载力基本值 f_0　　　　单位：kPa

孔隙比	液性指数					
	0	0.25	0.50	0.75	1.00	1.20
0.5	475	430	390	(360)		
0.6	400	360	325	295	(265)	
0.7	325	295	265	240	210	170
0.8	275	240	220	200	170	135
0.9	230	210	190	170	135	105
1.0	200	180	160	135	115	
1.1		160	135	115	105	

注：有括号者仅供内插用。

4．路基基底工程地质问题

在修建铁路、公路过程中，路基基底稳定性问题多发生于填方路堤地段，其主要表现形式为塌陷、滑移和挤出。路基基底土的变形性质和变形量主要取决于基底土的力学性质、基底面的倾斜程度、软弱结构面或软弱夹层的性质和产状等。此外，较差的水文地质条件也是促使基底不稳定的因素，它往往使基底土发生巨大的塑性变形而造成路基的破坏。如果路基基底下分布有软弱的泥质夹层，且当泥质夹层的倾向与坡向一致时，若在其下方开挖取土或在上方填土加重都会引起路堤整体滑移；当高填路堤通过河漫滩或阶地时，若基底下分布有饱水厚层淤泥，在高填路堤的压力下，往往会使基底产生挤出变形；基底下岩溶洞穴的塌陷也会引起路堤严重变形。路基基底若为软土、湿陷性黄土、多年冻土、岩溶空洞和地下矿体采空区等分布区域时，常使路基出现沉陷变形；而在盐渍土和膨胀土分布地区的路基则会出现不均匀膨胀变形。

6.2.2　路基边坡稳定性问题

铁路、公路是线形建筑，要穿越地形和地质条件复杂的不同地区或构造单元。路基边坡稳定性问题是修建铁路、公路经常遇到的工程地质问题。

1. 公路选线问题

公路的规划设计工作，首要任务是路线选择。路线的选择，要根据地形地貌、工程地质条件及施工条件等综合考虑，其中工程地质条件是决定性因素。

1) 地形地貌

在路线选择时，应首先考虑路线所经地区的地形地貌条件。一般选线的原则是路线尽量选择在坡度平缓、地形连续完整的地带；避开切割强烈的高山深谷地区，以减少用桥涵等跨沟工程或深挖方、高填方、长隧道等复杂工程；避开坡面强烈冲刷、冲沟发育的地区，这些地区不仅坡面稳定性较差，冲沟的发展还会对路线造成威胁。因此，要针对不同地貌条件进行分析。

（1）岭脊线。岭脊线是指沿着山顶或分水脊选线，一般适用于山脊地形起伏不大的丘陵地区，对于高山峡谷地区则不适用。这种路线优点是土石方少、节省工料、无洪水危害、交叉建筑物最少、容易维护。但由于山脊宽度小，不利于工程布置和施工，且取水困难。

（2）山腹线。山腹线是指半山坡的盘山路线，多为岩质边坡。这种路线的最大优点是可以选择任意的路线坡度，路基多采用半填半挖方式。这种路线的土石方量特别是石方开挖量及填方量较大，易受暴雨冲刷影响，而且易产生塌方、流土淤塞等地质问题。

（3）谷底线或坡麓线。谷底线或坡麓线是指在山谷底部或山麓上设线，这种路线优点是高程低、坡度缓、线路顺直、工程简易（多为土方工程，石方开挖量较少）、容易施工。平原河谷选线时常遇到低地沼泽、洪水危害；丘陵河谷的坡度大，阶地常不连续，存在河流冲刷路基、泥石流淹埋路线等问题，遇支流时需修建较大桥梁；山区河谷则弯曲陡峭，阶地不发育，开挖方量大，不良地质现象发育，桥隧工程量大，故工程造价也相应提高。

（4）横切岭谷线。横切岭谷线是指在高山峡谷区为了缩短路线直接切穿山脊分水岭和沟谷的布线方案。这种路线的最大优点是能够穿越巨大山脉、降低坡度和缩短距离。但这些地区地形崎岖，展线复杂，不良地质现象发育，往往需要开凿较深的地堑、隧道，选择适宜的垭口通过。

（5）平原线。平原线是指地势平坦的山前平原及平原区的路线，一般位于松散堆积层上。这种路线多为土方工程，而石方工程很少或没有，故这种路线最大的优点是施工容易且便于机械化施工。路线选择时应注意微地形变化，尽量选在地势最高处，而且要有适当的纵坡降。此外，在地势低洼处应注意尽量减少填方工程并与排水系统配合使用。

2) 岩土类型和性质

基岩山区选线时应注意岩石的类型和风化程度，坚硬及半坚硬岩石一般均适于选线。但由于强度很高、裂隙发育的岩石（如石英岩、片麻岩等）容易风化、剥落，软弱岩石（如黏土岩、页岩、千枚岩、板岩及凝灰岩等）遇水易软化、泥化、崩解和膨胀，直接影响道路边坡的稳定性，故应十分注意它们的水理性质和力学性质的变化。

松散沉积物地区的选线，应避开软土、淤泥、泥炭等会导致土层沉陷量很大的地区。此外，如遇石膏层，应尽量避开，因为盐类矿物遇水会快速溶解，对道路修建十分不利。如遇特殊土（膨胀土、湿陷性黄土等），应按国家设计规范做特殊地基处理。

3) 地质构造和灾害地质

山区线特别是山腹线，应注意地质构造条件对道路及其附属建筑物的稳定性的影响。

一般情况下，水平或近水平的岩层，对路线是有利的。倾斜岩层，特别是顺坡倾斜岩层地区对筑路是不利的。大断层破碎带、强烈褶皱带可能引起边坡和路基的失稳破坏，所以切忌沿其走向平行布置，如必须通过时应尽量沿垂直走向布置，以减少施工处理段长度。公路选线时应尽量避开崩塌、滑坡、泥石流、岩堆、岩溶（尤其是落水洞、溶洞）等地质灾害发育地段。无法避开时，应进行详细的地质测绘、勘探工作，采取必要的预防、治理措施，以保证公路长期安全使用。

4）垭口的工程地质条件

垭口是山区公路的过岭通道。垭口的工程地质条件直接影响路堑边坡的稳定性。

根据垭口形成的主导因素，可以将垭口归纳为构造型垭口、剥蚀型垭口、剥蚀-堆积型垭口三种类型。

（1）构造型垭口。构造型垭口是由构造作用和外力剥蚀作用形成的，常见有三种类型，如图 6.7 所示。

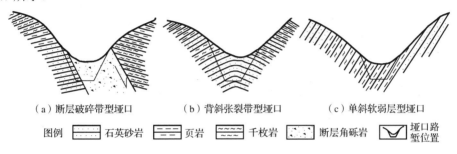

图 6.7 构造型垭口示意图

① 断层破碎带型垭口。这种垭口的工程地质条件较差，由于岩体破碎严重，不宜采用隧道方案。如果采用路堑，也需要控制开挖深度并做好边坡防护工程，以防止崩塌、滑坡等地质灾害的发生［图 6.7（a）］。

② 背斜张裂带型垭口。这种垭口虽然构造裂隙发育，岩层破碎，但工程地质条件比断层破碎带型垭口好。这是因为两侧岩层外倾，有利于排除地下水，有利于路堑边坡稳定，一般可采用较陡的边坡坡度［图 6.7（b）］。

③ 单斜软弱层型垭口。这种垭口主要由页岩、千枚岩等易于风化的软弱岩层构成，两侧边坡多不对称，一坡岩层外倾，另一坡岩层顺坡倾斜且略陡一些［图 6.7（c）］。由于岩性松软，风化严重，稳定性差，所以不宜深挖，否则须放缓边坡并采取防护措施。

（2）剥蚀型垭口。剥蚀型垭口是以外力强烈剥蚀为主导因素所形成的垭口，其形态特征与山体地质结构无明显联系。其特点是松散覆盖层很薄，基岩多半裸露。由灰岩等构成的溶蚀性垭口也属此类，在开挖路堑或隧道时需注意溶洞等的不利影响。

（3）剥蚀-堆积型垭口。剥蚀-堆积型垭口是在山体地质结构的基础上，以剥蚀和堆积作用为主导因素所形成的垭口。开挖路堑后的稳定性主要取决于堆积层的地质特征和水文地质条件。由于这类垭口宽度和松散堆积层的厚度较大，有时还发育有湿地或高地沼泽，水文地质条件较差，故不宜降低过岭标高，通常多以低填或浅挖的断面形式通过。

5）公路选线案例分析

由图 6.8 可见，路线 A、B 两点间共有三个基本选线方案：Ⅰ方案需修两座桥梁和一座长隧道，路线虽短，但隧道施工困难，不经济；Ⅱ方案需修一座短隧道，但西段边坡陡峻，易发生崩塌、滑坡等地质灾害，治理困难，维修费用大，也不经济；Ⅲ方案为跨河走对岸路线，需修两座桥梁，比修一座隧道容易，但也不经济。综合上述三个方案的优点，对工程地质条件进行分析比较，提出较优的Ⅳ方案，即把河弯过于弯曲地段取直，改移河道。取消西段两座桥梁而改用路堤通过，使路线既平直，又避开地质灾害发育地段。而东段则连接Ⅱ方案的沿河路线。此方案的路线虽稍长，但工程地质条件较好，维修费用少，施工方便，从长远看较为经济，故为最优方案。

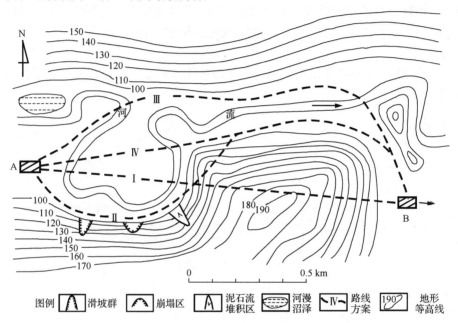

图 6.8　公路选线案例图

2. 路基边坡稳定问题

路基边坡包括天然边坡、傍山线路的半填半挖路基边坡，以及深路堑的人工边坡等。任何边坡都具有一定坡度和高度，在重力作用下，边坡岩土体均处于一定的应力状态，如果应力发生变化就会导致边坡变形失稳。一般情况下，影响边坡稳定的主要因素有岩层产状、岩石性质、岩体结构、水文条件、地形地貌以及人为因素等。下面主要介绍岩层产状、岩石性质和岩体结构。

（1）岩层产状。当岩层倾角较大时，在背斜山的两坡，单斜山、单斜谷的顺坡（岩层倾向与山坡坡向一致）开挖路基时，都存在发生顺层崩塌、滑坡等潜在地质灾害的危险，不宜选线修路（图 6.9）。即使顺坡岩层倾角较小，在水的作用下也会造成边坡失稳。

（2）岩石性质和岩体结构。由坚硬致密的岩浆岩、变质岩、硅质胶结的沉积岩等构成的边坡稳定性较好，由泥岩、页岩和风化强烈、裂隙发育、破碎严重的各种硬岩构成的边坡稳定性较差。层理面、软弱夹层、不整合面、片理面、裂隙面、断层面、断层破碎带等岩体结构面都会影响边坡的稳定。

项目 6　地质灾害与工程地质问题

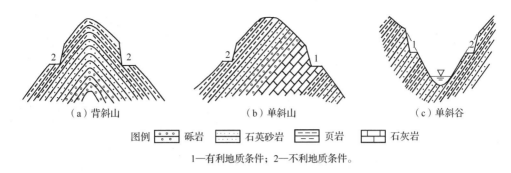

(a) 背斜山　　　　　　(b) 单斜山　　　　　　(c) 单斜谷

图例　砾岩　石英砂岩　页岩　石灰岩

1—有利地质条件；2—不利地质条件。

图 6.9　路基边坡地质条件分析示意图

6.2.3　隧道围岩稳定性问题

隧道围岩的稳定性是修建铁路、公路工程中最重要的工程地质问题。隧道位于地下，四周被各种不同性质的岩石包围，处于各种不同的地质构造部位，可能遇到各种地质问题。隧道位置的选择要考虑地形、岩性、地质构造等地质条件。

1. 地形条件

隧道进、出口地段最好是基岩出露比较完整或坡积层较薄的地区，地形边坡应下陡上缓并尽量垂直于地形等高线（交角不宜小于 30°）；硐口岩层最好倾向山里以保证硐口边坡的安全；在地形陡的高边坡开挖硐口时，应不削坡或少削坡进硐，必要时可做人工硐口先行进硐，以保证边坡的稳定性。硐口要避开滑坡、崩塌、冲沟、泥石流等地质灾害易发地段，还要避开山麓残积、坡积、洪积物等第四纪松散沉积物。隧道进出、口不宜选在排水困难的低洼处，也不应选在傍河山嘴及谷口等易受流水冲刷的地段，硐口高程要高于百年一遇洪水位。

2. 岩性条件

按岩石饱和抗压强度 R_g 将岩体分为硬质岩（$R_g>30Mpa$）和软质岩（$R_g<30Mpa$）。一般来说，坚硬完整的硬质岩，如岩浆岩、厚层坚硬的沉积层及变质岩，用作围岩时稳定性好，能适应各种断面形状的地下硐室要求，可以修建大型的地下隧道工程。而软质岩如页岩或黏土岩类、凝灰岩、胶结不好的砂砾岩、千枚岩及某些片岩及破碎风化岩体等，强度低、抗水性差，用作围岩时稳定性不好，易造成硐室顶板坍塌，侧壁和底板产生鼓胀挤出变形。松散及破碎岩石稳定性极差，选址时更应避开。

3. 地质构造条件

地质构造是控制岩体完整性、稳定性的重要因素，裂隙和断层是地下水渗透的直接通道，隧道选址时应尽量避开地质构造复杂的地区。

（1）岩层产状对隧道选址的影响。当隧道轴线与岩层走向平行时，在水平或近水平的岩层中修建隧道，地质条件较好，但应将隧道位置选在厚层状均质岩层中 [图 6.10（a）]；在倾斜岩层中修建隧道，一般是不利的。因为开挖隧道切断倾斜岩层后，特别是切断较软弱的岩层后，容易造成隧道两侧边墙所受的侧压力不一致，导致局部变形 [图 6.10（b）]；

在直立或近直立岩层中修建隧道，也是不利的，特别是将隧道位置选在其厚度与隧道跨度相等或小于隧道跨度的直立软弱岩层中时，是十分不利的［图6.10（c）］；切勿把隧道位置选在软硬岩层的分界线上，因为隧道顶部的地层岩性不同，容易产生不均匀变形，特别是在地下水的作用下，更易促使隧道顶部的软弱岩层向下滑动而破坏隧道［图6.10（d）］。

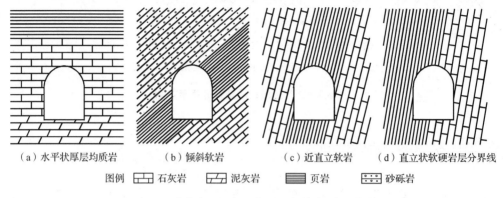

图6.10　隧道选址的岩层产状地质条件分析示意图

（2）褶皱对隧道选址的影响。横穿向斜和背斜修建隧道时，隧道轴线上承受着不同的压力。向斜的轴部由于存在较强的挤压力［图6.11（a）］，不但会使向斜轴部岩层受挤压破碎呈下坠态势，开挖隧道时容易坍落，而且向斜轴部的裂隙中存在承压地下水，开挖隧道时有地下水涌入隧道的风险；背斜轴部由于岩层上拱，能将上覆岩层的荷重传递到附近两侧岩体中去，而使背斜轴部拱曲最大部位的压力变小［图6.11（b）］。

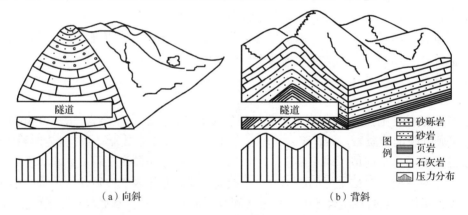

图6.11　向斜和背斜地段隧道轴线上压力分布示意图

平行褶皱轴线方向的地质条件都不适宜修建隧道。在背斜轴部选址，虽然岩层上拱使顶部压力有所减弱，但背斜轴部的岩层处于张力作用下，遭受过强烈的破坏，故不宜沿背斜轴线长距离开挖、修建隧道（图6.12中a处）；沿向斜轴线开挖、修建隧道，对工程的稳定性极为不利（图6.12中c处）；如果必须在褶曲岩层地段平行轴线方向修建隧道，可以将隧道轴线选在背斜或向斜的两翼（图6.12中b处），此处工程地质条件相对较好，但隧道顶部和侧部的岩层都处于受剪状态，在结构设计时应慎重分析。

（3）断裂对隧道选址的影响。断层、断裂破碎带对隧道工程极为不利，隧道选址应远离断层（图 6.12 中 d 处），禁止沿断层面走向（图 6.12 中 e 处）修建隧道；在断裂破碎带地段修建隧道，应特别慎重，尤其在破碎带较宽且断层角砾等尚未固结成岩地段，一般不允许沿平行破碎带（图 6.12 中 f 处）修建隧道。如果隧道选址必须穿越断裂破碎带，则应将隧道轴线方向设置为与断裂破碎带走向垂直的方向（图 6.12 中 g 处），以使隧道中断裂破碎带占地最少或出露面积最小，并及时采取可靠的加固措施，以防断裂带两侧的岩层变位，毁坏隧道，或地表水渗漏及地下水涌出。

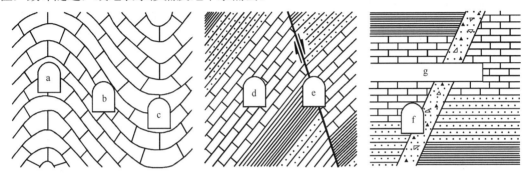

a—沿背斜轴部；b—沿褶曲翼部；c—沿向斜轴部；d—远离断层；
e—沿断层；f、g—沿着或横穿断裂破碎带

图 6.12　隧道选址的地质构造条件分析示意图

6.2.4　水库渗漏和河流侵蚀问题

水库库水通过库岸的分水岭，向邻谷低地或经过库底向远处洼地渗漏称为库区渗漏。如果水库发生永久性库区渗漏，将会影响水库的正常使用。库水渗漏的通道主要是第四系疏松的卵石砾石层、砂土层及基岩中的各种结构面和溶蚀空洞等。因此，对于第四系分布区的水库，要注意查明第四系透水地层及相对隔水层的展布情况；对于基岩地区的水库，要查明原生结构面、构造结构面、风化裂隙面和卸载裂隙面的分布及其透水性、空间连通情况和渗透途径等，尤其要重视节理裂隙密集带、断裂破碎带等集中渗漏通道和可溶岩地区溶蚀空洞的调查。

水库库水通过坝基岩体向下游渗漏称为坝基渗漏，而通过两侧坝肩岩体渗漏称为绕坝渗漏，这两种渗漏统称为坝区渗漏。坝区渗漏不但减少库容水量，而且强大的渗流将会在坝基中产生管涌和流砂现象，造成坝基岩体失稳并危及大坝安全。在松散沉积物分布地区，坝区渗漏主要通过古河道、河床和阶地内砂卵砾石层进行。在基岩地区，可能的渗漏通道是断层破碎带、连通的裂隙密集带、喷出岩的原生节理、碎屑岩中的连通孔隙等。在岩溶发育地区，一旦溶洞引起坝区渗漏，就会使水库严重漏水，甚至干涸。

河流中的流水具有一定流速和能量，常产生侵蚀作用。首先，流水对河床及河岸常产生冲刷，特别是洪水季节泥砂石块含量高的流水，强烈冲刷和撞击河床河岸导致河床移动、河谷变形、阶地和河漫滩遭受破坏，严重威胁河谷两岸的建（构）筑物的安全；其次，流

水长久地溶解岩石中的可溶性物质，沿裂隙或破碎带向下侵蚀切割，加速了岩石的风化作用；最后，流水的侧向侵蚀作用，尤其对曲流河凹岸的侧蚀，常导致曲流河凹岸的建筑地基被掏空，发生变形，危及建（构）筑物的安全。因此，河流侵蚀作用在工程建设中不可忽视。

6.2.5 区域稳定性和抗震问题

区域稳定性是指工程所在区域地壳表层的相对稳定程度，即地壳有无变形迹象、有无断裂活动和影响本地区的地震活动等。区域稳定性是工程建设必须重视的问题，特别是对于核电站、大型地下工程及重大高层建筑物等的选址，必须进行调查分析、做出区域稳定性论证评价。一般认为，新构造运动、地震是影响控制区域稳定性的重要因素。区域稳定性调查的内容包括：

（1）拟建工程地区地震和火山活动的历史与现状，曾经发生过的地震的震级和烈度；

（2）全新世地层的年代调查，根据阶地、特殊地层（泥炭、贝壳层等）的埋藏深度作为测年资料推算地壳上升和下降速率；

（3）活动性断层的调查；

（4）油气、地下水开采和回灌情况，固体矿产采空区分布情况；

（5）根据以往地震的震级和烈度、断层活动速率、现代地壳上升速度等资料，进行区域地壳稳定性程度及其对工程建设安全稳定的影响程度评价。

地震区建筑场地的选择是非常重要的工作。对防震、抗震有利的建筑场地应达到地形平坦开阔；岩土坚硬均匀，若土层较厚则应较密实；无大的断裂通过，若有则它与发震断裂无联系，且断裂带胶结很好；地下水埋深较深；崩塌、滑坡、岩溶等不发育。

地基持力层应选择硬岩或硬土，不用高压缩性土层和液化土层作持力层。若地表分布有高压缩性土层和液化土层，则应采用桩基础，支承于下部的硬基上。同一建筑物的基础不宜设置在性质显著不同或厚度变化很大的地基土之上。

地震区所有建（构）筑物的基础和结构设计都要严格按照国家标准《建筑抗震设计规范（2016年版）》（GB 50011—2010）、《建筑与市政工程抗震通用规范》（GB 55002—2021）进行设防。

思 考 题

1. 建筑地基设计对地基土的强度和变形的基本要求是什么？
2. 岩层产状对路基边坡稳定性有什么影响？
3. 如何根据工程地质条件进行隧道选址？
4. 控制区域稳定性的重要因素是什么？如何进行区域稳定性调查评价？

参 考 文 献

《地球科学大辞典》编委会，2006．地球科学大辞典：基础学科卷[M]．北京：地质出版社．
何培玲，张婷，2012．工程地质[M]．2版．北京：北京大学出版社．
姜晓发，周国庆，焦胜军，2015．工程地质[M]．北京：科学出版社．
刘世凯，陆永清，欧湘萍，1999．公路工程地质与勘察[M]．北京：人民交通出版社．
马宁，2008．土力学与地基基础[M]．北京：科学出版社．
孙平平，王延思，周无极，2010．地基与基础[M]．北京：北京大学出版社．
陶祥令，于庆，刘明，等，2023．Q3黏土力学特性宏微观试验研究[M]．徐州：中国矿业大学出版社．
王成华，2010．土力学[M]．武汉：华中科技大学出版社．
王启亮，2015．工程地质与土力学[M]．2版．北京：中国水利水电出版社．
肖明和，张成强，张毅，2021．地基与基础[M]．3版．北京：北京大学出版社．
于小娟，王照宇，2012．土力学[M]．北京：国防工业出版社．
张孟喜，2010．土力学原理[M]．2版．武汉：华中科技大学出版社．
张弥曼，2001．热河生物群[M]．上海：上海科学技术出版社．
张忠亭，景锋，杨和礼，2009．工程实用岩石力学[M]．北京：中国水利水电出版社．

试验指导书

班级：_____　　学号：_____　　姓名：_____

试 验 目 录

试验一 常见矿物和岩石的肉眼鉴定……………………………………………1

试验二 地质罗盘的使用及地层产状测量………………………………………3

试验三 含水率测试………………………………………………………………7

试验四 密度测试（环刀法）……………………………………………………10

试验五 塑限测试…………………………………………………………………12

试验六 液限测试…………………………………………………………………15

试验七 固结试验…………………………………………………………………18

试验八 抗剪强度测试……………………………………………………………21

试验九 击实试验…………………………………………………………………24

试验一 常见矿物和岩石的肉眼鉴定

一、试验目的

学会观察和认识常见矿物的主要物理性质，了解三大类岩石的主要特征（矿物成分、结构和构造），初步掌握肉眼鉴定矿物和岩石的方法，为从事土木工程工作打下坚实的基础。

二、试验要求

要求学生利用所学到的土力学与工程地质的有关理论知识，学会观察和认识常见矿物的主要物理性质，初步掌握肉眼鉴定矿物的方法，并要求认识几种常见的矿物，掌握它们的主要鉴别特征；对组成地壳的三大类岩石（岩浆岩、沉积岩、变质岩）的主要特征（矿物成分、结构和构造）有所了解，进而初步掌握肉眼鉴定岩石的方法，并能够认识其中一些有代表性、与工程有关的岩石。

三、试验原理

矿物是地壳中化学元素在各种地质作用下形成的，具有一定的化学和物理性质的自然均匀体，是组成岩石的基本单位。岩石是在各种地质作用下，由一种或多种矿物组成的集合体。认识矿物和岩石的方法有很多，但最基本和简便的方法是肉眼鉴定法，它也是野外最常用的方法之一。

观察矿物的形态（个体形态、集合体形态），观察矿物的主要物理性质（光学方面的性质如颜色、条痕、透明度，矿物力学方面的性质如硬度、解理、断口，其他方面的物理性质如比重、磁性），同时借助于小刀、放大镜、地质锤、条痕板、磁铁、硬度计和简单的试剂（如盐酸等）来鉴别矿物。

观察三大类岩石（岩浆岩、沉积岩、变质岩）的矿物成分、结构、构造特征，借助小刀、放大镜、地质锤、罗盘仪、稀盐酸等来确定岩石的类别并进行描述。

四、仪器、材料

矿物和岩石标本、小刀、放大镜、地质锤、条痕板、磁铁、硬度计和简单的试剂（如盐酸等）。地质实验室标本目录见末页附表。

五、试验步骤

1. 矿物的肉眼鉴定

（1）观察矿物的形态。
（2）观察矿物的主要物理性质（光学方面、力学方面及其他方面）。
（3）用肉眼对矿物进行鉴定。

2. 岩石的肉眼鉴定

1）岩浆岩

（1）观察岩石的颜色。

（2）观察岩石中主要的矿物成分。

（3）观察岩石的结构和构造特征。

（4）综合观察到的特征，确定岩石的类别并进行描述。

2）沉积岩

（1）根据物质成分、结构、构造等确定所鉴定岩石属于哪一大类岩石。

（2）鉴定岩石的结构类型。

（3）其所鉴定的岩石属碎屑结构，就应按粒度大小及其含量进一步区分。

（4）除碎屑外，还要对胶接物成分做鉴定。

（5）对碎屑岩碎屑颗粒形态进行鉴定描述。

（6）组成岩石的物质成分鉴定。

（7）岩石构造的鉴定。

（8）岩石颜色的描述。

3）变质岩

（1）区分常见的几种变质岩的构造。

（2）观察变质岩的结构。

（3）对其矿物成分做出准确的鉴定，并估计各种矿物的含量。

（4）观察变质岩的颜色，也要注意其总体和新鲜面的颜色。

（5）根据分类命名原则，确定所鉴定岩石的名称。

六、注意事项

（1）要爱护标本、仪器和其他用具。

（2）观察时标本和盒子一起拿，试验完毕按原状整理好，不要混乱放置、带离实验室。

试验二 地质罗盘的使用及地层产状测量

一、试验目的

地质罗盘是进行野外地质工作必不可少的一种工具。借助它可以定出方向,观察点的所在位置,测出任何一个观察面的空间位置(如岩层层面、褶皱轴面、断层面、节理面……构造面的空间位置),因此必须学会使用地质罗盘。

二、地质罗盘的结构

地质罗盘的式样很多,但结构基本是一致的,我们常用的是圆盆式地质罗盘,由磁针、度盘、悬锥、瞄准器、水准器等部分安装在铜制或铝制的圆盆内,如附图1所示。

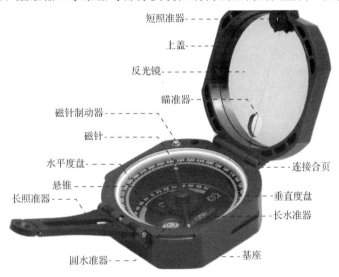

附图1 圆盆式地质罗盘

(1)磁针:一般为中间宽两边尖的菱形钢针,安装在底盘中央的顶针上,可自由转动,不用时应旋紧磁针制动器,将磁针抬起压在盖玻璃上,避免磁针帽与顶针尖碰撞,以保护顶针尖,延长罗盘使用时间。在进行测量时放松磁针制动器,使磁针自由摆动,最后静止时磁针的指向就是磁针子午线方向。由于我国位于北半球磁针两端所受磁力不等,使磁针失去平衡。为了使磁针保持平衡,常在磁针南端绕上几圈铜丝,也便于区分磁针的南北两端。

(2)水平度盘:水平度盘的刻度采用的标示方式是从 0°开始按逆时针方向每隔 10°标记相应数字,连续刻至360°,0°和180°分别为 N 和 S,90°和270度分别为 E 和 W,利用它可以直接测得地面两点间直线的磁方位角。

(3)垂直度盘:垂直度盘是专用来读倾角和坡角读数,以 E 或 W 位为0°,以

S 或 N 为 90°，每隔 10°标记相应数字。

（4）悬锥：悬锥是测斜器的重要组成部分，悬挂在磁针的轴下方，通过底盘处的觇板手可使悬锥转动，悬锥中央的尖端所指刻度即为倾角或坡角的度数。

（5）水准器：水准器通常有两个，分别装在圆形玻璃管中，圆水准器固定在底盘上，长水准器固定在测斜仪上。

（6）瞄准器：瞄准器包括接物和接目觇板，反光镜中间有细线，下部有透明小孔，使眼睛，细线，目的物三者成一线，作瞄准之用。

三、地质罗盘的使用方法

1. 在使用前必须进行磁偏角的校正

因为地磁的南、北两极与地理上的南、北两极位置不完全相符，即磁子午线与地理子午线不重合，地球上任一点的磁北方向与该点的正北方向不一致，这两个方向间的夹角称为磁偏角。地球上某点磁针北端偏于正北方向的东边称东偏，偏于西边称西偏。东偏为（+），西偏为（-）。地球上各地的磁偏角都按期计算、公布以备查用。若某点的磁偏角已知，则一条测线的磁方位角 A 磁和正北方位角 A 的关系为 A 等于 A 磁加/减磁偏角，即正北方位角 A=A 磁±磁偏角。应用这一原理可进行磁偏角的校正，校正时可旋动罗盘的刻度螺旋，使水平刻度盘向左或向右转动（磁偏角东偏则向右，西偏则向左），使罗盘底盘南北刻度线与水平度盘 0°～180° 连线间夹角等于磁偏角。经校正后测量时的读数即为真方位角。

2. 地形草测（包括定方位、测坡角、定水平线）

1）定方位

确定目标所处的方向和位置。定方位也称交会定点。

（1）当目标在视线（水平线）上方时的测量方法。右手握紧仪器，上盖背面朝向观察者，手臂贴紧身体，以减少抖动，左手调整长照准器和反光镜，转动身体，使目标、长照准器尖的像同时映入反光镜，并为镜线所平分，保持圆水泡居中，则读磁针北极所指示的度数，即为该目标所处的方向。

按照同样的方法，在另一测点对该目标进行测量，这样两个测点对同一目标进行测量得出两线，沿着测出的度数相交于目标，就得出目标的位置。

（2）当目标在视线（水平线）下方时的测量方法。右手紧握仪器，反光镜在观察者的对面，手臂同样贴紧身体，以减少抖动。左手调整长照准器和上盖，转动身体，使目标、长照准器尖的像同时映入反光镜的椭圆孔中，并为镜线所平分，保持圆水泡居中，则读磁针北极所指示的度数，即为该目标所处的方向。

按照同样的方法，在另一测点对该目标进行测量。这样从两个测点对该目标进行测量得出两线，沿着测出的度数相交于目标，就得出目标的位置。

2）测坡角

目标到观察者与水平面的夹角。

右手握住仪器外壳和底盘，长照准器在观察者的一方，将仪器平面垂直于水平面，长水泡居下方。左手调整上盖和长照准器，使目标、长照准器尖的孔同时为反光镜椭圆孔刻线所平分。然后右手中指调整手把，从反光镜中观察长水泡居中，此时指示盘在方向盘上所指示的度数，即为该目标的坡角。如果测某一坡面的坡角，则只需把上盖打开到极限位置，将仪器侧边直接放在该坡面上，调整长水泡居中，读出角度，即为该坡面的坡角（与测量产状中倾角的方法相同）。

3）定水平线

把长照准器扳至与盒面同一平面，上盖扳至90°，而长照准器尖竖直，平行上盖。将指示器对准"0"，则通过长照准器尖上的视孔和反光镜椭圆孔的视线，即为水平线。

3. 测物体的垂直角

把上盖扳到极限位置，用仪器侧面贴紧物体（如钻杠）具有代表性的平面，然后调整长水泡居中，此时指示器的读数，即为该物体的垂直角。

4. 岩层产状要素的测量

岩层的空间位置取决于其产状要素，岩层产状要素包括岩层的走向、倾向和倾角，如附图2所示。测量岩层产状是野外地质工作最基本的工作方法之一，必须熟练掌握。

附图2 岩层产状要素

1）岩层走向的测定

岩层走向是指岩层层面与水平面交线的方向，即岩层任一高度上水平线的延伸方向。

测量时将罗盘长边与层面紧贴，然后转动罗盘，使底盘水准器的水泡居中，读出指针所指刻度，即为岩层走向。

因为走向表示一条直线的方向，它可以向两边延伸，指南针或指北针的读数正是该直线两端延伸的方向，如30°与210°均可代表该岩层走向。

2）岩层倾向的测定

岩层倾向是指岩层向下最大倾斜方向线在水平面上的投影，恒与岩层走向垂直。

测量时，将罗盘北端或对物舰板指向倾斜方向，罗盘南端紧靠层面并转动罗盘，使底盘水准器水泡居中，指北针所指刻度即为岩层的倾向。

假如在岩层顶面上进行测量有困难，也可以在岩层底面上测量。仍用对物觇板指向岩层倾斜方向，罗盘北端紧靠底面，读指北针即可。假如测量底面时读指北针受障碍，则用罗盘南端紧靠岩层底面，读指南针即可。

3）岩层倾角的测定

岩层倾角是岩层层面与假想水平面间的最大夹角，即真倾角，它是沿着岩层的真倾斜方向测量得到的，沿其他方向所测得的倾角是视倾角。视倾角恒小于真倾角，即岩层层面上的真倾斜线与水平面的夹角为真倾角，层面上视倾斜线与水平面的夹角为视倾角。野外分辨层面真倾斜方向尤为重要，它恒与走向垂直。此外，可用小石子在层面上滚动或滴水在层面上流动，测量时将罗盘直立，并以长边靠着岩层的真倾斜线，沿着层面左右移动罗盘，并用中指搬动罗盘底部活动扳手，使测斜水准器水泡居中，读出悬锥中尖所指的滚动或流动方向，即为层面真倾斜方向。最大读数，即为岩层之真倾角。

岩层产状的记录方式通常采用方位角记录方式。

如果测量出某一岩层走向为310°，倾向为220°，倾角35°，则记录为NW50°/SW∠35°（象限角）或310°/SW∠35°（方位角）或220°∠35°（方位角）。

野外测量岩层产状时需要在岩层露头测量，不能在转石（滚石）上测量，因此要区分露头和滚石。区别露头和滚石，主要是多观察和追索，并要善于判断。

测量岩层面的产状时，如果岩层凹凸不平，可把记录本平放在岩层上作为层面，以便测量。

四、注意事项

（1）磁针和顶针、玛瑙轴承是仪器最主要的零件，应小心保护，保持干净，以免影响磁针的灵敏度。不用时，应将仪器关牢。仪器关上后，通过开关和拨杆的动作将磁针自动抬起，使顶针与玛瑙轴承脱离，以免磨坏顶针。

（2）所有合页不要轻易拆卸，以免松动而影响精度。

（3）仪器尽量避免高温暴晒，以免水泡漏气失灵。

（4）合页转动部分应经常点些钟表油，以免干磨而折断。

（5）长时期不使用时，应放在通风、干燥的地方，以免发霉。

试验三　含水率测试

一、试验目的

土的含水率是试样在较高温度下烘至恒重时所失去的水的质量和达恒重后干土质量的比值，以百分数表示。

测定土的含水率，以了解土的含水情况，是计算土的孔隙比、液性指数、饱和度和其他物理力学性质指标时不可缺少的一个基本指标，也是检测土工构筑物施工质量的重要指标。

二、试验方法

测定含水率的方法有烘干法、酒精燃烧法等。

（一）烘干法

烘干法是室内试验的标准方法，适用于粗粒土、细粒土、有机质土和冻土。

1. 仪器设备

（1）电烘箱：温度能控制在105～110℃的电热烘箱。

（2）天平：称量200g，最小分度值0.01g。

（3）干燥器：通常用附有氯化钙干燥剂的玻璃干燥缸。

（4）其他：称量盒、削土刀、盛土容器、凡士林等。

2. 操作步骤

（1）湿土称量：选取具有代表性的试样15～30g，砂类土、有机质土和整体状构造冻土50g，放入称量盒内，立即盖上盒盖，称出盒与湿土的总质量，精确至0.01g。

（2）烘干：打开盒盖，将试样和盒置于烘箱内，在105～110℃的恒温下烘至恒重。对黏土、粉土的烘干时间不得少于8h，对砂土的烘干时间不得少6h。

（3）冷却称重：将烘干后的试样和盒从烘箱中取出，盖上盒盖，放入干燥容器内冷却至室温，称出盒与干土质量，精确至0.01g。

3. 注意事项

（1）刚刚烘干的土样要等冷却至室温后方可称重。

（2）称量时精确至小数点后两位。

（3）含水率应在打开试验用的土样包装后立即开始操作，以免水分改变，影响结果。

（4）本试验必须对两个试样进行平行测定，取两个测值的平均值作为最后结果，以百分数表示。两次测定值的差值，不得大于附表1的规定。

（5）称量盒中的湿试样质量称量以后由实验室负责烘干。

附表 1 允许平行差值

含水率/（%）	允许平行差值/（%）
<40	1
≥40	2

（二）酒精燃烧法

酒精燃烧法是将土试样和酒精拌和，点燃酒精，随着酒精的燃烧使试样中水分蒸发的方法。该方法简易快速，适用于测定无机的细粒土含水率，尤其是现场没有烘箱或土样较少的情况。

1. 方法原理

本方法是利用酒精在土壤样品中燃烧释放出的热量，使土壤中的水分蒸发干燥，通过燃烧前后的质量之差，计算出土壤含水量的百分数。在火焰熄灭前几秒，即火焰下降时，土温才迅速上升到 180～200℃，然后温度很快降至 85～90℃，再缓慢冷却。由于高温阶段时间短，样品中有机质及盐类损失很少。故此法对于测定土壤水分含量有一定的参考价值。

2. 操作步骤

称取土样 5g 左右（精确度 0.01g），放入已知质量的铝盒中。然后向铝盒中滴加酒精，直到浸没全部土面为止，并在桌面上将铝盒敲击几次，使土样均匀分布于铝盒中。将铝盒放在石棉铁丝网或木板上，点燃酒精，在即将燃烧完时用小刀或玻璃棒轻轻翻动土样，以助其均匀燃烧。待火焰熄灭，样品冷却后，再滴加 2mL 酒精，进行第二次燃烧，再冷却，称重。一般情况下，要经过 3～4 次燃烧后，土样才可以达到恒重。

3. 注意事项

（1）本法不适用于有机质含量高的土壤样品，操作过程中应注意防止土样损失，以免出现误差。

（2）酒精燃烧法测定土壤水分快，但精确度较低，只适合野外速测。

（3）应采用滴管加酒精，酒精瓶用后应随时加盖，远离称量盒。

（4）燃烧的称量盒应放在瓷盘内。

（5）第二次加酒精于土中时，应待火焰完全熄灭后进行。

三、计算公式

按下式计算土样的含水率：

$$\omega = \left(\frac{m_0}{m_d} - 1\right) \times 100\% = \left(\frac{m_1 - m_3}{m_2 - m_3} - 1\right) \times 100\%$$

式中：ω——含水率，精确至 0.1%；

m_3——盒质量，g，可根据盒号由实验室提供的表格查得；

m_1——盒加湿土质量，g；
m_2——盒加干土质量，g；
m_d——干土质量，g；
m_0——湿土质量，g。

四、试验记录

含水率试验记录

工程名称＿＿＿＿＿＿＿＿　　　　　　试验＿＿＿＿＿＿＿＿
工程编号＿＿＿＿＿＿＿＿　　　　　　计算＿＿＿＿＿＿＿＿
试验日期＿＿＿＿＿＿＿＿　　　　　　校核＿＿＿＿＿＿＿＿

试样编号	盒号	盒质量 /g	盒加湿土质量 /g	盒加干土质量 /g	湿土质量 m_0/g	干土质量 m_d/g	含水率/(%)	平均含水率/(%)
		m_3	m_1	m_2	(m_1-m_3)	(m_2-m_3)		

试验四　密度测试（环刀法）

一、试验目的

单位体积土的质量称为土的密度。它是土的基本物理性质指标之一，其单位为 g/cm^3。

测定土的湿密度，以了解土的疏密和干湿状态，作为换算土的其他物理性质指标和工程设计以及控制施工质量的基础。

二、试验方法与原理

环刀法是采用一定体积的环刀切取土样并称其质量的方法，环刀内土的质量与体积之比即为土的密度。密度测试方法有环刀法、蜡封法、灌水法和灌砂法等。对于细粒土，宜采用环刀法；对于易破裂土和形状不规则的坚硬土，宜采用蜡封法；现场测定粗粒土的密度，宜采用灌水法或灌砂法。

三、仪器设备

（1）环刀：内径 61.8mm 或 79.8mm，高度 20mm。

（2）天平：称量 200g，最小分度值 0.01g。

（3）其他：切刀、钢丝锯、玻璃板、凡士林等。

四、试验步骤

（1）按工程需要取原状土或制备成所需状态的扰动土样，土样的高度和直径应大于环刀的高度和直径，整平其两端，放在玻璃板上。

（2）量测环刀：取出环刀，称出环刀的质量，并在环刀内壁涂一薄层凡士林。

（3）切取土样：将环刀的刃口向下放在土样上，将环刀垂直下压，并用切土刀沿环刀外侧切削土样，边压边削至土样高出环刀，根据试样的软硬程度采用钢丝锯或切土刀整平环刀两端土样。

（4）土样称量：擦净环刀外壁，称出环刀和土的总质量。

五、注意事项

（1）用环刀切试样时，环刀应垂直均匀下压，防止环刀内试样结构被扰动。

（2）夏天室温很高，为了防止称量时试样中水分蒸发，影响试验结果，宜用两块玻璃片盖住上下口称取质量，但计算时必须扣除玻璃片的质量。

（3）称取环刀前，应把土样削平并擦净环刀外壁。

（4）如果使用电子天平称重则必须预热，待稳定后方可使用，读取数值时精确至小数点后两位。

（5）每组做两次平行测定，平行差值不得大于 0.03g/cm³，取两次侧值的算术平均值作为最终结果。

六、计算公式

按下式计算土的湿密度：

$$\rho = \frac{m}{V} = \frac{m_1 - m_2}{V}$$

式中：ρ——密度，精确至 0.01 g/cm³；

m——湿土质量，g；

m_1——环刀加湿土质量，g；

m_2——环刀质量，g；

V——环刀体积，cm³。

七、试验记录

密度试验记录（环刀法）

工程名称_____ 试验_____

工程编号_____ 计算_____

试验日期_____ 校核_____

土样编号	环刀号	环刀加湿土质量/g m_1	环刀质量/g m_2	湿土质量/g m	环刀体积/cm³ V	密度/（g/cm³） 单值	密度/（g/cm³） 平均值

试验五 塑 限 测 试

一、试验目的

塑限是指土的可塑状态与半固体状态界限的含水率。

测定土的塑限,并与碟式仪测定液限试验结合计算土的塑性指数和液性指数,作为黏性土分类的一个依据。

二、试验方法

采用搓条法(滚搓法),如附图 3 所示本试验方法适用于粒径小于 0.5mm 的土。

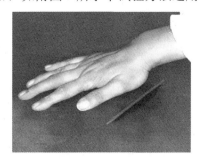

附图 3 搓条法

三、仪器设备

(1)毛玻璃板。

(2)卡尺:分度值 0.02mm(或直径 3mm 的金属丝,见附图 4)。

(3)其他:同含水量试验。

附图 4 直径 3mm 的金属丝

四、试验步骤

(1)取 0.5mm 筛下的代表性试样 100g,放在盛土皿中加纯水拌匀,湿润 24h。

(2) 将制备好的试样在手中揉捏至不粘手，捏扁，当出现裂缝时，表示含水率已接近塑限。

(3) 取接近塑限含水率的试样 8～10g 先用手搓成椭圆形，然后放在干燥清洁的毛玻璃板上用手掌滚搓。手掌的压力要均匀地施加在土条上，不得使土条在毛玻璃上无力滚动，土条不得有空心现象，土条长度不宜大于手掌宽度（制备好的土样含水率一般大于塑限，搓滚的目的一方面是促使试样中的水分逐渐蒸发，另一方面是将试样慢慢塑成规定的 3mm 直径的土条）。

(4) 当土条搓至 3mm 直径时，表面开始出现裂纹并断裂成数段，表示试样的含水率达到塑限含水率（每组设置一直径 3mm 的铁丝作为比较）。将已达到塑限的断裂土条立即放入称量盒中，盖上盒盖。再取试样用同样的方法继续试验，待称量盒中合格的断土条累积有 3～5g 时，即可测定其含水率，此时含水率即为塑限。

若土条搓至 3mm 直径时，仍未出现裂纹和断裂，则表示此时试样的含水率高于塑限；若土条直径大于 3mm 时，已出现裂纹和断裂，则表示试样的含水率低于塑限。此两种情况，均应重新取试样再次试验。

五、注意事项

(1) 搓条法测塑限需要一定的操作经验，特别是塑性低的土更难搓成。初次操作时必须耐心地反复实践，才能达到试验要求。下列经验可供参考：先取一部分试样，用两手反复揉搓成球（乒乓球大小），然后放在毛玻璃板上压成厚 4～5mm 的土饼。如土饼四周边缘上出现辐射状短裂缝时表示搓条的起始水分合适，然后用小刀将土饼切一小条搓滚，一次不成再切第二条，如第一次搓成 3mm 直径而未断裂，则第二条可切宽一些；反之，则切窄一些。切条搓滚前的土饼示意图如附图 5 所示。

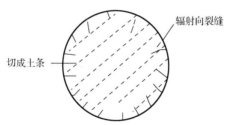

附图 5　切条搓滚前的土饼示意图

(2) 每人做两次平行测定，取其算术平均值作为最终结果，精确至 1%，其平行差值不得大于附表 2 的规定。

附表 2　允许平行差值

塑限/（%）	允许平行差值/（%）
<40	1
≥40	2

六、计算公式

按下式计算塑限 ω_p（精确到 0.1%）：

$$\omega_p = \frac{m_1 - m_2}{m_2 - m_3} \times 100\%$$

式中：m_1——烘土盒加湿土的质量，g；
　　　m_2——烘土盒加干土的质量，g；
　　　m_3——烘土盒的质量，g。

七、试验记录

塑限试验记录

工程名称＿＿＿＿＿＿＿　　　　　试验＿＿＿＿＿＿＿
工程编号＿＿＿＿＿＿＿　　　　　计算＿＿＿＿＿＿＿
试验日期＿＿＿＿＿＿＿　　　　　校核＿＿＿＿＿＿＿

试验项目			液限试验		塑限试验	
试验次数			1	2	1	2
烘土盒号						
烘土盒质量	g	m_3				
烘土盒+湿土质量	g	m_1				
烘土盒+干土质量	g	m_2				
水的质量	g	$m_1 - m_2$				
干土质量	g	$m_2 - m_3$				
含水率	%	ω_L 或 ω_p				
平均含水率	%	ω_L 或 ω_p				
塑性指数		$I_p = \omega_L - \omega_p$				
按地基规范分类						
备注						

注：ω_L——液限。

根据试验结果确定该黏性土的分类名称。

试验六 液限测试

一、试验目的

液限是指黏性土的可塑状态和流动状态界限的含水量。

测定土的液限,用以计算土的塑性指数和液性指数,作为黏性土分类及确定黏性土软硬状态的依据。

二、试验方法

有电动落锥法、手提落锥法和碟式仪法等。本试验介绍手提落锥法。

三、仪器设备

(1) 锥式液限仪(圆锥仪)。该仪器的主要部分是由不锈钢制成的精密圆锥体,顶角 30°,高约 25mm,距锥尖 10mm,17mm 处各有一环形刻痕。有两个金属平衡球通过一半圆形钢丝固定在圆锥体上部,作为平衡装置。平衡圆锥仪的标准质量是 76g(精确度±0.2g),另外还配备有试杯和底座各一个,如附图 6 所示。

(2) 其他:同含水量试验。

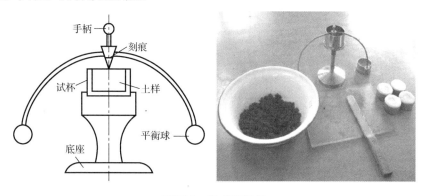

附图 6 锥式液限仪

四、试验步骤

(1) 应尽可能选用具有代表性的天然含水量的土样来测定。当土样不均匀时,采用风干试样。若试样中含有粒径大于 0.5mm 的土粒和杂物时,应将土样过 0.5mm 筛方可试验。

(2) 当采用天然含水量土样时,取代表性土样 250g。采用风干试样时,取经过 0.5mm 筛后的代表性土样 200g。将试样放在橡皮板上用纯水将土样调成均匀膏状,放入调土皿,浸润 24h。

（3）用调土刀将制备好的试样放在调土板上充分调拌均匀，然后将拌匀的土样分层装入试杯中，并注意土中不能留有空隙。对较干的试样应充分搓揉，密实地填入试样杯中，填满后刮平表面。将试杯放在底座上，刮去多余土时，不得用刀在土样表面上反复涂抹。

（4）在液限仪锥尖上抹一薄层凡士林，提住锥体上端手柄，使锥尖正好接触试样表面中部，然后松开手指，使锥体在重力作用下沉入土中。此时应避免冲击和扶力作用。

（5）若锥体沉入土中 5s 后，深度恰到锥尖环状刻痕 10mm 处，此时土样的含水率即为液限。取出锥体，用调土刀取锥孔附近的土样 10~15g 放入称量盒中（粘有凡士林的一部分需除去），测定其含水率。

（6）如果沉入土中的深度超过或低于10mm，则表示试样的含水量高于或低于液限，应先挖去有凡士林部分，再将土样全部取出，放在调土皿中，调拌风干或适当加水重新拌和，并重复上述（3）~（5）步骤，直至锥体沉入土中 5s 后深度恰为 10mm 为止。

五、注意事项

（1）在制备好的土样中加水时，不能一次太多，特别是初次宜少。

（2）试验前应先校验液限仪的平衡性能，即液限仪的中心轴必须是竖直的。沉放液限仪时，两手应自然放松，放锥时要平稳。

（3）每组做两次平行测定，取其算术平均值作为最终结果，其平行差值不得大于附表3规定。

附表3 允许平行差值

液限/（%）	允许平行差值/（%）
<40	1
≥40	2

六、计算公式

按下式计算液限：

$$\omega_p = \frac{m_1 - m_2}{m_2 - m_3} \times 100\% \quad （精确到 0.1\%）$$

式中：m_1——烘土盒加湿土的质量，g；

m_2——烘土盒加干土的质量，g；

m_3——烘土盒的质量，g。

七、试验记录

液限试验记录

工程名称_____   试验_____
工程编号_____   计算_____
试验日期_____   校核_____

试验项目			液限试验		塑限试验	
		试验次数	1	2	1	2
		烘土盒号				
烘土盒质量	g	m_3				
烘土盒+湿土质量	g	m_1				
烘土盒+干土质量	g	m_2				
水的质量	g	$m_1 - m_2$				
干土质量	g	$m_2 - m_3$				
含水率	%	ω_L 或 ω_p				
平均含水率	%	ω_L 或 ω_p				
液性指数		$I_L = (\omega_L - \omega_p)/I_p$				
		按地基规范分类				
		备注				

根据试验结果确定该黏性土的分类名称。

试验七 固结试验

一、试验目的

压缩系数为土在完全侧限条件下,孔隙比变化与压力变化的比值。

压缩模量为土在完全侧限条件下,土的竖向附加应力与竖向应变增量的比值。

测定试样在侧限与轴向排水条件下的压缩变形 Δh 和荷载 p 的关系,以便计算土的单位沉降量 S_1、压缩系数 a 和压缩模量 E_s 等。作为判断土的压缩性和计算基础沉降的基础。

二、试验方法与原理

土的压缩性主要是由孔隙体积减小而引起的。在饱和土中,水具有流动性,在外力作用下沿着土中孔隙排出,从而引起土体积减小而发生压缩。试验时由于金属环刀及刚性护环所限,土样在压力作用下只能在竖向产生压缩,而不可能产生侧向变形,故称为侧限压缩。

三、仪器设备

（1）固结仪：如附图 7 所示,试样面积 $30cm^2$,高 2cm。

（2）百分表：如附图 8 所示,量程 10mm,最小分度值 0.01mm。

（3）其他：修土刀、钢丝锯、电子天平、秒表。

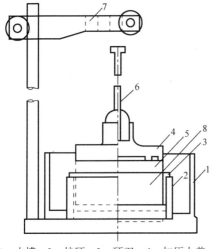

1—水槽；2—护环；3—环刀；4—加压上盖；
5—透水石；6—量表导杆；7—量表架；8—试样。

附图 7 　固结仪示意图

短针：一小格=1.0mm
长针：一小格=0.01mm

附图 8 　百分表

四、操作步骤

（1）切取试样：按工程需要，取原状土或制备成所需状态的扰动土样，放在玻璃板上，整平土样两端，在环刀内壁抹一薄层凡士林，刀口向下放在土样上。用修土刀将土样修成略大于环刀直径的土柱，将环刀垂直下压，若为软土可一直下压，否则应边压边修，至土样凸出环刀为止。然后用钢丝锯整平两端，放在玻璃板上，擦净环刀外壁，称量环刀和土的总质量。

注意：

① 刮平环刀两端时，不得用力反复涂抹，以免土面孔隙堵塞，或使土面析水。

② 切得土样的四周应与环刀密合，且保持完整，如不符合要求则应重取。

（2）测定土样密度与含水率：取削下的余土测定含水率，需要时对土样进行饱和。

（3）安放土样：在固结容器的底板上顺次放上洁净而湿润的透水石和滤纸各一，再将护环放在容器内。将切好的土样连同环刀一起，刀口向下放在护环内，在土样上放置洁净而湿润的滤纸和透水石各一，最后放下加压导环和传压板。

（4）检查设备：检查加压设备是否灵敏，利用平衡砣调整杠杆至水平位置。

（5）安装量表：将装好土样的压缩容器放在加压台的正中位置，将传压钢珠与加压横梁的凹穴相连接。然后装上量表，调节量表杆头使其可伸长的长度不小于8mm，并检查量表是否灵活和垂直（在教学试验中，学生应先练习量表读数）。

（6）施加预压：为确保压缩仪各部位接触良好，施加1kPa的预压荷重，然后调整量表读数至零处（或某一整数）。

（7）加压观测。

① 记下百分表读数并加第一级压力，在加上砝码的同时，启动秒表。加荷重时，将砝码轻轻放在砝码盘上避免冲击和摇晃。第一级压力的大小视土的软硬程度或工程要求而定，一般可采用12.5kPa、25kPa或50kPa。最后一级压力应大于土的自重压力与附加压力之和。只需测定压缩系数时，最大压力不小于400kPa。原状土的第一级压力，除软黏土外，也可按天然荷重施加。压力等级一般为50kPa、100kPa、200kPa、400kPa。

② 若为饱和土样，应在施加第一级压力后，立即向水槽中注水浸没土样。若为非饱和试样，进行压缩试验时，需用湿棉纱围住加压盖板四周，避免水分蒸发。

③ 压缩稳定标准规定每级压力下压缩24h，或量表读数每小时变化不大于0.01mm认为稳定（教学试验可另行假定稳定时间）。测记压缩稳定读数后，施加第二级压力。依次逐级加荷至试验结束。

④ 试验结束后吸去容器中的水，迅速拆除仪器各部件，取出土样，必要时测定试验后土样的含水率。

五、注意事项

（1）先装好土样，再装量表。在装量表的过程中，小指针需调至整数位，大指针调至零，量表杆头要有一定的伸缩范围，固定在量表架上。

（2）加荷时，应按顺序加砝码。试验中不要振动实验台，以免使指针产生移动。

六、计算与制图

（1）按下式计算土样的初始孔隙比。

$$e_0 = \frac{\rho_s(1+\omega_0)}{\rho_0} - 1$$

（2）按下式计算各级压力下固结稳定后的孔隙比。

$$e_i = e_0 - \frac{\sum \Delta h_i}{h_0}(1+e_0)$$

式中：ρ_s——土粒的密度，g/cm；

ω_0——试样起始含水率，%；

ρ_0——试样起始密度，g/cm³；

$\sum \Delta h_i$——在某级压力下土样固结稳定后的总变形量，mm，其值等于该级压力下压缩稳定后的量表读数减去仪器变形量（由实验室提供资料）；

h_0——试样起始高度，即环刀高度，mm。

（3）绘制压缩曲线。

以孔隙比 e 为纵坐标，压力 p 为横坐标，绘制孔隙比与压力的关系曲线。

（4）按下式计算压缩系数 a_{1-2} 与压缩模量 E_s。

$$a_{1-2} = \tan\alpha = \frac{\Delta e}{\Delta p} = \frac{e_1 - e_2}{p_2 - p_1}$$

$$E_s = \frac{p_2 - p_1}{e_1 - e_2}(1+e_1) = \frac{1+e_1}{a}$$

七、试验记录

固结试验记录

工程名称_____ 试验面积_____ cm² 试验_____

试样编号_____ 土粒相对密度_____ 计算_____

仪器编号_____ 试验前试样高 h_0 = _____ mm 校核_____

试验日期_____ 试验前孔隙比 e_0 = _____

加压历时 t/h	压力 p/kPa	量表读数 /mm	仪器变形量 λ/mm	试样变形量 $\sum \Delta h_i$	单位沉降量 $S_i = \frac{\sum \Delta h_i}{h_0}$	孔隙比 $e_i = e_0 - \frac{\sum \Delta h_i}{h_0}(1+e_0)$
0	0					
	50					
	100					
	200					
	400					

试验八 抗剪强度测试

一、试验目的

土的抗剪强度是指土在外力作用下,其一部分土体对于另一部分土体滑动时所具有的抵抗剪切的极限强度。

直接剪切试验是测定土的抗剪强度的一种常用方法。通常采用四个试样为一组,分别在不同的垂直压力 σ 下,施加水平剪应力进行剪切,求得破坏时的剪应力 τ,然后根据库仑定律确定土的抗剪强度参数内摩擦角 φ 和黏聚力 c。在确定地基土的承载力、挡土墙的土压力以及验算土坡稳定性等的时候,都涉及抗剪强度指标。

二、试验方法与原理

直接剪切试验分为快剪、固结快剪和慢剪三种试验方法。在教学中可采用快剪法。

快剪法是在试样上施加垂直压力后立即快速施加水平剪切力,以 0.8~1.2mm/min 的速率剪切,一般使试样在 3~5min 内被剪破。快剪法适用于渗透系数小于 6~10cm/s 的细粒土,测定黏性土天然强度。

三、仪器设备

(1) 应变控制式直接剪切仪:如附图 9 所示,包括剪力盒、垂直加压框架、剪切传动装置、测力计及位移量测系统等。

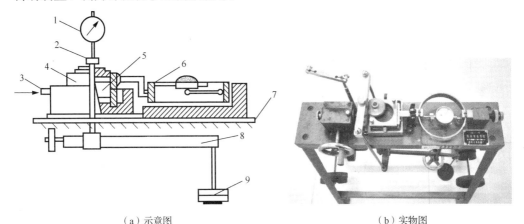

(a) 示意图　　　　　　　　　　(b) 实物图

1—垂直变形百分表;2—垂直加压框架;3—推动座;4—剪切盒;5—试样;
6—测力计;7—台板;8—杠杆;9—砝码。

附图 9　应变控制式直接剪切仪

(2) 环刀：内径 61.8mm，高度 20mm。

(3) 位移量测设备：百分表，量程为 10mm，分度值为 0.01mm。

四、试验步骤

(1) 切取试样：根据工程需要，从原状土或制备成所需状态的扰动土中用环刀切四个试样，若为原状土样，切试样方向应与土在天然地层中的方向一致。测定试样的密度及含水率时，如试样需要饱和，可对试样进行抽气饱和。以上做法要求与固结试验相同。

(2) 安装试样：对准剪切容器上下盒，插入固定销钉。在下盒内放入透水板，上覆隔水蜡纸（或硬塑料薄膜）一张。将装有试样的环刀刃口向上，对准剪切盒口，在试样上放隔水蜡纸（或硬塑料薄膜）一张，再放上透水板，将试样缓缓推入剪切盒内，移去环刀。不需安装垂直位移量测装置。

(3) 施加垂直压力：转动手轮，使上盒前端钢珠刚好与测力计接触，调整测力计中的量表读数为零。顺次加上盖板、钢珠压力框架。每组四个试样，分别在四种不同的垂直压力下进行剪切。在教学上，可取四个垂直压力分别为 100kPa、200kPa、300kPa、400kPa。

(4) 进行剪切：施加垂直压力后，立即拔出固定销钉，启动秒表，以 4~6r/min 的均匀速率旋转手轮（在教学中可采用 6r/min），使试样在 3~5min 内被剪损。如测力计中的量表指针不再前进，或有显著后退，表示试样已经被剪损。但一般应剪至剪切变形达 4mm。若剪切过程中测力计读数无峰值时，量表指针再继续增加，则剪切变形应达 6mm 为止。手轮每转一圈，同时记录测力计量表读数，直到试样被剪损为止。

(5) 拆卸试样：剪切结束后，吸去剪切盒中的积水，倒转手轮，尽快移去垂直压力、框架、上盖板，取出试样。

五、注意事项

(1) 先安装试样，再装量表。安装试样时要用透水石把土样从环刀推进剪切盒里，试验前将量表中的大指针调至零。

(2) 加荷时，应将砝码上的缺口彼此错开，防止砝码一起倒下。禁止摇晃砝码。

(3) 开始剪切之前，务必拔去插销，否则将造成仪器损坏。

六、计算与制图

(1) 按下式计算各级垂直压力下所测的抗剪强度。

$$\tau_f = CR$$

式中：τ_f——土的抗剪强度，kPa；

C——测力计率定系数，kPa/0.01mm；

R——测力计量表读数，0.01mm。

(2) 绘制 $\tau_f - \sigma$ 曲线。以垂直压力 σ 为横坐标，以抗剪强度 τ_f 为纵坐标，纵横坐标必须按同一比例。根据图中各点绘制 $\tau_f - \sigma$ 关系曲线,该直线的倾角为土的内摩擦角 φ,该直线在纵轴上的截距为土的黏聚力 c,如附图 10 所示。

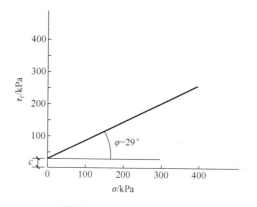

附图 10 $\tau_f - \sigma$ 关系曲线

七、试验记录

直接剪切试验记录

试样编号_____　　仪器编号_____　　试　　验_____

土样说明_____　　测力计率定系数_____　　校　　核_____

试验方法____快剪____　　手轮转____6r/min____　　试验日期_____

仪器编号	垂直压力 σ/kPa	测力计读数 r/0.01mm	抗剪强度 τ_f/kPa
	100		
	200		
	300		
	400		

试验九　击实试验

一、试验目的

在一定的压实作用下,土容易被压实,并能达到最大密实度时的含水量,称为土的最优含水量 ω_{op},相应的干密度则称为最大干密度 ρ_{dmax}。

本试验的目的是用标准的击实方法,测定土的密度与含水率的关系,从而确定土的最大干密度与最优含水率。它们是控制路堤、土坝和填土地基等密实度的重要指标。

轻型击实试验适用于粒径小于 5mm 的黏性土,重型击实试验适用于粒径不大于 20mm 的土。采用三层击实时,最大粒径不大于 40mm。

二、试验方法与原理

本试验采用轻型击实仪进行击实试验。土的压实程度与含水率、压实功能和压实方法有密切的关系。当压实功能和压实方法不变时,土的干密度随含水率增加而增加,但当含水率增加到一定程度时,干密度将达到最大值,此时若含水率继续增加,干密度反而会减小。

三、仪器设备

（1）轻型击实仪:由击实筒、击实锤和导筒组成。锤质量为 2.5kg,落高 305mm,击实筒内径 102mm,筒高 116mm,容积 947.4cm³,护筒高度 50mm,如附图 11 所示。

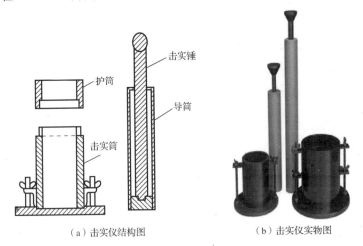

（a）击实仪结构图　　（b）击实仪实物图

附图 11　击实仪

（2）天平:称量 200g,最小分度值 0.01g。

（3）台称:称量 10kg,最小分度值 5g。

（4）标准筛:孔径 5mm。

（5）其他：烘箱、喷水设备、碾土器、盛土器、推土器、修土刀等。

四、操作步骤

1. 土样制备

试样制分为干法制备和湿法制备两种方式。

1）干法制备

（1）取代表性风干土样20kg，放在橡皮板上碾散。

（2）过5mm筛，将筛下土样拌匀，并测定土样的风干含水率。

（3）根据土的塑限预估最优含水率，并制备5个不同含水率的一组试样，相邻2个含水率的差值宜为2%。其中应有2个土样的含水率大于塑限，2个土样的含水率小于塑限，1个土样的含水率接近塑限。

制备土样所需加水量应按下式计算。

$$m_w = \frac{m_0}{1+0.01w_0} \times 0.01(w_1 - w_0)$$

式中：m_w——土样所需加水量，g；

m_0——风干土（或湿土）质量，g；

w_0——风干土（或湿土）含水率，%；

w_1——制备要求的含水率，%。

按预定含水率制备土样时，每个土样平铺于不吸水的盛土盘内，用喷水设备向土样均匀喷洒预定的加水量，充分拌匀后装入盛土容器内盖紧，润湿24h，砂土的润湿时间可酌减。

2）湿法制备

（1）取天然含水率的代表性土样20kg，碾散。

（2）过5mm筛，将筛下土样拌匀，并测定土样的天然含水率。

（3）根据土的塑限预估最优含水率，同干法一样，制备5个不同含水率的一组土样。制备时分别风干或加水到所要求的不同含水率。制备好的土样水分应均匀分布。

2. 分层击实

（1）将击实仪平稳置于刚性地面基础上，击实筒与底座连接好，安装好护筒，在击实筒内壁均匀涂一薄层润滑油。

（2）称取一定量试样（2～5kg），倒入击实筒内，分层击实。试样分3层，每层25击。每层试样高度宜相等，两层交界处的土面应刨毛。击实完成时，超出击实筒顶的土样高度应小于6mm。

3. 称土质量

卸下护筒，用直刮刀修平击实筒顶部的土样，拆除底板，土样底部如超出筒外，也应修平，擦净筒外壁，称筒和土样的总质量，精确至1g，并计算土样的湿密度。

4. 测定含水率

用推土器从击实筒内推出土样，取2个代表性土样测定含水率，2个含水率的差值应不大于1%。

5. 不同含水率土样试验

按步骤2～4进行其他不同含水率土样的击实试验。

五、注意事项

（1）试验前，击实筒内壁需涂一薄层润滑油。

（2）两层交界处的土面应刨毛，以使层与层之间压密。

六、计算与制图

1. 计算击实后各试样的干密度

$$\rho_d = \rho / (1 + 0.01\omega)$$

式中：ρ——试样的湿密度，g/cm^3；

ω——某点试样的含水率，%。

2. 计算土的饱和含水率

$$w_{sat} = \left(\frac{\rho_w}{\rho_d} - \frac{1}{\rho_s}\right) \times 100\%$$

式中：w_{sat}——试样的饱和含水率，%；

ρ_w——温度4℃时水的密度，g/cm^3；

ρ_d——土样的干密度，g/cm^3；

ρ_s——土颗粒的相对密度。

3. 绘制击实曲线

以干密度为纵坐标，含水率为横坐标，绘制干密度与含水率的关系曲线，即为击实曲线。曲线峰值点的纵、横坐标分别为击实土样的最大干密度和最优含水率。当曲线不能绘出峰值点时，应进行补点，土样不宜重复使用。

计算各个干密度下的饱和含水率。以干密度为纵坐标，含水率为横坐标，在击实曲线的图中绘制出饱和曲线，用以校正击实曲线，如附图12所示。

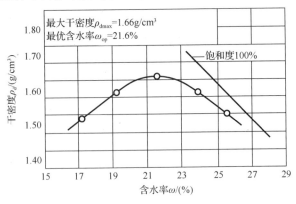

附图12 黏性土的击实曲线

七、试验记录

击实试验记录

工程编号_____　　土粒比重_____　　试验_____
土样编号_____　　风干含水率_____　计算_____
试验日期_____　　筒体积_____　　　校核_____

试验序号	筒+土样质量/g	筒质量/g	土样质量/g	湿密度/(g/cm³)	干密度/(g/cm³)	盒号	盒+土质量/g	盒+干土质量/g	盒质量/g	水质量/g	干土质量/g	含水率/(%)	平均含水率/(%)
	(1)	(2)	(3)	(4)	(5)	(6)	(7)	(8)	(9)	(10)	(11)	(12)	
			(1)−(2)	$\dfrac{(3)}{V}$	$\dfrac{(4)}{1+0.01(12)}$					(6)−(7)	(7)−(8)	$\dfrac{(9)}{(10)} \times 100$	
1													
2													
3													
4													
5